U0159630

传感器技术及其应用研究

赵 静 著

西安电子科技大学出版社

内 容 简 介

本书从实用角度出发，介绍了传感器的工作原理、外特性及应用电路，注重传感器的新技术、新理论、新方法、新器件以及检测系统的综合设计，力求使读者了解传感器的学科前沿与发展动态。全书共 14 章，主要内容包括概述、检测技术基本知识、电阻式传感器、电容式传感器、电感式传感器、热电式传感器、压电式传感器、半导体式传感器、光电式传感器、图像传感器、数字式传感器、磁电式传感器、传感器新技术及其应用、现代检测系统综合设计。

本书可作为高等院校机电一体化、检测技术、电子信息、自动化和仪器仪表、电气工程及自动化等专业以及其他相近专业学生的学习参考书，同时也可供上述相关专业方向的科研人员和工程技术人员参考。

图书在版编目(CIP)数据

传感器技术及其应用研究/赵静著. —西安：西安电子科技大学出版社，
2020.8(2022.8 重印)
ISBN 978 - 7 - 5606 - 5757 - 8

Ⅰ. ①传…　Ⅱ. ①赵…　Ⅲ. ①传感器—研究　Ⅳ. ①TP212

中国版本图书馆 CIP 数据核字(2020)第 143223 号

策　　划　刘小莉
责任编辑　许青青　刘小莉
出版发行　西安电子科技大学出版社(西安市太白南路 2 号)
电　　话　(029)88202421　88201467　　　邮　编　710071
网　　址　www.xduph.com　　　电子邮箱　xdupfxb001@163.com
经　　销　新华书店
印刷单位　西安日报社印务中心
版　　次　2020 年 8 月第 1 版　2022 年 8 月第 2 次印刷
开　　本　787 毫米×1092 毫米　1/16　印张　18
字　　数　424 千字
印　　数　1001～1500 册
定　　价　44.00 元
ISBN 978 - 7 - 5606 - 5757 - 8/TP

XDUP 6059001 - 2

＊＊＊如有印装问题可调换＊＊＊

前　　言

　　传感器技术是信息产业的三大支柱之一，在控制、测试、计量等领域，传感器都是必不可少的获取信息的关键部件。随着现代科学技术的发展，传感器技术作为一种与现代科学密切相关的新兴技术得到了快速发展，越来越广泛地应用于工业自动化测量和检测、航天、军事工程、医疗诊断等领域，并对相关学科的发展起到了促进作用。检测技术是信息技术的重要组成部分，检测工作在科学实验、工业过程控制等许多活动中都是重要的基础工作，不仅为这些活动提供可靠的技术保证，也成为提高科学研究水平、产品质量和经济效益的必不可少的技术手段。传感器技术与检测技术相辅相成、共同发展。我国高等院校的许多专业都开设与传感器技术和检测技术相关的课程，其目的就是为了适应社会信息化的发展，使大学生将来能够更好地服务社会。

　　著者总结整理了多年的教学经验和科研成果，从实用角度出发，根据我国最新发布的《传感器通用术语》(GB/T 7665—2005)编写了本书。本书主要介绍了传感器的工作原理、外特性和基本应用电路，并介绍了选择和应用传感器的基本方法。本书在编写过程中注重理论性，兼顾系统性，提升应用性，激发创新性。书中理论知识全面(包含基本传感器、新型传感器、传感器新技术等)，内容丰富新颖，实用性强，涉及的技术领域广泛。

　　本书可作为高等院校机电一体化、检测技术、电子信息、自动化和仪器仪表、电气工程及自动化等专业以及其他相近专业的教学用书，也可作为上述相关专业方向的科研人员和工程技术人员的业务参考书。

　　在本书的编写过程中，得到了华能辛店发电有限公司蒋利华、郭明的指导与帮助，在此表示衷心的感谢。

　　由于传感器技术、检测技术知识面广，而著者水平有限，书中不足之处在所难免，恳请广大读者多提宝贵意见，以便在今后加以改进和完善。

著　者

2020 年 3 月

目　　录

第 1 章　概　述

1.1　传感器概述

1.1.1　传感器的定义

国际电工委员会（International Electrotechnical Commission，IEC）对传感器的定义是"传感器是测量系统中的一种基本部件（primary element），它将输入变量转换成可供测量的电信号"。

在国外，如美国，transducer 和 sensor 均表示传感器；英国则称 sensor 为传感器、敏感元件，而将 transducer 称为变换器、换能器。通常将传感器（sensor）定义为接收信号或激励并以电信号进行响应的装置，而变换器（transducer）则是把一种能量转换成另一种能量的转换器。不过，实际上这两个术语常常交替使用。

我国 2005 年 7 月 29 日发布的《传感器通用术语》（GB/T 7665—2005）中，对传感器（transducer/sensor）的定义为：能感受被测量并按照一定的规律转换成可用输出信号的器件或装置，通常由敏感元件和转换元件组成。

在《传感器通用术语》（GB/T 7665—2005）中，同时附有三条注释：

（1）敏感元件（sensing element），指传感器中能直接感受或响应被测量的部分。

（2）转换元件（transducing element），指传感器中能将敏感元件感受或响应的被测量转换成适于传输或测量的电信号的部分。

（3）当输出为规定的标准信号时，则称为变送器（transmitter）。

根据《传感器通用术语》（GB/T 7665—2005）中的定义，可获得关于传感器以下几方面的信息：

（1）传感器是一种测量"器件或装置"，能完成检测任务。

（2）它的输入量是某一"被测量"，可能是物理量，也可能是化学量、生物量等。

（3）它的输出量是"可用的信号"，便于传输、转换、处理和显示等，这种信号可以是气、光、电等物理量，但主要是易于处理的电物理量，如电压、电流、频率等。

（4）输出、输入之间的对应关系应具有"一定的规律"，且应有一定的精确度，可以用确定的数学模型来描述。

（5）将传感器和变送器的概念明确区分开来，当传感器（transducer/sensor）的输出为"规定的标准信号"时，则称为变送器（transmitter）。所谓"规定的标准信号"，是指《传感器通用术语》（GB/T 7665—2005）规定的若以电流形式输出，标准信号应为 4～20 mA；若以电压形式输出，标准信号应为 1～5 V（《传感器通用术语》（GB/T 7665—1987）规定电流输出为 0～10 mA，电压输出为 0～2 V)。

1.1.2　传感器的地位

由传感器的定义可知，传感器的基本功能是检测被测量信号和信号的转换，它总是处于检测系统的源头，是获取信息的"先行官"，因此传感器对于整个检测系统尤为重要。

对现有的以及正在发展的检测系统来说，如果说电子计算机相当于人的大脑，而相应于人的感官部分接收外界信息的装置就是传感器。传感器是人类感官的扩展和延伸，传感器的功能可与人类五大感觉器官相比拟：光敏传感器——视觉；声敏传感器——听觉；气敏传感器——嗅觉；化学传感器、微生物传感器——味觉；力敏、温敏、流体传感器——触觉。因此，传感器又可称为"电五官"。自动化的程度愈高，其系统对传感器的依赖性愈大，传感器对自动化系统的性能起着决定性的作用，即没有"电五官"就不可能实现自动化。

现代信息技术的基础是信息采集、信息传输与信息处理，与之对应的是传感器技术、计算机技术和通信技术。而且传感器在信息采集系统中处于前端，其性能将会影响整个系统的工作状况。

1.1.3　传感器的发展

1. 发现新现象

利用物理现象、化学反应和生物效应是各种传感器工作的基本原理。所以发现新现象与新效应是发展传感器技术的重要工作，是研制新型传感器的重要基础，其意义极为深远。如：日本夏普公司利用超导技术研制成功高温超导磁传感器，是传感器技术的重大突破，其灵敏度比霍尔器件高，仅次于超导量子干涉器件，而其制造工艺远比超导量子干涉器件简单，它可用于磁成像技术，具有广泛的推广价值。

2. 开发新材料

传感器材料是传感器的重要基础。如：半导体氧化物可以制造各种气体传感器，而陶瓷传感器工作温度远高于半导体；光导纤维的应用是传感器材料的重大突破，用它研制的传感器与传统的传感器相比有突出的优点。关于有机材料作为传感器材料的研究，引起国内外学者的极大兴趣。

3. 采用微型加工技术

半导体技术中的加工方法，如氧化、光刻、扩散、沉积、平面电子工艺、各向异性腐蚀以及蒸镀、溅射薄膜工艺等，都可用于传感器制造，因而可制造出各种各样的新型传感器。

4. 研究多功能集成传感器

日本丰田研究所开发出能同时检测 Na^+、K^+、H^+ 等多种离子的传感器。该传感器芯片尺寸为 2.5 mm×0.5 mm，仅通过一滴血液即可快速同时检测出其中 Na^+、K^+、H^+ 等离子的浓度，对医院临床非常适用与方便。

5. 智能化传感器

智能化传感器是一种带微处理器的传感器，兼有检测、判断和信息处理功能。典型产品有美国霍尼尔公司的 ST-3000 智能化传感器，芯片尺寸为 3 mm×4 mm×2 mm，采用半导体工艺，在同一芯片上可制作 CPU、EPPOM 和静压、差压、温度等敏感元件。

6. 新一代航天传感器

航天飞机一般需安装 3500 支左右传感器，对其性能指标都有严格要求。这些传感器对各种信息参数进行检测，确保航天飞机按预定程序正常工作。

7. 仿生传感器

仿生传感器是模仿人的感觉器官的传感器，即视觉传感器、听觉传感器、嗅觉传感器、味觉传感器、触觉传感器等。目前只有视觉传感器和触觉传感器技术比较成熟。

8. 提高系统分辨率、精度、稳定性、可靠性

提高自动检测系统的检测分辨率、精度、稳定性、可靠性，一直是传感器技术的研究课题和方向。

9. 多种技术相结合构成智能化的自动检测系统

微电子技术、微型计算机技术、传感器技术多种技术相结合，构成新一代智能化的自动检测系统，其特点是在测量精度、自动化程度、多功能方面都进一步提高。

10. 多个、多种传感器组合构成特殊的自动检测系统

采用多个、多种传感器去探索检测空间(线、面、体)参数及综合参数，以构成特殊的自动检测系统。

1.2　传感器的基本特性

1.2.1　传感器的静态特性

静态特性所表征的是测量装置在处于稳定状态时的输出-输入特性，衡量静态特性的指标有以下几个。

1. 线性度

线性度是用来说明输出量与输入量的实际关系曲线偏离直线的程度。通常总是希望测量装置的输出与输入之间呈线性关系。因为在线性情况下，模拟式仪表的刻度就可以做成均匀刻度，而数字式仪表就不必采用线性环节。此外，当线性测量装置作为控制系统的一个组成部分时，它的线性性质可使整个系统的设计、分析得到简化。

线性度通常用实际测得的输出-输入特性曲线(称为标定曲线)与其理论拟合直线之间的最大偏差与测量装置满量程输出范围之比来表示

$$\delta_f = \pm \frac{\Delta_{max}}{\Delta_{F.S.}} \times 100\%　(1-1)$$

式中，δ_f 为线性度(又称非线性误差)；Δ_{max} 为标定曲线与其理论拟合直线之间的最大偏差(以输出量的单位计算)；$\Delta_{F.S.}$ 为测量装置的满量程输出范围(输出平均值)。图 1-1 所示为理论线性度示意图。

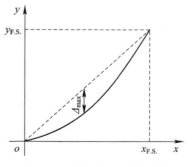

图 1-1　理论线性度示意图

　　图 1-2 所示为同一特性曲线在选取不同基准线时所得出的误差值。由于非线性误差的大小是以一定的拟合直线或理论直线为基准直线计算出来的，因此，基准线不同，所得线性度就不同。例如，以理论直线为基准计算出来的线性度，称为理论线性度；以连接零点输出和满量程输出的直线为基准计算出来的线性度，称为端基线性度；以平均选点法获得的拟合直线为基准计算出来的线性度，称为平均选点法线性度；以最小二乘法拟合直线为基准计算出来的线性度，称为最小二乘法线性度。在上述几种线性度的表示方法中，最小二乘法线性度的拟合精度最高，平均选点法线性度次之，端基线性度最低，但最小二乘法线性度的计算最烦琐。

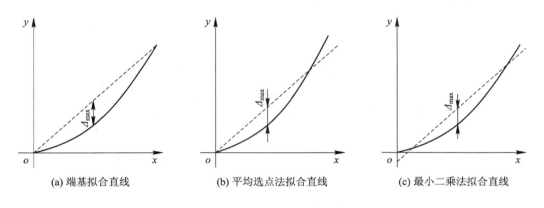

(a) 端基拟合直线　　　　　(b) 平均选点法拟合直线　　　　　(c) 最小二乘法拟合直线

图 1-2　不同拟合方法的基准线

2. 灵敏度

　　灵敏度是指测量装置在稳定状态下输出量的变化量与输入量的变化量的比值。对于线性测量装置，其灵敏度 K 是一个常数，可直接表示为 $K=y/x$，如图 1-3(a) 所示；对于非线性测量装置，其灵敏度 K 是一个变量，可表示为 $K=\mathrm{d}y/\mathrm{d}x$，如图 1-3(b) 所示。式(1-2) 中的输出量是指测量装置的实际输出信号，而不是它所表征的物理量。例如，某位移传感器在位移变化 1 mm(输入信号的变化量)时，输出电压变化 300 mV(输出信号的变化量)，其灵敏度为 300 mV/mm。

$$K = \frac{\text{输出量的变化量}}{\text{输入量的变化量}} \tag{1-2}$$

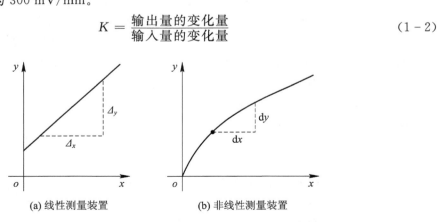

(a) 线性测量装置　　　　　　　　(b) 非线性测量装置

图 1-3　灵敏度的表示

3. 迟滞(滞后)

迟滞又称滞后，它表征了在正向(输入量增大)和反向(输入量减小)行程期间，测量装置的输出-输入特性曲线的不重合程度。即在外界条件不变的情况下，对应于同一大小的信号，测量装置在正、反行程时输出信号的数值不相等。例如，弹簧管压力表的输入压力缓慢而平稳地从零上升到最大值，然后再降回到零，在没有机械摩擦的情况下，其输出-输入特性曲线可能如图1-4所示，加载与卸载过程的曲线不重合。

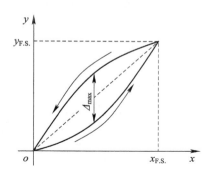

图1-4 迟滞特性

迟滞现象的产生，主要是由于测量装置内有吸收能量的元件(如弹性元件等)，存在着间隙、内摩擦和滞后阻尼效应，使得加载时进入这些元件的全部能量在卸载时不能完全恢复。迟滞的大小一般由实验确定，其值以输出值在正、反行程间的最大差值除以满量程输出 $U_{F.S.}$ 的百分数表示，即

$$\delta_t = \frac{\Delta_{max}}{U_{F.S.}} \times 100\%$$ (1-3)

式中，δ_t 为迟滞；Δ_{max} 为输出值在正、反行程间的最大差值。

4. 重复性

重复性表示测量装置在输入量按同一方向做全量程连续多次变动时，所得特性曲线不一致的程度。若特性曲线一致，则说明重复性好，重复性误差小。如图1-5所示，分别求出沿正、反行程多次循环测量的各个测试点输出值之间的最大偏差 Δ_{1max}、Δ_{2max}，再取这两个最大偏差中的较大者为 Δ_{max}，然后根据 Δ_{max} 与满量程 $U_{F.S.}$ 来计算重复性误差 δ_z：

$$\delta_z = \pm \frac{\Delta_{max}}{U_{F.S.}} \times 100\%$$ (1-4)

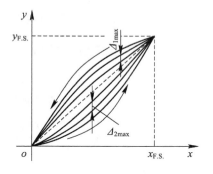

图1-5 重复性

重复性误差 δ_z 属于随机性误差。由于重复测量的次数不同，其各个测试点输出值之间的最大偏差值也不一样。因此，按式(1-4)算出的数据不够可靠。比较合理的计算方法是根据多次循环测量的全部数据，求出其相应行程的标准偏差 σ，并将极限误差 $\Delta_{max} = (2\sim3)\sigma$ 代入式(1-4)中计算重复性误差。

σ 前的系数取 2 时，误差完全依从正态分布，置信概率为 95%；取 3 时，置信概率为 99.7%。

标准偏差 σ 的具体计算方法有标准法与极差法两种：

(1) 标准法。根据均方根误差公式计算 σ：

$$\sigma = \sqrt{\frac{\sum_{i=1}^{n}(y_i - \bar{y})^2}{n-1}}$$ (1-5)

式中，y_i 为测量值；$\bar{y}$ 为测量值的算术平均值；n 为测量次数。

（2）极差法。所谓极差法，是指某一测量点校准数据的最大值与最小值之差，例如，图 1-5 中的 Δ_{1max} 与 Δ_{2max} 之差。根据极差计算标准偏差的公式为

$$\sigma = \frac{w_n}{d_n} \tag{1-6}$$

式中，w_n 为极差；d_n 为极差系数。

极差系数的大小与测量次数有关，其对应关系如表 1-1 所示。

表 1-1　极差系数与测量次数的对应关系

n	2	3	4	5	6	7	8	9	10
d_n	1.41	1.91	2.24	2.48	2.67	2.88	2.96	3.08	3.18

由极差和极差系数求得标准偏差 σ 后，即可计算出重复性误差 δ_z。这种计算方法的工作量较少。

5. 分辨率和灵敏限

分辨率表征的是测量装置可能检测出被测信号的最小变化的能力，有时又称为分辨能力。输入量从某个任意值（非零值）缓慢增加，直至可以观测到输出量的变化时为止的输入增量即为测量装置的分辨率。分辨率可用绝对值表示，也可用满量程的百分比表示。

灵敏限的定义与分辨率很接近，但有区别。如果测量装置的输入量从零起缓慢地增加，当输入量小于某个最小限值时不会引起输出量的变化，一旦超过这个最小限值，就会引起输出量的变化，则这个最小限值叫作灵敏限。一般来说，灵敏限的具体数值是难以明确测定的。

1.2.2　传感器的动态特性

动态特性是指传感器对于随时间变化的输入量的响应特性。在研究动态特性时通常根据标准输入特性来考虑传感器的响应特性。标准输入有两种：呈正弦变化的输入和呈阶跃变化的输入。传感器的动态特性分析和动态标定都以这两种标准输入状态为依据。对于任一传感器，只要输入量是时间的函数，则其输出量也应是时间的函数。

1. 一般数学模型

实际测量装置一般都能在一定程度和一定范围内看成常系数线性系统，因此，通常认为可以用常系数线性微分方程来描述输入与输出的关系。对于任意线性系统，其数学模型的一般表达式为

$$a_n \frac{d^n y}{dt^n} + a_{n-1} \frac{d^{n-1} y}{dt^{n-1}} + \cdots + a_1 \frac{dy}{dt} + a_0 y = b_m \frac{d^m x}{dt^m} + b_{m-1} \frac{d^{m-1} x}{dt^{m-1}} + \cdots + b_1 \frac{dx}{dt} + b_0 x \tag{1-7}$$

式中，y 为输出量；x 为输入量；t 为时间；$a_0, a_1, \cdots, a_n$ 为仅取决于测量装置本身特性的常数；$b_0, b_1, \cdots, b_m$ 为仅取决于测量装置本身特性的常数；$\frac{d^n y}{dt^n}$ 为输出量对时间 t 的 n 阶导数；$\frac{d^m x}{dt^m}$ 为输入量对时间 t 的 m 阶导数。

如果用算子 D 代表 $\mathrm{d}/\mathrm{d}t$，则式（1-7）可改写成

$$(a_n D^n + a_{n-1} D^{n-1} + \cdots + a_1 D + a_0)y = (b_m D^m + b_{m-1} D^{m-1} + \cdots + b_1 D + b_0)x$$

$$(1-8)$$

对于此类微分方程式，可用经典的 D 算子方法求解，也可用拉普拉斯（简称拉氏）变换方法求解。

用 D 算子方法解上述非齐次 n 阶常微分方程式（1-8）时，方程式的解由通解和特解两部分组成，即

$$y = y_1 + y_2 \tag{1-9}$$

式中，y_1 为通解；y_2 为特解。

由特征方程式 $a_n D^n + a_{n-1} D^{n-1} + \cdots + a_1 D + a_0 = 0$，可以求出通解。其根有四种情况：

（1）根 $r_1, r_2, \cdots, r_n$ 都是实数，并且无重根，通解为

$$y_1 = k_1 \mathrm{e}^{r_1 t} + k_2 \mathrm{e}^{r_2 t} + \cdots + k_n \mathrm{e}^{r_n t} \tag{1-10}$$

（2）根 $r_1, r_2, \cdots, r_n$ 都是实数，但其中有 p 个重根，因此，有 $r_1 = r_2 = \cdots = r_p$，于是通解为

$$y_1 = (C_1 + C_2 t + \cdots + C_p t^{p-1})\mathrm{e}^{r_1 t} + k_{n-p}\mathrm{e}^{r_{n-p} t} + \cdots + k_n \mathrm{e}^{r_n t} \tag{1-11}$$

（3）根 $r_1, r_2, \cdots, r_n$ 中无重根，但有共轭复根，并设 $r_1 = a + \mathrm{j}b$，$r_2 = a - \mathrm{j}b$，则通解为

$$y_1 = k\mathrm{e}^{at}\sin(bt + \varphi) + k_3 \mathrm{e}^{r_3 t} + \cdots + k_n \mathrm{e}^{r_n t} \tag{1-12}$$

（4）含有 p 个共轭复根，即有 $r_1 = r_2 = \cdots = r_p = a + \mathrm{j}b$，$r_{p+1} = r_{p+2} = \cdots = r_{2p} = a - \mathrm{j}b$，这时，通解为

$$y_1 = (C_1 + C_2 t + \cdots + C_p t^{p-1})\mathrm{e}^{at}\sin(bt + \varphi) + k_{n-2p}\mathrm{e}^{r_{n-2p} t} + \cdots + k_n \mathrm{e}^{r_n t} \tag{1-13}$$

在上述各种情况下，根据待定系数法就可求出特解 y_2。

2. 传递函数

在分析、设计和应用传感器时，传递函数的概念很有用。传递函数是指初始条件为零时输出函数拉氏变换与输入函数拉氏变换之比，用 $G(s)$ 表示，如下：

$$G(s) = \frac{y(s)}{x(s)} = \frac{b_m s^m + b_{m-1} s^{m-1} + \cdots + b_1 s + b_0}{a_n s^n + a_{n-1} s^{n-1} + \cdots + a_1 s + a_0} \tag{1-14}$$

式中，s 为拉氏变换中的复变量；$y(s)$ 为初始条件为零时，测量装置输出量的拉氏变换式；$x(s)$ 为初始条件为零时，测量装置输入量的拉氏变换式。

传递函数 $G(s)$ 表达了测量装置本身固有的动态特性。当知道传递函数之后，就可以由系统的输入量按式（1-14）得出其输出量（动态响应）的拉氏变换，再通过求逆变换可得其输出量 $y(t)$。此外，传递函数并不表明系统的物理性质。许多物理性质不同的测量装置可以有相同的传递函数，因此通过对传递函数的分析与研究，能统一处理各种物理性质不同的线性测量系统。

3. 动态响应

通常，输入信号并非任意形状，为了便于研究传感器的动态性能，可以对输入信号做适当规定。下面分析在正弦输入和阶跃输入情况下的动态响应。

1）正弦输入时的频率响应

（1）频率响应函数。输入信号是正弦波 $x(t) = A\sin\omega t$（图 1-6）时，输出信号 $y(t)$ 的模

型：由于暂态响应的影响，开始并不是正弦波，随着时间的延长，暂态响应部分逐渐衰减直至消失，经过一定时间后，只剩下正弦波。输出量 $y(t)$ 与输入量 $x(t)$ 的频率相同，但幅值不等，并有相位差，即 $y(t)=B\sin(\omega t+\varphi)$。因此，输入信号振幅 A 即使一定，只要 ω 有所改变，输出信号的振幅和相位也会发生变化。所谓频率响应，就是在稳定状态下 B/A（幅值比）和相位比 φ 随 ω 而变化的状况。

在正弦输入下用 $j\omega$ 代替式(1-14)中的复变量 s，即可得到传感器的频率传递函数：

$$G(j\omega)=\frac{y(j\omega)}{x(j\omega)}=\frac{b_m(j\omega)^m+b_{m-1}(j\omega)^{m-1}+\cdots+b_1(j\omega)+b_0}{a_n(j\omega)^n+a_{n-1}(j\omega)^{n-1}+\cdots+a_1(j\omega)+a_0} \qquad (1-15)$$

式中，j 为 $\sqrt{-1}$；ω 为角频率。

对于任意给定角频率 ω，式(1-15)具有复数形式，用复数形式来反映频率响应问题时，表达式甚为简单。为此用 $Ae^{j\omega t}$ 代替图1-6中的输入信号 $A\sin\omega t$，在稳定情况下，输出信号就是 $Be^{j(\omega t+\varphi)}$。可以用极坐标形式表示这个复数。其中 $Ae^{j\omega t}$ 是大小为 A 的矢量，在复数平面上以角速度 ω 绕原点旋转。$Be^{j(\omega t+\varphi)}$ 则是大小为 B 的矢量，以相同角速度旋转，但相位差为 φ，如图1-7所示。图1-7中 $A\sin\omega t$ 和 $B\sin(\omega t+\varphi)$ 分别为上述两矢量在实轴上的投影。

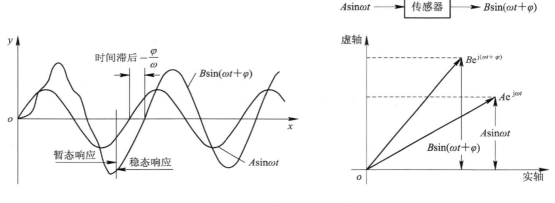

图1-6　正弦输入时的频率响应　　　　图1-7　输入与输出的复数表示法

把 $x=Ae^{j\omega t}$，$y=Be^{j(\omega t+\varphi)}$ 代入式(1-15)，便得到频率响应的通式：

$$G(j\omega)=\frac{Be^{j(\omega t+\varphi)}}{Ae^{j\omega t}}=\frac{b_m(j\omega)^m+b_{m-1}(j\omega)^{m-1}+\cdots+b_1(j\omega)+b_0}{a_n(j\omega)^n+a_{n-1}(j\omega)^{n-1}+\cdots+a_1(j\omega)+a_0} \qquad (1-16)$$

因为

$$\frac{Be^{j(\omega t+\varphi)}}{Ae^{j\omega t}}=\frac{B}{A}e^{j\varphi}=\frac{B}{A}(\cos\varphi+j\sin\varphi)$$

以及

$$\cos\varphi+j\sin\varphi=(\sqrt{\cos^2\varphi+\sin^2\varphi})\angle\varphi=\angle\varphi$$

因此

$$G(j\omega)=\frac{y(j\omega)}{x(j\omega)}=\frac{B}{A}\angle\varphi \qquad (1-17)$$

式(1-17)说明，在任何频率 ω 下复数 $G(j\omega)$ 的大小在数值上等于幅值 B/A，幅角 φ（一般为负值）则是输出滞后于输入的角度。

（2）常见测量装置的频率响应。一般来说，实际的测量装置经过简化后，大部分可抽象为理想化的一阶和二阶系统。因此，我们有必要研究这些理想化的系统或环节的动态响应特性。

① 零阶传感器：对照传递函数方程式（1 - 7），零阶传感器的系数只剩下 a_0 与 b_0 两个，于是，式（1 - 7）变为 $a_0 y = b_0 x$，即

$$y = \frac{b_0}{a_0}x = kx \tag{1 - 18}$$

式（1 - 18）中，k 为静态灵敏度。式（1 - 18）表明，零阶系统的输入量无论随时间如何变化，其输出量幅值总是与输入量成确定的比例关系，在时间上也不滞后，幅角 φ 等于零。电位器式传感器就是零阶传感器的一种。

② 一阶传感器：对于一阶传感器，由式（1 - 7）可知，除系数 a_1、a_0、b_0 外其他系数均为零，因此可写为

$$a_1 \frac{\mathrm{d}y}{\mathrm{d}t} + a_0 y = b_0 x$$

上式两边各除以 a_0，得到

$$\frac{a_1}{a_0} \frac{\mathrm{d}y}{\mathrm{d}t} + y = \frac{b_0}{a_0}x$$

或者写为

$$\frac{y(s)}{x(s)} = \frac{k}{\tau s + 1} \tag{1 - 19}$$

式中，τ 为时间常数（$\tau = a_1/a_0$）；k 为静态灵敏度（$k = b_0/a_0$）。于是，一阶传感器的频率响应为

$$\frac{y(\mathrm{j}\omega)}{x(\mathrm{j}\omega)} = \frac{k}{\mathrm{j}\omega\tau + 1} = \frac{k}{\sqrt{(\omega\tau)^2 + 1}} \arctan(-\omega\tau) \tag{1 - 20}$$

幅值比为

$$\frac{B}{A} = \left| \frac{y(\mathrm{j}\omega)}{x(\mathrm{j}\omega)} \right| = \frac{k}{\sqrt{(\omega\tau)^2 + 1}} \tag{1 - 21}$$

相位角为

$$\varphi = \arctan(-\omega\tau) \tag{1 - 22}$$

由弹簧和阻尼器组成的机械系统是典型的一阶传感器的实例，如图 1 - 8（a）所示。图 1 - 8（b）是这种系统的幅相特性。幅相比又称为"增益"。

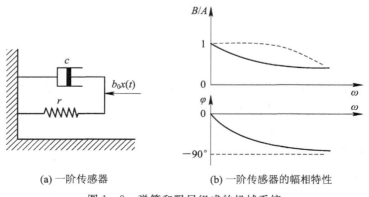

(a) 一阶传感器　　　　　　　　(b) 一阶传感器的幅相特性

图 1 - 8　弹簧和阻尼组成的机械系统

此系统的传递函数微分方程为

$$\dot{c}y + ry = b_0 x$$

式中，c 为阻尼系数；r 为弹簧常数。经过变换就可以得到如式（1-19）的通式或下式：

$$\dot{\tau}y + y = kx$$

式中，τ 为时间常数（$\tau = c/r$）；k 为静态灵敏度（$k = b_0/r$）。从而可以推导出频率响应方程、幅值比以及相位角表达式，如式（1-20）～式（1-22）。相位角表达式中负号表示相位滞后。从式（1-20）可以看出，时间常数越小，系统的频率响应特性越好。要使时间常数小，就要求系统的阻尼系数小些，弹簧刚度适当大些。

除了弹簧-阻尼器系统外，属于一阶系统的还有 RC 滤波线路、液体温度计等。

③ 二阶传感器：在式（1-7）中，若除 a_0、a_1、a_2 和 b_0 外，其他系数都等于零，则得出

$$a_2 \frac{\mathrm{d}^2 y}{\mathrm{d}t^2} + a_1 \frac{\mathrm{d}y}{\mathrm{d}t} + a_0 y = b_0 x$$

式中，系数 a_0、a_1、a_2、b_0 都是由测量装置本身的参数所确定的常数。由这四个系数可以归纳出表征测量装置动态特性的三个主要参数，即静态灵敏度，$k = \dfrac{b_0}{a_0}$，有输入/输出的量纲；固有频率，$\omega_0 = \sqrt{\dfrac{a_0}{a_2}}$，单位为 $1/\mathrm{s}$；阻尼比，$\xi = \dfrac{a_1}{2\sqrt{a_0 a_2}}$，无量纲。于是，二阶传感器的传递函数为

$$G(s) = \frac{y(s)}{x(s)} = \frac{k}{\dfrac{s^2}{\omega_0^2} + \dfrac{2\xi s}{\omega_0} + 1} \tag{1-23}$$

将此式中的复变量 s 用纯虚数 $\mathrm{j}\omega$ 代替，即得到二阶传感器的频率响应为

$$G(\mathrm{j}\omega) = \frac{y(\mathrm{j}\omega)}{x(\mathrm{j}\omega)} = \frac{k}{\left(\dfrac{\mathrm{j}\omega}{\omega_0}\right)^2 + \dfrac{2\xi \mathrm{j}\omega}{\omega_0} + 1} = \frac{k}{1 - \left(\dfrac{\omega}{\omega_0}\right)^2 + 2\xi \mathrm{j}\left(\dfrac{\omega}{\omega_0}\right)} \tag{1-24}$$

幅频特性为

$$|G(\mathrm{j}\omega)| = \frac{K}{\sqrt{\left[1 - \left(\dfrac{\omega}{\omega_0}\right)^2\right]^2 + \left(\dfrac{2\xi\omega}{\omega_0}\right)^2}} \tag{1-25}$$

相频特性为

$$\varphi(\omega) = -\arctan \frac{2\xi\left(\dfrac{\omega}{\omega_0}\right)}{1 - \left(\dfrac{\omega}{\omega_0}\right)^2} \tag{1-26}$$

式（1-25）和式（1-26）所表示的特性曲线族如图 1-9 所示。从图 1-9（a）可以看出，当 ω/ω_0 的数值较小时，对应着幅频特性曲线的平坦部分。若提高测量装置的固有频率 ω_0，将扩大幅频特性曲线平坦部分的频率范围。因此，一般要求测量装置具有较高的固有频率 ω_0，以便能够精确测量含有较高频率成分的信号。由图 1-9 可以看出，当阻尼比 ξ 取 0.6～0.7 时，幅频特性曲线平坦部分的频率范围最宽，而相频特性曲线在最宽的频率范围内近似于直线。因此，二阶测量装置 ξ 大多采用 0.6～0.7。当然，也有些例外（如某些压电式传

感器的 ξ 值小于 0.01）。

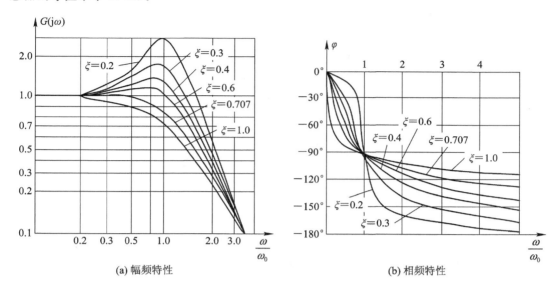

(a) 幅频特性　　　　　　　　　　　　　(b) 相频特性

图 1 - 9　二阶测量装置的频率响应曲线

2）阶跃输入时的时域响应

研究传感器动态特性的另一方法是输入某些典型的瞬变信号，然后研究装置对这种输入的时域响应，从而确定它的动态特性。

（1）一阶传感器的阶跃响应。对于一阶系统传感器，假设在 $t=0$ 时，$x=y=0$；当 $t>0$ 时，输入量瞬间突变到 A 值[图 1 - 10(a)]，此时可根据式（1 - 10）得一阶齐次微分方程的通解

$$y_1 = k\mathrm{e}^{-\frac{t}{\tau}}$$

而一阶非齐次方程的特解为 $y_2 = A$（$t>0$ 时），因此

$$y = y_1 + y_2 = k\mathrm{e}^{-\frac{t}{\tau}} + A$$

将初始条件 $y(0)=0$ 代入上式，即得 $t=0$ 时 $k=-A$，所以

$$y = A(1-\mathrm{e}^{-\frac{t}{\tau}}) \tag{1-27}$$

与式（1 - 27）相对应的曲线如图 1 - 10(b)所示。可以看到，随着时间的推移，y 越来越接近 A；当 $t=\tau$ 时，$y=0.632A$。在一阶惯性系统中，时间常数 τ 值是决定响应速度的重要参数。

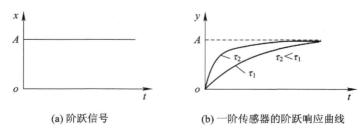

(a) 阶跃信号　　　　　　　　(b) 一阶传感器的阶跃响应曲线

图 1 - 10　一阶传感器的阶跃响应

（2）二阶传感器的阶跃响应。具有惯性质量、弹簧和阻尼器的振动系统是典型的二阶系统，如图 1-11 所示。

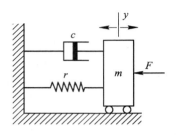

图 1-11　典型的二阶系统

根据牛顿第二定律，对于该系统，有

$$m \frac{\mathrm{d}^2 y}{\mathrm{d}t^2} = F - ry - c \frac{\mathrm{d}y}{\mathrm{d}t}$$

式中，m 为惯性质量；r 为弹簧常数；y 为位移；c 为阻尼系数；F 为外力。令 $\xi = \dfrac{c}{2\sqrt{mr}}$，$\omega_0 = \sqrt{\dfrac{r}{m}}$，$k = 1/r$，及 $F = AU(t)$，代入上式，便得二阶延迟系统的阶跃响应式为

$$(D^2 + 2\xi\omega_0 D + \omega_0^2) y = k\omega_0^2 AU(t) \tag{1-28}$$

设二阶方程式 $D^2 + 2\xi\omega_0 D + \omega_0^2 = 0$ 的根为 r_1 和 r_2，则

$$r_1 = (-\xi + \sqrt{\xi^2 - 1})\omega_0$$

$$r_2 = (-\xi - \sqrt{\xi^2 - 1})\omega_0$$

于是，式（1-28）的解就需要按下列三种情况分别处理：

① r_1 和 r_2 是实数，即 $\xi > 1$。这时，齐次方程的通解就是

$$y_1 = k_1 e^{r_1 t} + k_2 e^{r_2 t}$$

取齐次方程的特解 $y_2 = c$，并代入式（1-28），可得 $c = kA$，所以，$y_2 = kA$。因此，该方程的解便为

$$y = kA + k_1 e^{r_1 t} + k_2 e^{r_2 t}$$

将上式代入式（1-28），考虑初始条件，$t = 0$ 时 $y = 0$，就可求出 k_1 与 k_2，于是其解如下：

$$y = kA \left[1 - \frac{\xi + \sqrt{\xi^2 - 1}}{2\sqrt{\xi^2 - 1}} e^{(-\xi + \sqrt{\xi^2 - 1})\omega_0 t} + \frac{\xi - \sqrt{\xi^2 - 1}}{2\sqrt{\xi^2 - 1}} e^{(-\xi + \sqrt{\xi^2 - 1})\omega_0 t} \right] \tag{1-29}$$

这表示是过阻尼的情况。

② r_1 和 r_2 相等，即 $\xi = 1$。这时，可按式（1-11）求出 y_1，用上述相同方法推定常数，可得到

$$y = kA[1 - (1 + \omega_0 t)e^{-\omega_0 t}] \tag{1-30}$$

③ r_1 与 r_2 为共轭复根，即 $\xi < 1$。这时可按式（1-12）求 y_1，以 y_2 为待定系数，可得到

$$y = kA \left[1 - \frac{e^{-\xi\omega_0 t}}{\sqrt{1 - \xi^2}} \sin(\sqrt{1 - \xi^2}\,\omega_0 t + \varphi) \right] \tag{1-31}$$

式中，$\varphi = \arcsin\sqrt{1-\xi^2}$ 表示为欠阻尼的情况。

式(1-29)~式(1-31)代表的响应曲线如图 1-12 所示。图中，纵坐标为 $y/(Ak)$，横坐标为 $\omega_0 t$，均为无量纲参数。由图可以看出，响应曲线的形状取决于阻尼系数。$\xi > 1$ 时，$y/(Ak)$ 值逐渐增加到接近于 1，而不会超过 1；$\xi < 1$ 时，$y/(Ak)$ 必超过 1，成为振幅渐趋减小的衰减振动；$\xi = 1$ 的情况介于上述两者之间，但也不会产生振动。可见 ξ 体现了衰减的程度。通常 ξ 为"阻尼比"。对二阶传感器而言，ξ 越大，接近稳态的最终值的时间也越长，因此设计时一般取 ξ 为 0.6~0.8。

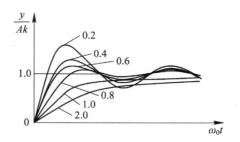

图 1-12 二阶延迟系统的阶跃响应曲线

如果把图 1-12 的横坐标改成 t，则横坐标原刻度就需要"缩小"$1/\omega_0$。由此可见，对于一定的 ξ，ω_0 越大，响应速度就越高；ω_0 越小，响应速度就越低。因为 ω_0 本身就是 $\xi = 0$ 时的角频率，故可称为"固有频率"。

第 2 章　检测技术基本知识

2.1　自动检测系统

检测是科学地认识各种现象的基础性的方法和手段。从这种意义上讲，检测技术是所有科学技术的基础。检测技术又是科学技术的重要分支，是具有特殊性的专门科学和专门技术。随着科学技术的进步和社会经济的发展，检测技术也迅速地发展，而检测技术的发展又进一步促进科学技术的进步。与眼、耳、鼻等感觉器官对人至关重要相类似，测量装置（传感器、仪器仪表等）作为科学性的"感觉器官"，在工业生产、科学研究、企业的科学管理等方面也是不可或缺的。企业越是科学地高速发展，越需要科学的检测。

自动检测系统是自动测量系统、自动计量系统、自动保护系统、自动管理系统等诸系统的总称。

自动检测系统都包含被检测量、敏感元件、电子测量电路（图 2-1），不同系统的区别在于输出单元。若输出单元是显示器或记录器，则该系统叫自动测量系统；若输出单元是计数器或累加器，则该系统叫自动计量系统；若输出单元是报警器，则该系统叫自动保护系统（或叫自动诊断系统）；若输出单元是处理电路，则该系统叫自动管理系统（或自动控制系统或部分数据分析系统）。

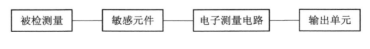

图 2-1　自动检测系统的构成

2.2　测量误差及其分类

检测技术的主要组成部分之一是测量，人们采用测量手段来获取所研究对象在数量上的信息，通过测量所得到的是定量的结果。现代社会要求测量必须达到准确度高、误差小、速度快、可靠性强等要求，为此对测量方法的要求越来越高。

2.2.1　测量概述

测量是借助专门的技术和设备，通过实验和计算等方法取得被测对象的某个量的大小和符号，或者取得一个变量与另一个变量之间的关系，如变化曲线等，从而掌握被测对象的特性、规律或控制某一过程等。

测量技术中常用的名词如下：

（1）等精度测量：在同一条件下所进行的一系列重复性测量。

（2）非等精度测量：在多次测量中，对测量结果精确度有影响的一切条件不能完全保持不变。

（3）标称值：测量器具上所标出来的数值。

（4）示值：由测量器具读数装置所指示出来的被测量的数值。

（5）真值：被测量本身所具有的真正值。

（6）实际值。误差理论指出，在排除了系统误差的前提下，当测量次数为无限多时，测量结果的算术平均值非常接近真值，因而可将它视为被测量的真值。但是由于测量次数是有限的，故按有限测量次数得到的算术平均值只是统计平均值的近似值。而且由于系统误差不可能完全被排除，故通常只能把精度更高一级的标准器具所测量的值作为"真值"。为了强调它并非真正的"真值"，故把它称为实际值。

（7）测量误差：指用器具进行测量时，所测量出来的数值与被测量的实际值之间的差值。

任何自动检测系统的测量结果都有一定的误差，即所谓的精度。不存在没有误差的测量结果，也不存在没有测量精度要求的自动检测系统。精度（误差）是一项重要技术指标。

2.2.2　测量误差的分类

1. 按测量误差的表示方法分类

1）绝对误差

绝对误差是指示值与被测量真值之差。用公式表示为

$$\Delta x = x - A_0 \tag{2-1}$$

式中，Δx 为绝对误差；x 为器具的标称值或示值；A_0 为被测量的真值。

由于真值 A_0 无法求得，在实际应用时常用精度高一级的标准器具的示值（作为实际值）A 代替真值 A_0。记为

$$\Delta x = x - A \tag{2-2}$$

必须指出，A 并不等于 A_0，一般来说，A 总比 x 更接近 A_0。

绝对误差一般只适用于标准器具的校准。

绝对值是与 Δx 相等但符号相反的值，也称为修正值，常用 C 表示，记为

$$C = -\Delta x = A - x \tag{2-3}$$

通过检定，可以由高一级标准（或基准）给出受检测系统的修正值。利用修正值便可求出检测系统的实际值：

$$A = x + C \tag{2-4}$$

2）相对误差

相对误差是指绝对误差 Δx 与被测量的约定值之比。在实际测量中，相对误差有下列几种表示形式：

（1）实际相对误差。实际相对误差 γ_A 是用绝对误差 Δx 与被测量的真值 A_0（用 A 代替真值 A_0）的百分比来表示。记为

$$\gamma_A = \frac{\Delta x}{A} \times 100\% \tag{2-5}$$

（2）示值相对误差。示值相对误差 γ_x 是用绝对误差 Δx 与器具的示值 x 的百分比来表

示。记为

$$\gamma_x = \frac{\Delta x}{x} \times 100\% \qquad (2-6)$$

（3）满度相对误差。满度相对误差 γ_m 又称为满度误差，是用绝对值误差 Δx 与器具的满度值 x_m 之比来表示。记为

$$\gamma_m = \frac{\Delta x}{x_m} \times 100\% \qquad (2-7)$$

3）容许误差

容许误差是根据技术条件的要求，规定某一类器具误差不应超过的最大范围。

2. 按测量误差的性质分类

根据测量误差的性质，测量误差可分为以下三类：

1）系统误差（简称系差）

系统误差是指在同一条件下多次测量同一量时，误差的大小和符号保持恒定，或者在条件改变时，按某一确定的已知的函数规律变化而产生的误差。系统误差又可分为以下几种：

（1）恒定系差：指在一定条件下，误差的数值及符号都保持不变的系统误差。

（2）变值系差：指在一定条件下，误差按某一确定规律变化的系统误差。根据变化规律又可分为以下几种情况：

① 累进性系差：指在整个测量过程，误差的数值在不断地增加或不断地减少的系统误差。

② 周期性系差：指在测量的过程中，误差的数值发生周期性变化的系统误差。

③ 按复杂规律变化的系差：变化规律一般用曲线、表格或经验公式来表示。

2）随机误差（简称随差或偶然误差）

随机误差是指在相同条件下多次测量同一量时，误差的大小和符号均以不可预知的方式发生变化，没有确定的变化规律的测量误差。

单次测量的随机误差没有规律，不能预料，不可控制，也不能用实验方法加以消除。但是，随机误差多次测量总体服从统计规律，因此可以通过统计学的方法来研究这些误差的总体情况并估计其影响。

3）粗大误差（简称粗差）

粗大误差是指在一定条件下测量结果显著地偏离其实际值时所对应的误差。从性质上看，粗差本身并不是单独的类别，它可能具有系统误差的性质，只不过在一定测量条件下其绝对值特别大而已。

粗大误差是由于测量方法不妥当、各种随机因素的影响以及测量人员粗心所造成的。在测量及数据处理中，当发现某次测量结果所对应的误差特别大时，应认真判断是否属于粗大误差，若属于粗差，应舍去。

3. 按被测量随时间变化的速度分类

（1）静态误差：指在测量过程中，被测量随时间变化很缓慢或基本不变时的测量误差。

（2）动态误差：指在被测量随时间变化很快的过程中测量所产生的附加误差。

4. 按测量误差的来源分类

（1）工具误差：指测量工具本身的不完善引起的误差。

（2）方法误差（理论误差）：指测量时由方法不完善、所依据的理论不严密以及对被测量定义不明确等诸因素所造成的误差。

5. 按使用条件分类

（1）基本误差：指检测系统在规定的标准条件下使用时所产生的误差。

（2）附加误差：当使用条件偏离规定的标准条件时，除基本误差外还会产生附加误差。

6. 按测量误差与被测量的关系分类

（1）定值误差：指误差对被测量来说是一个定值，不随被测量变化。

（2）累计误差：在整个检测系统量程内误差值 Δx 与被测量 x 成比例变化，即

$$\Delta x = \gamma_s x \tag{2-8}$$

式中，γ_s 为比例常数。Δx 随 x 的增大而逐步积累，故称为累计误差。

2.3　系统误差检查及消除方法

2.3.1　系统误差的检查

1. 恒定系差的检查

当怀疑测量结果中有恒定系差时，可以通过以下几种方法进行检查和判断。

（1）校准和对比。由于检测系统是恒定系差的主要来源，因此首先应保证它的准确度符合要求。如将检测系统定期送计量部门检定，通过检定，给出校正后的修正值（数值、曲线、表格或公式等），即可发现恒定系差，并可利用修正值在相当程度上消除恒定系差的影响。

有的自动检测系统可利用自校准方法来发现并消除恒定系差。当无法通过标准器具或自校准装置来发现并消除恒定系差时，还可以通过多台同类或相近的仪器进行相互对比，观察测量结果的差异，以便提供一致性的参考数据。

（2）理论计算及分析。因测量原理或测量方法使用不当引入恒定系差时，可以通过理论计算及分析的方法来加以修正。

（3）改变测量条件。不少恒定系差与测量条件及工况有关。即在某一测量条件下为一确定不变的值，而当测量条件改变时，又为另一确定的值。利用这一特性，可以通过有意识地改变测量条件，然后比较其差异，便可判断是否含有恒定系差，同时还可设法消除恒定系差。

还应指出，由于各种原因需要改变测量条件进行测量时，也应判断在条件改变时是否引入系统误差。

2. 变值系差的检查

变值系差是误差数值按某一确定的规律而变化的误差。因此只要有意识地改变测量条件或分析测量数据变化的规律，便可判明是否存在变值系差。对于确定含有变值系差的测量结果，原则上应舍去。

（1）累进性系差的检查。由于累进性系差的特性是其数值随着某种因素而不断增加或减小，因此必须进行多次等精度测量。观察测量数据或相应的残差变化规律，如果累进性

系差比随机误差大得多，就可以明显地看出其上升或下降的趋势，如图 2-2 所示。

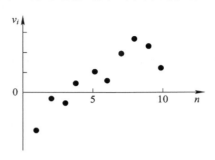

图 2-2　累进性系差的检查

如果累进性系差比随机误差没有大很多，则可根据马利科夫准则进行判断。马利科夫判别准则：

设对某一被测量进行 n 次等精度测量，按测量先后顺序得出 x_1，x_2，$\cdots$，x_i，$\cdots$，x_n 等数值，相应的残差为 v_1，v_2，$\cdots$，v_i，$\cdots$，v_n，把前面一半和后面一半数据的残差分别求和，然后取其差值

$$M = \sum_{i=1}^{k} v_i - \sum_{k+1}^{n} v_i \qquad (2-9)$$

式中，当 n 为偶数时，取 $k = \dfrac{n}{2}$；当 n 为奇数时，取 $k = \dfrac{n+1}{2}$。

结论：

① 如果 M 近似为零，则说明上述测量列中不含累进性系差；

② 如果 M 与 v_i 值相当或相差较大，则说明测量列中存在累进性系差；

③ 如果 $0 < M < v_i$，则说明不能肯定是否存在累进性系差。

所谓残差，是指测量值与该被测量的某一算术平均值之差，用公式表示为

$$v_i = x_i - \overline{x} \qquad (2-10)$$

（2）周期性系差的检查。当周期性系差是测量误差的主要成分时，是不难从测量数据或残差的变化规律中发现的。但是，如果随机误差很显著，周期性系差便不易被发现，此时可用阿卑-赫梅特（Abbe-Helmert）准则来判别。设

$$A = \left| \sum_{i=1}^{n-1} v_i v_{i+1} \right| R_3 \qquad (2-11)$$

当

$$A > \sqrt{n-1}\sigma^2 \qquad (2-12)$$

时，认为测量列中含有周期性系差，式（2-12）中，σ 为均方根误差。

2.3.2　削弱或消除系统误差的基本方法

1. 消除产生误差的根源

从测量系统的设计入手，选用最合适的测量方法和工作原理，以避免方法误差；选择合理的加工、装配、调校工艺，以减少和避免工具误差。此外，应做到测量系统正确安装、使用。测量应在外界条件比较稳定时进行，对周围环境干扰应采取必要的屏蔽防护措施等。

2. 对测量结果进行修正

在测量之前，应对测量系统进行校准或定期进行检定。

通过检定，可以由上一级标准（或基准）给出受检仪器的修正值。将修正值加入测量值中，即可消除系统误差。例如，用标准温度计检定某温度传感器时，在温度为 50 ℃ 的测温点处，受检温度传感器的示值为 50.5 ℃，则测量误差为

$$\Delta x = x - A = 50.5 - 50 = 0.5 (℃)$$

于是，修正值 $C = -\Delta x = -0.5$ ℃。将此修正值加入测量值 x 中，即可求出该测温点的实际温度为

$$A = x + C = 50.5 - 0.5 = 50 (℃)$$

从而消除了系统误差 Δx。

修正值不一定是具体的数值，也可以是一条曲线、公式或数表。在某些自动测试系统中，为了提高测量精度，减小测量误差，修正值预先编制成有关程序储存于仪器中，可自动对测量结果的误差进行修正。

3. 采用特殊测量法

在测量过程中，选择适当的测量方法，可使系统误差抵消而不带入测量值中。

1）零值法

零值法又称平衡法，属于比较法中的一种。它是把被测量与作为计量单位的标准已知量进行比较，使其误差相互抵消，当两者的差值为零时，被测量就等于已知的标准量。这种测量法的优点是测量误差主要取决于参加比较的标准器具的误差，而标准器具的误差是可以做得很小的。

零值法最常见的例子是用天平来称物体的重量，如图 2-3 所示。当增减砝码使指针指零时，砝码与被称物体的重量达到平衡，这时被称物体的重量就等于砝码的重量。

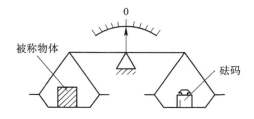

图 2-3　利用零值法测量的天平

2）替换法（又称替代法、代替法）

替换法是用可调的标准器具代替被测量接入检测系统，然后调整标准器具，使检测系统的指示与被测量接入时相同，则此时标准器具的数值等于被测量，即 $x = A$。

替换法的特点是被测量与已知量通过测量装置进行比较，当两者的误差相同时，它们的数值也必然相等。测量装置的系统误差不带给测量结果，它只起辨别两者有无差异的作用，因此，测量装置需要有相应的灵敏度和一定的稳定度。

例如，为了测量某未知电阻 R_x，将它接入一个电桥中去，如图 2-4 所示，调整桥臂电阻 R_1、R_2 使电桥平衡，然后取下 R_x，换上标准电阻箱 R_s。保持 R_1、R_2 不动，调节 R_s 的大小，使电桥再次平衡，此时被测电阻 $R_x = R_s$。只要测量灵敏度足够，根据这种方法测得的 R_x 的准

确度与标准电阻箱的准确度相当，而与检流计 G 和电阻 R_1、R_2、R_3 的恒值误差无关。

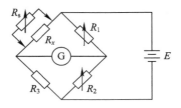

图 2-4　用替代法测电阻

3）交换法（又称对照法）

在测量过程中，将测量中的某些条件（如被测物的位置等）相互交换，使产生系差的原因对先后两次测量结果起反作用。对这两次结果进行适当的数学处理（通常取其算术平均值或几何平均值），即可消除系统误差或求出系统误差的数值，这就是所谓的对照法。

图 2-5 是利用交换法测量电阻的例子。将电桥设计为等臂式（$R_1 = R_2$），调节标准电阻箱的阻值 R_s，可使电桥平衡。测量分两次进行。

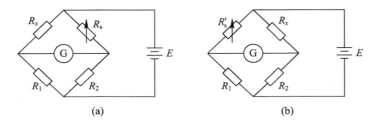

(a)　　　　　　　　　　(b)

图 2-5　交换法测电阻

第 1 次，测量的安排如图 2-5(a)所示。当电桥平衡时，有

$$R_x = \frac{R_1}{R_2}R_s = R_s \tag{2-13}$$

如果 R_1、R_2 有误差 ΔR_1 及 ΔR_2，必然造成 R_x 有一误差，其值为

$$R_x = \left(\frac{R_1 + \Delta R_1}{R_2 + \Delta R_2}\right)R_1 \neq R_1 \tag{2-14}$$

第 2 次，交换测量位置，如图 2-5(b)所示。重新调节 $R_s = R_s'$，使电桥再次平衡，则有

$$R_x = \left(\frac{R_2 + \Delta R_2}{R_1 + \Delta R_1}\right)R_1' \tag{2-15}$$

由式（2-14）及式（2-15）可得

$$R_x = \sqrt{R_1 R_1'} \approx \frac{1}{2}(R_s + R_s') \tag{2-16}$$

由式（2-16）可见，交换法消除了恒定系差 ΔR_1 及 ΔR_2 的影响。

4）补偿法

补偿法是替换法的一种特殊形式，相当于部分替换法或不完全替换法。现用实例进行说明。图 2-6 所示为用补偿法测量高额小电容的电路原理图。图中，E 为恒压源；L 为电感线圈；C_s 为标准可变电容；V 为高内阻电压表。图中的 C_0' 是电感线圈的自身分布电容，可以把它等效看作与电容 C_x 并联，这时为 C_0。测量时，先不接入待测电容 C_x，调节标准电容，通过电压表读数来观察电路谐振点，此时标准电容读数为 C_{x1}；然后把 C_x 接入 A、B 端，此时电路将失调，调节标准电容（调小），使电路仍处于谐振，得读数 C_{x2}。显然，两次谐振回路的电容应相等，为 $C_{x1}+C_0=C_{x2}+C_0+C_x$，于是可得

$$C_x = C_{x1} - C_{x2} \tag{2-17}$$

可见，消除了恒定系差 C_0 的影响。

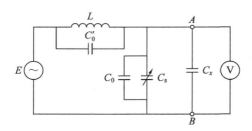

图 2 - 6　补偿法测最小电容

4. 变值系差消除法

变值系差消除法有很多种，在此只介绍较简单的等时距对称观测法。

等时距对称观测法可以有效地消除随时间成比例变化的线性系统误差。假设误差按照图 2 - 7 所示的斜线有规律地变化，只要测试时的各个时间间隔相等，则有 $\varepsilon_1 - \varepsilon_2 = \varepsilon_2 - \varepsilon_3 = \cdots$。若以某一时刻（如 t_3）为中心，则对称于此点的各对系统误差的算术平均值彼此相等，即

$$\frac{\varepsilon_1 + \varepsilon_5}{2} = \frac{\varepsilon_2 + \varepsilon_4}{2} = \varepsilon_3 \tag{2-18}$$

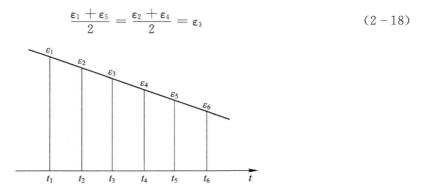

图 2 - 7　等时距对称观测法

利用上述关系，安排适当的测量步骤，并通过一定的运算，就可以消除这种随时间按线性规律变化的系统误差。

例如，图 2 - 8(a)所示为一种测量电阻的电路，在理想情况下，被测电阻 $R_x = R_0 U_x / U_0$，式中，R_0 为已知电阻。实际上，由于电池电压不稳定，电流 I 是随时间变化的，见图 2 - 8(b)。由于不能在相同时刻测量 U_x 和 U_0，于是就产生了线性变化的系统误差，即

$$\frac{U_x}{U_0} = \frac{I_1 R_x}{I_2 R_0} \neq \frac{R_x}{R_0} \tag{2-19}$$

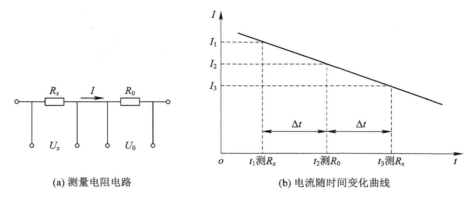

(a) 测量电阻电路　　　　　　　(b) 电流随时间变化曲线

图 2-8　等时距对称观测法应用

为了消除此系统误差，可采用等时距对称观测法。按下述测量程序进行：

t_1 时刻，测量 R_x 上的电压降得 $U_x = I_1 R_x$；

t_2 时刻，测量 R_0 上的电压降得 $U_0 = I_2 R_0$；

t_3 时刻，测量 R_x 上的电压降得 $U'_x = I_3 R_x$。

考虑电流按线性变化，若测量时距相等，则根据式(2-18)可得

$$\frac{I_1 + I_3}{2} = I_2 \qquad\qquad (2-20)$$

因此

$$\frac{U_x + U'_x}{2} = \frac{I_1 + I_3}{2} R_x = I_2 R_x$$

将 $U_0 = I_2 R_0$ 关系代入，得

$$R_x = \frac{U_x + U'_x}{2U_0} R_0 \qquad\qquad (2-21)$$

上述数学处理结果，实质上相当于将工作电流固定于 I_2，通过比较电压降 $I_2 R_0$ 与 $I_2 R_x$ 而求得 R_x，从而消除了因工作电流按线性规律变化而带来的系统误差。

2.4　随机误差的统计特性、分布规律和评价指标

在测量过程中，系统误差与随机误差通常是同时发生的，由于系统误差可以用各种方法加以消除，因此在以后的讨论中，我们均假定测定值中只含随机误差，即认为系统误差已被消除。

2.4.1　随机误差的统计特性

随机误差的数值在事前是无法预料的，它受各种复杂随机因素的影响，可能取各种数值。

例如，对一个标称直径为 15 mm 的轴径进行 $n = 100$ 次的重复测量。将测量所得的值 x_i，按大小分为若干组，取分组间隔 $\Delta x = 1$ mm，并统计每组内测得的值 x_i 出现的次数 n_i

及其出现频率 f_i（出现的次数 n_i 与测量次数 n 之比，将其列于表 2-1 中。

表 2-1　大量重复测量的统计表

测得值分组范围 x_i/mm	分组平均值 $\overline{x_i}$/mm	出现次数 n_i/次数	出现频率 $f_i = \dfrac{n_i}{n}$
14.998～14.999	14.999	8	0.08
14.997～14.998	14.998	16	0.16
14.996～14.997	14.997	50	0.50
14.995～14.996	14.996	20	0.20
14.994～14.995	14.995	6	0.06
测得值的平均值 $\overline{x_i}=14.997$	—	总数 $\sum n_i = 100$	$\sum f_i = 1$

现在以分组尺寸为横坐标，以出现次数 n 和频率 f 为纵坐标，绘出其统计分布图，如图 2-9 所示。然后将图中分组平均值所对应的各点用直线连接起来，得到线图，即为其经验分布图。

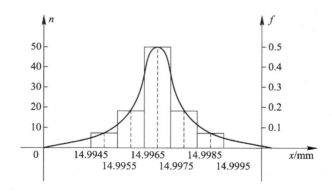

图 2-9　统计分布图

如果测量次数足够多，示值区间划分得足够窄，即当 $n \to \infty$，$\Delta x \to 0$ 时，则随机误差的分布规律就越来越接近光滑连续曲线。尽管每次实验所得到的分布图在宽窄、大小、高低等方面各不相同，但大致形状是类似的。根据误差的统计分布图，可以得出具有普遍意义的统计规律，重复测量的次数越多，这种规律表现得就越明显。随机误差的统计特性表现在以下四个方面。

1. 有限性

在一定条件下的有限测得值中，误差的绝对值不会越过一定的界限。本例中随机误差的绝对值不会超过 0.003 mm。

2. 集中性

大量重复测量所得到的数值，均集中分布在其平均值 $\overline{x}$ 附近，即测量得到的数值 x_i 在平均值 $\overline{x}$ 附近出现的机会最多（本例中大部分测量值集中在 14.997 mm 附近，离 $\overline{x}$ 越远，值越少）。$\bar{x}$ 也称为分布中心，其值可以用下式表示：

$$\bar{x} = \frac{1}{n}\sum_{i=1}^{n}x_i \qquad (2-22)$$

3. 对称性

绝对值相等的正误差和负误差出现的次数（概率）大致相等。在本例中以 $\bar{x}=14.997\ \mathrm{mm}$ 为中心，其两侧出现的个数接近相等、对称。

4. 抵偿性

在相同条件下对同一量进行多次测量时随机误差的平均值的极限将趋于 0。其表达式为

$$\lim_{n\to\infty}\left(\frac{1}{n}\sum_{i=1}^{n}\delta_i\right)=0 \qquad (2-23)$$

2.4.2　随机误差的分布规律

1. 正态分布

正态分布又叫高斯分布，是随机误差最常见的分布形式。

概率论的中心极限定理：如果一个随机变量是由大量微小的随机变量共同作用的结果，那么只要这些微小的随机变量是互相独立（或弱相关）的且均匀地小（对总和的影响彼此差不多），不管它们各自服从什么分布，其总和必然近似于正态分布。当随机误差是由大量的、互相独立的微小作用因素所引起时，通常都服从正态分布。

若以随机误差 δ 为横坐标，则随机误差的正态分布概率密度曲线峰值位于 $\delta=0$ 处，如图 2-10 所示。随机误差的正态分布概率密度函数为

$$P(\delta)=\frac{1}{\sigma\sqrt{2\pi}}\mathrm{e}^{-\frac{\delta^2}{2\sigma^2}} \qquad (2-24)$$

式中，$P(\delta)$ 为概率密度；δ 为随机误差；σ 为均方根误差；e 为自然对数的底数。

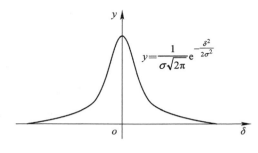

图 2-10　正态分布曲线

2. 均匀分布

随机误差通常服从正态分布，但也有些误差服从非正态分布，均匀分布就是常遇到的一种非正态分布。

均匀分布的主要特点是误差有一定的界限，且在给定区间内误差在各处出现的概率相等，因此又称为等概率分布。

若随机变量 x 在区间 $[a, b]$ 上服从均匀分布, 如图 2-11 所示, 则其概率密度函数为

$$p(x) = \begin{cases} \dfrac{1}{b-a} & (a \leqslant x \leqslant b) \\ 0 & (x < a, \; x > b) \end{cases} \qquad (2-25)$$

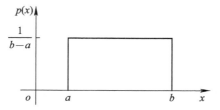

图 2-11　$[a, b]$ 区间的均匀分布

在区间 $[a, b]$ 内服从均匀分布的随机变量 x, 落于给定区间 $[\alpha, \beta]$ 内的概率为

$$P(\alpha \leqslant x \leqslant \beta) = \frac{\beta - \alpha}{b - a} \qquad (2-26)$$

式 (2-26) 表明随机变量 x 在 $[a, b]$ 中任一小区间的取值概率与该小区间的长度 $[\alpha, \beta]$ 成正比, 而与它的具体位置无关。

均匀分布在检测技术中是经常遇到的。仪器度盘或齿轮回差所产生的误差、平衡指示器由于调零不准所产生的误差、数字式仪器在 ± 1 内不能分辨所引起的误差以及进行数据处理时由于四舍五入所引起的误差等, 都具有均匀分布的特点。

2.4.3　随机误差的评价指标

由于随机误差具有统计意义, 是按正态分布规律出现的, 所以把算术平均值 $\bar{x}$ 和均方根误差 σ 两个参数作为评定随机误差的指标。

1. 算术平均值

因为待测量的真值 A_0 是无法得到的, 因此只能从一系列测量值 x_i 中找到一个接近真值 A_0 的数值作为测量结果, 这个值就是算术平均值 $\bar{x}$。

当对某一量作一系列等精度的测量时, 得到一系列的数值 $x_1, x_2, \cdots, x_n$, 这些数值的算术平均值 $\bar{x}$ 定义为

$$\bar{x} = \frac{x_1 + x_2 + \cdots + x_n}{n} = \sum_{i=1}^{n} \frac{x_i}{n} \qquad (2-27)$$

又设 $\delta_1, \delta_2, \cdots, \delta_n$ 为各测量值与真值的随机误差, 则

$$\delta_1 = x_1 - A_0$$
$$\delta_2 = x_2 - A_0$$
$$\cdots\cdots$$
$$\delta_n = x_n - A_0$$

即

$$\sum_{i=1}^{n} \delta_i = \sum_{i=1}^{n} x_i - nA_0 \qquad (2-28)$$

当 $n \to \infty$ 时，由随机误差的对称性规律可知 $\sum\limits_{i=1}^{n} \delta_i \to 0$，所以 $\sum\limits_{i=1}^{n} x_i = nA_0$，即

$$A_0 = \frac{1}{n} \sum_{i=1}^{n} x_i = \overline{x} \qquad (2-29)$$

式(2-29)表明，测量次数无限多时，所有测量值的算术平均值即等于真值。实际上不可能做无限次测量，真值也就难以得到。但可以用算术平均值 $\overline{x}$ 来代替真值，测量次数 n 越多，算术平均值越接近其真值。

2. 均方根误差 σ

(1) 均方根误差 σ 的计算公式。在等精度测量中，均方根误差 σ 的计算公式为

$$\sigma = \sqrt{\frac{\delta_1 + \delta_2 + \cdots + \delta_n}{n}} \qquad (2-30)$$

式中，δ_1，δ_2，$\cdots$，δ_n 为每次测量中相应各测量值的随机误差。其中 $\delta_i = x_i - A_0$。

(2) 正态分布与均方根误差的关系。用算术平均值 $\overline{x}$ 可以表示测量结果，但是只有 $\overline{x}$ 还不能表示各测量值的精度。为了研究测量值的精度，就必须讨论均方根误差 σ 与随机误差的关系。

由于随机误差的分布曲线是正态分布的，因此它的出现概率就是该曲线下所包围的面积。由于全部随机误差出现的概率 P 之和为 1，所以曲线与横轴间包围的面积应等于 1，即

$$P = \int_{-\infty}^{+\infty} p(\delta) \mathrm{d}\delta = \frac{1}{\sigma\sqrt{2\pi}} \int_{-\infty}^{+\infty} \mathrm{e}^{-\frac{\delta^2}{2\sigma^2}} \mathrm{d}\delta = 1 \qquad (2-31)$$

式中，$p(\delta)$ 为概率密度，δ 为随机误差，σ 为均方根误差，e 为自然对数的底数，P 为概率。

正态分布曲线是一个指数方程式，它是随着随机误差 δ 和均方根误差 σ 的变化而变化的，图 2-12 表示均方根误差 σ 和正态分布曲线的关系。从图中可以明显地看出 σ 与分布曲线的形状和分散度有关：σ 值越小，曲线越陡，随机误差分布得越集中，测量精度越高；反之，σ 值越大，曲线越平坦，随机误差分布得越分散，测量精度越低。

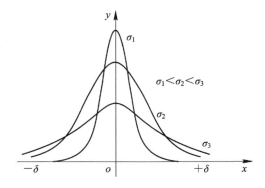

图 2-12　三种不同 σ 的正态分布曲线

根据前面的分析，在正态分布曲线下包含的总面积等于各随机误差 δ_i 出现的概率的总和。方便起见，代入新的变量 Z，设 $Z = \dfrac{\delta}{\sigma}$，$\mathrm{d}Z = \dfrac{1}{\sigma}\mathrm{d}\delta$，代入式(2-31)得

$$P = \frac{1}{\sqrt{2\pi}} \int_{-\infty}^{+\infty} \mathrm{e}^{-\frac{Z^2}{2}} \mathrm{d}Z = 1$$

　　如果要确定随机误差在所给定的 $(-\sigma, +\sigma)$ 范围内的概率, 只要对图 2-13 阴影部分的面积作积分即可。即随机误差在 $(-\sigma, +\sigma)$ 区间的概率为

$$P = 2\varphi(Z) = \frac{1}{\sqrt{2\pi}} \int_{-z}^{+z} e^{-\frac{z^2}{2}} dZ$$

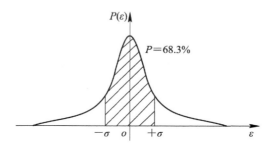

图 2-13　误差落在 $\pm\sigma$ 内的概率

　　对任何 Z 值的积分值 $\varphi(Z)$ 可以由概率函数积分表查出。表 2-2 中所列为积分表中几个具有特征的数值。

表 2-2　几个特征数值的积分表

$Z = \dfrac{\delta}{\sigma}$	0.5	0.6745	1	2	3	4
$\varphi(Z) = \dfrac{1}{\sqrt{2\pi}} \int_{0}^{z} e^{-\frac{z^2}{2}} dZ$	0.1915	0.2500	0.3413	0.4773	0.4986	0.4999
不超出 δ 概率 $P = 2\varphi(Z) = \dfrac{1}{\sqrt{2\pi}} \int_{-z}^{z} e^{-\frac{z^2}{2}} dZ$	0.3829	0.5000	0.6827	0.9545	0.9973	0.9999
超出 δ 概率 $P = 1 - 2\varphi(Z)$	0.6171	0.5000	0.3173	0.0455	0.0027	0.0001

　　由表 2-2 可以看出, 随着 Z 值的增大, $P = 1 - 2\varphi(Z)$ 的值, 也就是超出 δ 的概率, 减少得很快。

　　当 $Z = \pm 1$ 时, $2\varphi(Z) = 0.6827$, 则在 $\delta = \pm\sigma$ 范围内的概率为 68.27%。

　　当 $Z = \pm 3$ 时, $2\varphi(Z) = 0.9973$, 则在 $\delta = \pm 3\sigma$ 范围内的概率为 99.73%。在超出 $\delta = \pm 3\sigma$ 范围的概率 $P = 1 - 2\varphi(Z) = 0.0027$, 仅为 0.27%, 即发生的概率很小。所以通常评定随机误差时可以 $\pm 3\sigma$ 为极限误差。如果某项测量值的残差超出 $\pm 3\sigma$, 则此项残差即为粗大误差, 数据处理时应舍去。

　　如果残差用 ν_i 表示, 则均方根误差 σ 可表示为

$$\sigma = \sqrt{\frac{\nu_1^2 + \nu_2^2 + \cdots + \nu_n^2}{n-1}} = \sqrt{\frac{\sum\limits_{i=1}^{n} \nu_i^2}{n-1}} \tag{2-32}$$

第3章　电阻式传感器

　　电阻式传感器是一种应用较早的电参数传感器，种类繁多，应用广泛，其基本原理是将被测物理量的变化转换成与之有对应关系的电阻值的变化，在经过相应的测量电路后，反映被测量的变化。电阻式传感器结构简单，线性和稳定性好，与相应的测量电路可组成测力、测压、称重、测位移、测加速度、测扭矩等检测系统，已成为生产过程检测及实现生产自动化不可缺少的手段之一。

3.1　电位器式电阻传感器

　　电位器是一种人们熟知的机电原件，广泛用于各种电气和电子设备中。在仪表与传感器中，它主要作为一种把机械位移输入转换为与它成一定函数关系的电阻或电压输出的传感元件使用。利用电位器作为传感元件可制成各种电位器传感器，用以测定线位移或角位移，以及一切可能转换为位移的其他被测物理量，如压力、加速度等。此外，在伺服式仪器中，它还可用作反馈元件及解算元件，制成各种伺服式仪表。

　　电位器传感器的优点是结构简单、尺寸小、质量小、输出特性精度高（可达 0.1% 或更高）且稳定性好，可实现线性及任意函数特性；受环境因素（温度、湿度、电磁干涉、放射性）影响较小；输出信号较大，一般不需要放大。因此，它是最早获得工业应用的传感器之一。但它也存在一些缺点，主要是易因摩擦而磨损。因此，要求敏感元件有较大的输出功率，否则传感器的精度会降低，而且由于有滑动触点及磨损，电位器的寿命也受到影响。另外，线绕电位器分辨率较低也是一个主要的缺点。目前，电位器围绕着减小或消除摩擦，延长使用寿命，提高可靠性、精度、分辨率等方面在不断提升性能。电位器虽然在不少应用场合已被更可靠的无接触式的传感器元件所替代，但其某些独特的性能仍然不能被完全取代，在同类传感器中仍然占有一席之地。

　　电位器的种类繁多，按其结构形式不同，可分为绕线式、薄膜式、光电式、磁敏式等。在绕线电位器中，又可分为单圈式和多圈式两种。按其特性曲线不同，还可分为线性电位器和非线性电位器两种。

3.1.1　电位器式电阻传感器的工作原理

　　常用电位器式电阻传感器的工作原理如图 3-1 所示。由图可以看出，电位器式电阻传感器由触点机构和电阻器两部分组成。由于存在触点，为使其工作可靠，要求被测量有一定的功率输出，对于图 3-1(a)～(e)来讲，触点是滑动的，存在着摩擦力，影响测量精度。一般来讲，电位器式电阻传感器的电阻都是有级变化的（除图 3-1(a)、(b)、(g)外），因此影响了测量精度。对于图 3-1(a)、(b)、(g)，当传感器输出环节的输入电阻与传感器本身电阻相比很大时，传感器的输出电阻和输入位移间才是线性关系，否则是非线性的。

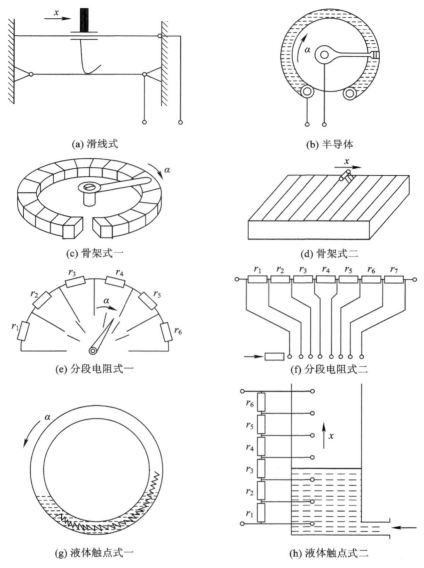

(a) 滑线式

(b) 半导体

(c) 骨架式一

(d) 骨架式二

(e) 分段电阻式一

(f) 分段电阻式二

(g) 液体触点式一

(h) 液体触点式二

x—直线位移；α—角位移

图 3 - 1　电位器式电阻传感器原理图

　　因为电位器式电阻传感器的输出功率较大，在一般场合下，可用指示仪表直接接收电位器式电阻传感器送来的信号，这就大大地简化了测量电路。图 3 - 2 给出了电位器式电阻传感器所用不同指示仪表的典型电路。

　　图 3 - 2(a) 中采用了电流表，此种接法当输入量为零时，输出信号不为零，但是输入与输出呈非线性。图 3 - 2(b) 中采用了电压表，此种接法只有在电压表内阻比传感器电阻大很多时，才能在输入与输出间存在线性关系，此外，该电路还能进行零位测量。图 3 - 2(c)

为用流比计 LB 电路，其抗干扰能力强，输出可反映输入的极性。图 3-2(d)为采用电压表的桥形接法，线性输出可反映输出极性。图 3-2(e)也为桥形线路，但采用了两只角位移输入的电位器式电阻传感器，因此它的灵敏度和测量范围与图 3-2(d)所示的相比皆大一倍。

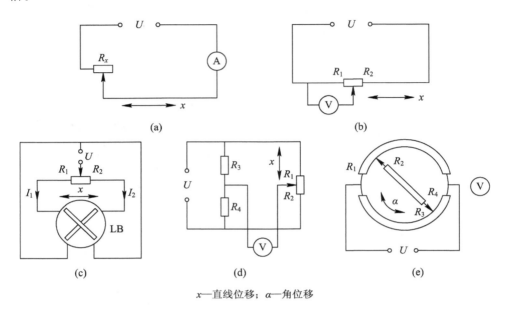

x—直线位移；α—角位移

图 3-2　电位器式电阻传感器接不同指示仪表的典型电路

3.1.2　电位器式电阻传感器的种类

1. 非线性电位器

非线性电位器是指在空载时其输出电压（或电阻）与电刷行程之间具有非线性函数关系的一种电位器，也称函数电位器。它可以实现指数函数、对数函数、三角函数及其他任意函数。

非线性电位器的主要功能如下：

（1）使传感器获得非线性输出，以满足控制系统的各种特殊要求。

（2）使传感器获得线性输出特性。当传感器中有些环节出现非线性时，可把电位器设计成非线性的，而使传感器最后获得线性输出。

（3）在解算式传感器中，如导航仪、大气数据系统中，可采用非线性电位器来实现各种特定的函数运算。

（4）消除电位器的负载误差，即在负载情况下，用非线性电位器来实现线性特性。

按照实现非线性特性的原理不同，常用的非线性绕线电位器可分为变骨架式、变节距式、分路电阻式及电位给定式四种。

利用绕线式电位器可以方便地制成函数转换器 $R=f(x)$。例如，欲实现图 3-3(a)中所示的变换，要求先将 $R=f(x)$ 曲线在允许误差范围内进行直线逼近，即用 $\overline{01}$、$\overline{12}$、$\overline{23}$、$\overline{34}$ 四段直线代替原来的曲线。然后，再按所选取的方案进行具体计算。实现电位器函数转换的方案有三个，如图 3-3(b)～(d)所示。由于曲线骨架较难制造，所以一般用等截面骨架带有并联电阻的方案较易实现。

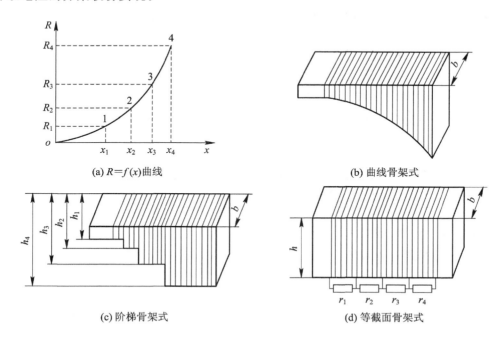

(a) $R=f(x)$ 曲线　　　　　　(b) 曲线骨架式

(c) 阶梯骨架式　　　　　　(d) 等截面骨架式

图 3-3　电位器函数转换器示意图

在骨架宽度 b 一定的情况下，骨架高度 h 可按下式计算：

$$h = \frac{k\pi d^2}{8\rho} \frac{R_4 - R_3}{x_4 - x_3} - b \tag{3-1}$$

式中，d 为电阻丝直径；k 为长度填充系数的倒数；ρ 为电阻系数；R_3、R_4 为 3 点、4 点所对应的电阻值；x_3、x_4 为 3 点、4 点所对应的位移；b 为骨架宽度。

各段所示并联的电阻值 r_i，可按一般的公式计算。例如：

$$r_i = \frac{r_{(i-1)i}(R_i - R_{i-1})}{r_{(i-1)i} - (R_i - R_{i-1})} \tag{3-2}$$

式中，r_i 为在点 $(i-1)$ 及 i 对应位置所并联的电阻值；$r_{(i-1)i}$ 为等截面支架上长度为 $x_i - x_{i-1}$ 的电阻值；R_i、R_{i-1} 为与点 i、点 $i-1$ 所对应的电阻值。

由上可见，这种等截面骨架电位器函数转换器虽易实现，但是它只保证了在 x_1、x_2、x_3 等点处的电阻值符合曲线，而当电刷(活动触点)处在各段中间位置时，由于分流作用将引起一定的装置误差。

电位器函数转换器可以实现多种函数的转换，但是，它是属于专用的，由于构造简单、价格便宜，故多用于精度要求不高的场合。

2. 非绕线式电位器

非线性电位器具有精度高、性能稳定、易于实现线性变化等优点；但也存在很多不足，如分辨率低、耐磨性差、寿命较短等。因此，人们研制了一些优良的非绕线式电位器。

1) 薄膜电位器

薄膜电位器有两种：一种是碳膜电位器；另一种是金属膜电位器。

（1）碳膜电位器。碳膜电位器是在绝缘骨架表面喷涂一层均匀的电阻液（电阻液由石墨、碳墨、树脂材料配置而成），经烘干聚合而制成的。碳膜电位器的优点是分辨率高、耐磨性较好、工艺简单、成本较低、线性度较好，但有接触电阻大、噪声大等缺点。

（2）金属膜电位器。金属膜电位器是在玻璃或胶木基体上，用高温蒸镀或电镀的方法，涂覆一层金属膜而制成。用于制作金属膜的合金为锗铑、铂铜、铂铑、铂铑锰等。这种电位器的温度系数小，可在高温环境下工作，但仍然存在耐磨性差、功率小、电阻值不高（1～2 kΩ）等缺点。

薄膜电位器的电刷通常采用多指电刷，以减少接触电阻，提高工作的稳定性。

2) 导电塑料电位器

这种电位器由塑料粉及导电材料粉（合金、石墨、炭墨等）压制而成，又称为实心电位器。其优点是耐磨性较好、寿命较长、电刷允许的接触压力较大，适于在振动、冲击等恶劣条件下工作，且电阻值范围大，能承受较大的功率；其缺点是温度影响较大、接触电阻大、精度不高。

3) 光电电位器

上述几种电位器均为接触式电位器，其共同的缺点是耐磨性较差、寿命较短。光电电位器是一种非接触式电位器，它以光束代替了常规的电刷，有效地克服了上述几种电位器的缺点。

光电电位器的结构如图 3-4 所示。其结构原理是在基体 2（常用材料为氧化铝）上沉积一层硫化镉（CdS）或硒化镉（CdSe）光电导层 1，然后在它的上面沉积一条金属（金或银）导电条作为导电电极 5，在它的下面沉积一条薄膜电阻带 3，在电阻带和导电电极 5 之间形成一很窄的间隙。在无光束照射时，因光电导材料的暗电阻极大（暗电阻与亮电阻之比可达 $10^5 \sim 10^8$），可视为电阻带与导电电极之间为断路。而当电刷窄光束 4 照射在此窄间隙上时，就相当于把电阻带和导电电极接通，这样在外电源 E 的作用下，负载电阻 R_L 上便有电压输出，且随着光束位置的移动而变化，如同电刷移动一样。

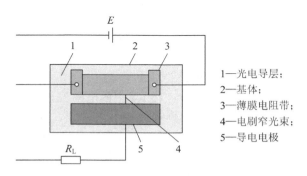

1—光电导层；
2—基体；
3—薄膜电阻带；
4—电刷窄光束；
5—导电电极

图 3-4　光电电位器结构

光电电位器优点有很多，如耐磨性好，精度、分辨度高，寿命长（可达亿万次循环），可靠性高，电阻值范围宽（500 Ω～15 MΩ）等。但也存在不足之处：光电导层虽经窄光束照射而导通，但照射处的电阻还是相当高，因此，光电电位器输出电流较小，需配备高输入阻抗放大器，工作温度的范围比较窄（目前最高达 150 ℃），线性度也不高。此外，光电电位器需要照明光源和光学系统，其结构较复杂，体积和质量较大，但随着集成光路器件的发展，可以将有源和无源的光学器件集成在一个光路芯片上，制成集成光路芯片，使光学系统的体积和质量大大减小，这就是集成光电子技术，该技术使光电电位器结构复杂的缺点得以克服，因而应用不再受到限制。

3.1.3　电位器式电阻传感器的结构和噪声分析

1. 电阻丝

电位器式电阻传感器对电阻丝的要求：电阻系数大、温度系数小，对铜的热电势应尽可能小，对于细丝的表面要有防腐蚀措施，柔软，强度高。此外，要求能方便地锡焊或者点焊以及在端部容易镀铜、镀银，且熔点要高，以免在高温下发生蠕变。

常用电阻丝材料有以下几种：

（1）铜锰合金类。电阻温度系数为 0.001%～0.003%/℃，比铜的热电势小，为 1～2 μV/℃，其缺点是工作温度低，一般为 50～60 ℃。

（2）铜镍合金类。电阻温度系数最小，约±0.002%/℃，电阻率为 0.45 μΩ·m，机械强度高。其缺点是比铜的热电势稍大，因含铜镍成分的不同而有各种型号，康铜是这类合金的代表。

（3）铂铱合金类。此类电阻丝具有硬度高、机械强度大、抗腐蚀、耐氧化、耐磨等优点，电阻率为 0.23 μΩ·m，可以制成很细的线材，适合做高阻值的电位器。

此外，还有镍铬丝、卡玛丝（镍铬铁铝合金）及银钯丝等。

裸线绕制时，线间必须有间隔，而涂漆或经氧化处理的电阻丝可以接触绕制，但电刷的轨道上需清除漆皮或氧化层。

2. 电刷

电刷结构往往反映电位器的噪声电平。只有当电刷与电阻丝材料配合恰当，触点有良好的抗氧化能力，接触电势小，并有一定的接触压力时，才能使噪声降低。否则，电刷可能成为引起振动噪声的源头。采用高固有频率的电刷结构效果较好。常用电位器的接触力在 0.005～0.05 N 之间。

3. 骨架

对骨架材料的要求是，形状稳定，其热膨胀系数和电阻丝的相近，表面绝缘电阻高，并且有较好的散热能力。常用的骨架材料有陶瓷、酚醛树脂和工程塑料等，也可以用经绝缘处理的金属材料，这种骨架因传热性能良好，适用于大功率电位器。

4. 噪声

电位器式电阻传感器的噪声一般分为两类：一类噪声来自电位器上自由电子的随机运动，这种噪声电子流叠加在电阻的工作电流上；另一类噪声是电刷沿电位器移动时因接触电阻变化而产生的接触噪声。由自由电子的随机运动产生的噪声有均匀的频谱，其幅值取决于电阻和温度以及测试电路的频带宽度；而接触电阻变化引起的噪声取决于接触面积的变化和压力波动。由于轨道和电刷的磨损，污物和氧化物的积累，随着作用时间的增加，接触噪声也随之增加，这种噪声是电位器基本噪声之一。

此外，还有摩擦电噪声、振动噪声和高速噪声。摩擦电噪声可通过选择合适的电刷和电阻丝材料来减小；振动噪声和高速噪声可改进电刷结构，使之有适当的接触压力和自振频率，在使用时电刷速度不应过大。

3.1.4　电位器式电阻传感器的应用

绕线式电位器角位移传感器工作原理如图 3-5 所示。传感器的转轴跟待测角度的转轴相连，当待测物体转过一个角度时，电刷在电位器上转过一个相应的角位移，于是在输出端有一个跟转角成比例的输出电压 U_o。图中 U_i 是加在电位器上的电压。

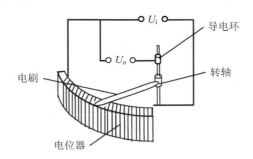

图 3-5　绕线式电位器角位移传感器工作原理

绕线式电位器角位移传感器一般性能如下：

(1) 动态范围：$\pm 10° \sim \pm 165°$；

(2) 线性度：$\pm 0.5\% \sim \pm 3\%$；

(3) 电位器全电阻：$10^2 \sim 10^3\ \Omega$；

(4) 工作温度：$-50 \sim 150\ ℃$；

(5) 工作寿命：10^4 次。

绕线式电位器角位移传感器有结构简单、体积小，动态范围宽，输出信号大（一般不必放大），抗干扰性强和精度较高等特点，故广泛用于检测各种回转体的回转角度和角位移。缺点是环形电位器各段曲率不一致会产生"曲率误差"；转速较高时，转轴与衬套间的摩擦会导致"卡死"现象。

3.2　电阻应变式传感器

电阻应变式传感器是利用电阻应变片（简称应变片），将应变转换为电阻变化的传感器，传感器由在弹性元件上粘贴电阻应变敏感元件制成。目前，应用最广泛的电阻应变片有电阻丝应变片和半导体应变片两种，当被测物理量作用在弹性元件上时，弹性元件的变形引起应变敏感元件的电阻值变化，通过转换电路转变成电量输出，电量变化的大小反映了被测物理量的大小。其主要缺点是输出信号小、线性范围窄，而且动态响应较差。但由于应变片的体积小，商品化的应变片有多种规格可供选择，而且可以灵活设计弹性敏感元件的形式以适应各种应用场合，所以，用应变片制造的应变式传感器在测量力、力矩、压力、加速度、质量等参数中仍有广泛的应用。

3.2.1 电阻应变效应

金属导体的电阻随着它所受机械变形（伸缩应变）大小而变化的现象，称为金属的电阻应变效应。设有一根长度为 l、截面积为 a、电阻率为 ρ 的金属电阻丝，其电阻值为

$$R = \rho \frac{l}{a} \tag{3-3}$$

如果该电阻丝在轴向应力作用下，长度变化 $\mathrm{d}l$、截面积变化 $\mathrm{d}a$、电阻率变化 $\mathrm{d}\rho$，则电阻 R 也将随之变化 $\mathrm{d}R$，各变化量之间的对应关系可由式（3-4）微分求得，即

$$\mathrm{d}R = \frac{\rho}{a}\mathrm{d}l - \frac{\rho l}{a^2}\mathrm{d}a + \frac{l}{a}\mathrm{d}\rho \tag{3-4}$$

用相对变化量表示为

$$\frac{\mathrm{d}R}{R} = \frac{\mathrm{d}l}{l} - \frac{\mathrm{d}a}{a} + \frac{\mathrm{d}\rho}{\rho} \tag{3-5}$$

由于 $a = \pi r^2$，$\mathrm{d}a = 2\pi r \mathrm{d}r$，$r$ 为金属电阻丝半径，则

$$\frac{\mathrm{d}a}{a} = 2\frac{\mathrm{d}r}{r}$$

电阻丝径向应变 $\mathrm{d}r/r$ 和轴向应变 $\mathrm{d}l/l$ 的比例系数即为泊松比 μ，因此

$$\frac{\mathrm{d}r}{r} = -\mu \frac{\mathrm{d}l}{l}$$

式中负号表示两种应变的方向相反。

将 $\dfrac{\mathrm{d}a}{a} = \dfrac{2\mathrm{d}r}{r}$、$\dfrac{\mathrm{d}r}{r} = -\mu \dfrac{\mathrm{d}l}{l}$ 代入式（3-5）得

$$\frac{\mathrm{d}R}{R} = (1 + 2\mu)\frac{\mathrm{d}l}{l} + \frac{\mathrm{d}\rho}{\rho} = 1 + 2\mu + \frac{\mathrm{d}\rho/\rho}{\mathrm{d}l/l} = K\varepsilon \tag{3-6}$$

式中，$K = \dfrac{\mathrm{d}R/R}{\mathrm{d}l/l} = 1 + 2\mu + \dfrac{\mathrm{d}\rho/\rho}{\mathrm{d}l/l}$ 为应变灵敏系数；$\varepsilon = \mathrm{d}l/l$ 为轴向应变值。

灵敏系数受两个因素的影响：一个是 $1 + 2\mu$ 项，它与电阻丝受力后所产生的应变有关，对某种材料来说是常数；另一个是 $\dfrac{\mathrm{d}\rho/\rho}{\mathrm{d}l/l}$，即电阻丝受力后所引起的电阻率的变化，这种现象称为压阻效应，对于金属电阻丝，此值甚小，可以忽略不计。

对于大多数金属材料，泊松比 μ 为 $0.3 \sim 0.5$，所以 K 的数值在 $1.6 \sim 2$ 之间。式（3-6）表明金属丝的电阻相对变化与轴向应变成正比，这就是所谓的电阻应变效应。该式是电阻应变片测量应变的理论基础。

对于每一种电阻丝，在一定的应变范围内，无论受拉还是受压，其灵敏系数都保持不变，即 K 值是恒定的。当应变超过某一范围时，K 值将发生变化。图 3-6 示出了几种冷拉并经退火处理的电阻丝材料的灵敏曲线，曲线上的“拐点”表示弹性变形和塑性变形之间的变换点。

图 3-6(c) 中的曲线比较理想，它在较大的范围内具有线性特性，且 K 值接近于 2。图 3-6(d) 中的曲线具有一段“负阻”特性，其 K 值先“负”后“正”，存在着从负到正的变换点。图 3-6(e) 中的曲线的拐弯点是渐变的，图 3-6(a)、(b) 中的曲线则是骤弯的。

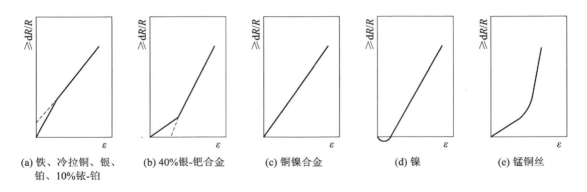

图 3-6　几种典型金属材料的灵敏曲线

3.2.2　应变片的基本结构

电阻应变片的基本结构如图 3-7 所示。粘贴在绝缘基片 4 上的敏感栅 1 实际上是一个栅状的电阻元件，它是电阻应变片的测量敏感部分；栅的两端焊接有丝状或带状的引出导线；敏感栅上面粘贴有覆盖层 3，起保护作用。

应变片敏感栅的形式较多，这里仅介绍两种形式——丝式和箔式。

金属丝式应变片的敏感栅由直径为 0.015～0.05 mm 的金属丝制成，它又可分为圆角线栅式和直角线栅式两种形式。圆角线栅式如图 3-8(a)所示，是最常见的一种形式，制造方便，但横向效应较大；直角线栅式如图 3-8(b)所示，虽然横向效应较小，但制造工艺复杂。在图 3-8 中，l 称为应变片的标距（或工作基长），b 称为应变片的基宽，$l \times b$ 称为应变片的使用面积。应变片的规格一般以使用面积和电阻值来表示（3 mm×10 mm，120 Ω）。

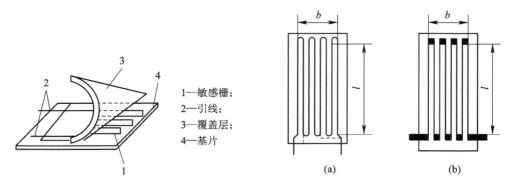

1—敏感栅；
2—引线；
3—覆盖层；
4—基片

图 3-7　应变片的基本结构　　　　图 3-8　金属丝式应变片的敏感栅

金属箔式应变片的工作原理与金属丝式应变片完全相同，只不过它的电阻敏感元件不是金属丝栅，而是通过丝相制版、光刻、腐蚀等工艺制作而成的一种很薄的金属箔栅，其形状如图 3-9 所示，箔栅的端部较宽，横向效应相应减小，从而提高了应变测量精度。箔栅的表面积大，散热条件好，故允许通过较大的电流，可以得到较强的输出信号，从而提高了测量灵敏度。此外，由于箔栅采用了半导体器件的制造工艺，因此可根据具体的测量条件，制成任意形状的敏感栅，以适应不同的要求。正因为如此，金属箔式应变片在许多场合取代了丝式应变片，得到了广泛应用。其缺点是制造工艺复杂，引出线的焊点采用锡焊，不宜在高温环境下使用。

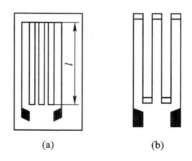

(a)　　　　　　　　　(b)

图 3 - 9　金属箔式应变片的敏感栅

当横栅与纵栅的宽度相差太大时，会使应力集中现象更为严重。为解决这个问题，近年来出现了一种端部为框形结构的敏感栅，如图 3 - 9(b)所示，其横栅为矩形的框，框边的宽度与纵栅相同。

3.2.3　应变片的材料

应变片的特性与所用材料的性能密切相关。因此，了解应变片各部分所用材料及其性能，有助于正确选择和使用。

1. 敏感栅材料

对敏感栅所用材料的一般要求：灵敏系数高；线性范围宽；电阻率高且稳定，电阻温度系数的数值要小，分散性小；机械强度高，焊接性能好，易加工；抗氧化，耐腐蚀，蠕变和机械滞后小。此外，还要求与引出线的焊接方便，无电解腐蚀。

对电阻丝材料应有如下要求：

(1) 应有较大的应变灵敏系数，并在所测应变范围内保持常数；

(2) 具有高且稳定的电阻率，即在同样长度、同样横截面面积的电阻丝中具有较大的电阻值，以便制造小栅长的应变片；

(3) 电阻温度系数小，否则因环境温度变化也会改变其电阻值；

(4) 抗氧化能力高，耐腐蚀性能强；

(5) 与铜线的焊接性能好，与其他金属的接触电势小；

(6) 机械强度高，具有优良的机械加工性能。

目前，康铜是应用最广泛的应变丝材料，这是因为它有很多优点：灵敏系数高、稳定性好，不但在弹性变形范围内能保持常数，进入塑性变形范围内也基本保持常数；电阻温度系数较小且稳定，当采用合适的热处理工艺时，可使电阻温度系数控制在 $\pm 50 \times 10^{-6}/℃$ 的范围内；加工性能好，易于焊接，因此，国内外多将康铜作为应变丝材料。

2. 基片和粘贴剂材料

基片与覆盖层的材料主要是由薄纸和有机聚合物制成的胶质膜，特殊的也用石棉、云母等，以满足抗潮湿、绝缘性能好、线膨胀系数小且稳定、易于粘贴等要求。

应变片通常用粘贴剂粘贴到试件上。粘贴剂所形成的胶层要将试件的应变真实地传递给应变片，并且具有高度稳定性。因此要求粘贴剂的黏结力强、固化收缩小、膨胀系数和试件相近、耐湿性好、化学性能稳定，有良好的电气绝缘性和使用工艺性。在粘贴时，必须遵循正确的粘贴工艺，保证粘贴质量，这些与测量精度关系很大。

3. 引出线材料和连接方式

由于应变片的引出线很细，特别是引出线与应变片电阻丝的连接强度很低，极易被拉断，因此需要进行过渡。导线是将应变片的感受信息传递给测试仪器的过渡线，其一端与应变片的引出线相连，另一端与测试仪（通常为应变仪）相连。应变片的引线与接入应变仪的导线一般通过中间接线柱（片）焊接在一起。除注意选择引线材料外，还要重视连接方式。如采用双引线、多点焊接、过渡引线等方式，或将应变电阻丝套入镍制空心管子内，挤压管子，使其牢固连接。引出线多用紫铜，为便于焊接，可在表面镀锡或镀银等。

4. 保护材料

在常温下对应变片的保护主要是防潮湿。应变片因受潮而使绝缘电阻降低导致测量灵敏度降低、零漂增大等，所以防潮保护是正常测量所必需的。常用中性凡士林、石蜡、环氧树脂防潮剂等对应变片进行密封保护。

3.2.4 应变片的基本特性

1. 横向效应

将金属丝绕成敏感栅构成应变片后，在轴向单向应力作用下，由于敏感栅"横栅段"（圆弧或直线）上的应变状态不同于敏感栅"直线段"上的应变状态，应变片敏感栅的电阻变化较相同长度直线金属丝在单向应力作用下的电阻变化小，因此，灵敏系数有所降低，这种现象称为应变片的横向效应。如图 3-10 所示。

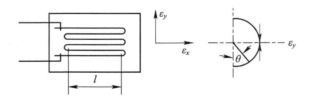

图 3-10　横向效应

应当指出，制造厂商在标定应变片的灵敏系数 K 时，是在规定的特定应变场（单向应力场，或试件的 $\mu=0.285$）中进行的，标定出的 K 值实际上也将横向效应的影响包括在内，只要应变片在实际使用时符合特定条件（如平面应力状态，或试件的 $\mu \neq 0.285$），则会引起一定的横向效应误差，需进行修正。

2. 温度特性

电阻应变片的温度特性表现为热输出和热滞后。

安装在可以自由膨胀的试件上的应变片，在试件不受外力作用时，由于环境温度的变化，应变片的输出值也随之变化的现象，称为应变片的热输出。产生热输出的主要原因有两个：一是电阻丝的电阻温度系数在起作用，二是电阻丝材料与试件材料的线膨胀系数不同。

当环境温度变化 Δt 时，应变片电阻的增量 ΔR_t 可用下式表示：

$$\Delta R_t = R_0 \alpha \Delta t + R_0 K(\alpha_1 - \alpha_2)\Delta t = R_0 [\alpha + K(\alpha_1 - \alpha_2)]\Delta t$$

令

$$\alpha_t = \alpha + K(\alpha_1 - \alpha_2) \tag{3-7}$$

则

$$\Delta R_t = R_0 \alpha_t \Delta t$$

式中，R_0 为 0 ℃时电阻丝应变片的电阻值(Ω)；α 为电阻丝材料的电阻温度系数(1/℃)；K 为电阻丝的应变灵敏系数；α_1 为测件材料的膨胀系数(1/℃)；α_2 为电阻丝材料的膨胀系数(1/℃)；α_t 为电阻丝应变片的电阻温度系数(1/℃)。由式(3-7)可知，α_t 越小，温度影响越小。

当温度循环变化时，粘贴在试件表面上的电阻应变片的热输出曲线可能并不重合，对应于同一温度下，应变片的热输出值之差，称为应变片的热滞后。产生热滞后的主要原因是，在温度变化过程中，黏结剂和基底体积变化而留下的残余变形，以及电阻丝的氧化等，造成敏感栅电阻的不可逆变化。

3. 线性度

应变片的线性度是指试件产生的应变和电阻变化之间的直线性。在大应变条件下，非线性较为明显。对一般应变片，线性度限制在 0.05% ～ 1.00% 以内；用于制造传感器的应变片，线性度最好小于 0.02%。

4. 零漂和蠕变

零漂和蠕变用来衡量应变片的时间稳定性。粘贴在试件表面上的应变片在不承受任何载荷的条件下，在恒定的温度环境中，电阻值随时间变化的特性，称为应变片的零漂。

粘贴在试件表面上的应变片，在恒定的载荷作用下和恒定的温度环境中，电阻值随时间变化的特性称为应变片的蠕变。

5. 最大工作电流

最大工作电流是指允许通过其敏感栅而不影响工作特性的最大电流值。虽然增大工作电流能增大应变片的输出信号，提高测量灵敏度；但同时也使应变片温度升高，灵敏系数发生变化，零漂和蠕变值明显增加，严重时甚至会烧坏敏感栅。因此，使用应变片时不要超过其最大工作电流。

3.2.5　应变片的温度补偿方法

温度变化会引起应变电阻变化，从而直接影响测量精度，必须予以消除或进行修正，这就是温度补偿。温度补偿的方法有很多种，这里仅介绍几种常用的温度补偿方法。

1. 曲线修正法

在与实测相同或相近的条件下，在工作温度整个变化范围内，先测量出应变片的热输出曲线。在实际测量时，除了测量指示应变外，还应同时测量被测点的温度，真实应变为指示应变与该温度下的热输出之差。如图 3-11 所示。应注意，这种方法是对同批应变片作抽样测试来确定热输出曲线的，因此要求热输出的分散度要小。

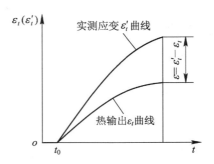

图 3-11　按热输出曲线修正求真实应变

2. 桥路补偿法

桥路补偿法是利用桥路相邻两臂同时产生大小相等、符号相同的电阻增量不会破坏电桥的平衡（无输出）的特性来达到补偿。

将两个特性相同的应变片，用相同的方法粘贴在同样材料的两个试件上，置于相同温度的环境中，一个承受应力为工作片，另一个不承受应力为补偿片。在测量时，如温度变化引起两个应变片的电阻增量不但符号相同，而且大小相等，由于它们接在电桥的相邻两臂上，桥路仍然平衡。电桥如有输出，则完全是由应变引起的。

3. 应变片自补偿法

采用一种特殊的应变片，当温度变化时，利用自身具有的温度补偿作用使其电阻增量等于零或相互抵消，这种应变片称为温度自补偿应变片。

1）选择式自补偿应变片

由式（3-7）知，使应变片实现自补偿的条件是 $\alpha_t = 0$，即

$$\alpha + K(\alpha_1 - \alpha_2) = 0 \quad \text{或} \quad \alpha = -K(\alpha_1 - \alpha_2) \tag{3-8}$$

只要敏感栅材料和试件材料的性能满足式（3-8），就能实现温度自补偿。

2）组合式自补偿应变片

图 3-12 所示为组合式自补偿应变片的示意图。利用某些电阻材料的电阻温度系数有正、负的特性，将这两种不同的电阻丝串联成一个应变片来实现温度补偿，其条件是两段电阻敏感栅随温度变化而产生的电阻增量大小相等、符号相反，即

$$\Delta R_1 = -\Delta R_2$$

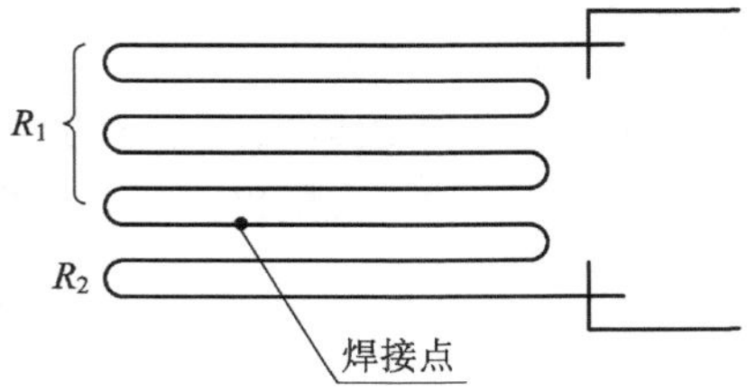

图 3-12　组合式自补偿应变片

两段敏感栅的电阻大小可按下式选择：

$$\frac{R_1}{R_2} = -\frac{\dfrac{\Delta R_2}{R_2}}{\dfrac{\Delta R_1}{R_1}} = -\frac{\alpha_2 + K(\alpha_t - \alpha_{c2})}{\alpha_1 + K(\alpha_t - \alpha_{c1})}$$

式中，α_1，α_2 分别为敏感栅 R_1，R_2 的电阻温度系数；α_t 为试件的线膨胀系数；α_{c1}，α_{c2} 分别为敏感栅 R_1，R_2 的线性膨胀系数；K_1，K_2 分别为敏感栅 R_1，R_2 的灵敏系数。

3）热敏电阻法

将热敏电阻置于与应变片温度相同的环境中，如图 3-13 所示，用分流电阻 R_5 与热敏电阻 R_t 使电桥电压随温度增加的值来补偿应变片灵敏系数变化而使电桥输出减少的值。

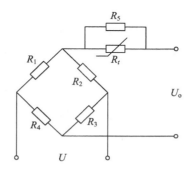

图 3-13　用热敏电阻补偿温度误差

3.2.6　半导体应变片

金属丝式和箔式电阻应变片的性能稳定、精度较高，至今仍在不断的改进和发展中，并在一些高精度电阻应变式传感器中得到了广泛应用。这类传感器的主要缺点是应变丝的灵敏系数小。为了改进这一不足，在 20 世纪 50 年代末出现了半导体应变片。应用半导体应变片制成的传感器，称为固态压阻式传感器。

1. 半导体应变片的特点

半导体应变片具有以下突出优点：灵敏系数高，可测微小应变，机械迟滞小，横向效应小，体积小。它的主要缺点：一是温度稳定性差，二是灵敏系数的非线性大，所以在使用时需采用温度补偿和非线性补偿措施。

2. 半导体的压阻效应

对一块半导体的某一轴向施加一定的载荷而产生应力时，它的电阻率会发生一定的变化，这种现象称为半导体的压阻效应。不同类型的半导体，施加载荷方向的不同，压阻效应不一样。压阻效应大小用压阻系数来表示。当半导体压阻元件承受纵向与横向应力时，相对电阻率可用下式表示：

$$\frac{\Delta \rho}{\rho} = \pi_r \sigma_r + \pi_t \sigma_t \qquad (3-9)$$

式中，π_r，π_t 分别为纵向、横向压阻系数，此系数与半导体材料种类以及应变方向与各晶轴方向之间的夹角有关；σ_r，σ_t 为纵向、横向承受的应力。

　　若半导体小条只沿其纵向受到应力，并令 $\sigma_r = E\varepsilon$，则式(3-9)又可写成

$$\frac{\Delta\rho}{\rho} = \pi_r E\varepsilon \qquad\qquad (3-10)$$

式中，E 为半导体材料的弹性模数；ε 为沿半导体小条纵向的应变。将式(3-10)代入式(3-6)中，得半导体小条电阻变化率为

$$\frac{\Delta R}{R} = (1 + 2\mu)\varepsilon + \frac{\Delta\rho}{\rho} = (1 + 2\mu + \pi_r E)\varepsilon \qquad\qquad (3-11)$$

　　式(3-11)右边括号中第一、二项是几何形状变化对电阻的影响，其值为 1~2；第三项为压阻效应的影响，其值远大于前两项之和，为它们的 50~70 倍。故可略去前两项，因此半导体应变片的灵敏系数可表示为

$$K = \pi_r E \qquad\qquad (3-12)$$

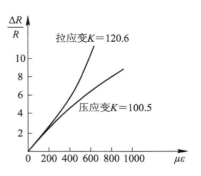

图 3-14 　$\dfrac{\Delta R}{R} = f(\mu\varepsilon)$ 曲线

　　一般来说，杂质半导体的应变灵敏系数随杂质的增加而减少，温度系数也是如此。半导体应变片的灵敏系数并不是一个常数，在其他条件不变的情况下，随应变片所承受应变的大小和方向的不同而有所变化，如图 3-14 所示。在 600 微应变以下时，灵敏系数的线性很好，在 600 微应变以上时，其非线性明显，而且在拉应变方向上翘，在压应变方向下跌。

3. 半导体应变片的结构

　　目前，使用最多的半导体应变片是单晶硅半导体。P 型硅在(111)晶轴方向的压阻系数最大，在(100)晶轴方向的压阻系数最小。对 N 型硅来说，正好相反。这两种单晶硅半导体在(110)晶轴方向的压阻系数仅比最大压阻系数稍小些。

　　在制造半导体应变片时，沿所需的晶轴方向，在硅锭上切出小条作为应变片的电阻材料，亦有制成栅状的，P 型硅半导体应变片的制备如图 3-15 所示。

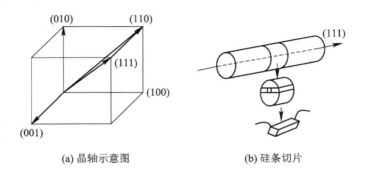

(a) 晶轴示意图　　　　　　　　　　(b) 硅条切片

图 3-15 　P 型硅半导体应变片的制备

3.2.7　应变片的选择

由于应变片的材料、结构、特性都不一样，其应用范围也各有差异，因此在进行应变测量时，必须根据试件所处的试验环境、应变性质、试件状况及测量精度予以选择。

1. 试验环境

温度对应变片性能影响甚大，选用的应变片要在测试温度范围内工作良好。

潮湿会使应变片绝缘电阻降低，使应变片和试件间的电容量发生变化，从而使应变片的灵敏度下降，测量信号产生偏移。因此，在潮湿环境中，应选用防潮性能良好的胶膜应变片，并采取适当的防潮措施。在高压、核辐射和强磁场的环境中，应选用压力效应小、抗辐射、无磁致伸缩效应（或较小）的应变片。

2. 应变性质

在静态应变测量中，温度的影响最为突出，多选用自补偿应变片。对于动态应变的测量，要考虑应变片频率响应特性和疲劳特性，一般选用阻值大、疲劳寿命长的应变片。当试件的应变梯度较大时，就选用小标距的应变片，同时采用误差补偿。应变片的应变极限要大于应变测量范围，否则会出现严重非线性，甚至损坏敏感栅。

3. 试件状况

试件材料不均匀时，应选用大标距应变片，以反映试件的宏观变形。对薄试件或弹性模量试件，要考虑应变片的加强效应对测量的影响。

4. 测量精度

仅从精度考虑，一般认为以胶膜为基底、以康铜或卡玛材料为敏感栅的应变片性能较好。

3.2.8　电阻应变式传感器测量电路

1. 测量原理

桥式测量电路有四个电阻，如图 3-16 所示，其中任意一个都可以是电阻应变片电阻，电桥的一条对角线接入工作电压 U，则另一条对角线为输出电压 U_o。电桥的一个特点是，四个电阻为某一关系时，电桥输出为零，否则就有电压输出，可利用灵敏检流计来测量，因此电桥能够精确地测量微小的变化。

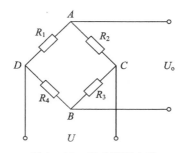

图 3-16　桥式测量电路

在一般情况下，输出电压 $U_。$ 与 U_{BC}、U_{AC} 的关系为

$$U_。 = U_{BC} - U_{AC} = \frac{R_1R_3 - R_2R_4}{(R_1 + R_2)(R_3 + R_4)}U \tag{3-13}$$

为了使测量前的输出为零（电桥平衡），应使

$$R_1R_3 = R_2R_4 \tag{3-14}$$

所以，恰当地选用各桥臂的电阻，可消除电桥的恒定输出，使输出电压只与应变片的电阻变化有关。

由式(3-14)知，当每桥臂电阻变化远小于本身值，即 $\Delta R_i \ll R_i$，桥负载电阻无限大时，输出电压可近似用下式表示：

$$U_。 = \frac{R_1R_2}{(R_1 + R_2)^2}\left(\frac{\Delta R_1}{R_1} - \frac{\Delta R_2}{R_2} + \frac{\Delta R_3}{R_3} - \frac{\Delta R_4}{R_4}\right)U \tag{3-15}$$

在实际中，可分为三种情况进行讨论：

(1) 非对称情况，$R_1 = R_4$，$R_2 = R_3$。如令 $R_2/R_1 = R_3/R_4 = \alpha$，则式(3-15)可以写成

$$U_。 = \frac{\alpha U}{(1+\alpha)^2}\left(\frac{\Delta R_1}{R_1} - \frac{\Delta R_2}{R_2} + \frac{\Delta R_3}{R_3} - \frac{\Delta R_4}{R_4}\right) \tag{3-16}$$

如 R_1，R_4 为应变片，R_2，R_3 为固定电阻，则 $\Delta R_2 = \Delta R_3 = 0$。

(2) 对称情况（对于电源 U，左右对称），$R_1 = R_2$，$R_3 = R_4$。这时式(3-15)可写成

$$U_。 = \frac{U}{4}\left(\frac{\Delta R_1}{R_1} - \frac{\Delta R_2}{R_2} + \frac{\Delta R_3}{R_3} - \frac{\Delta R_4}{R_4}\right) \tag{3-17}$$

如 R_1，R_2 两臂接入应变片，则 $\Delta R_3 = \Delta R_4 = 0$。

(3) 全等情况，$R_1 = R_2 = R_3 = R_4$。这时输出电压公式与式(3-17)相同，如四臂都是应变片，则将 $\Delta R_i/R_i = K\varepsilon_i$ 代入式(3-17)，得

$$U_。 = \frac{UK}{4} = (\varepsilon_1 - \varepsilon_2 + \varepsilon_3 - \varepsilon_4) \tag{3-18}$$

式中，ε_1，ε_2，ε_3，ε_4 为各电阻应变片 R_1，R_2，R_3，R_4 的应变值。

在使用上面的公式时，应注意以下两点：电阻阻值变化和应变值的符号。如果是压应变，则代入负的应变值；如果是拉应变，则代入正的应变值。

2. 电桥调零

测量前，应先使电桥调零。对于直流电桥只考虑电阻平衡即可。对于交流电桥不仅对电阻进行平衡，而且对电抗分量也要进行平衡（主要是对连接导线和应变片的分布电容进行平衡）。

1）电阻调零

电阻调零一般采用串联平衡法和并联平衡法。

串联平衡法如图 3-17(a)所示。在电阻 R_1 与 R_2 之间接入一可变电阻 R_{p_v}，用来调节电桥的平衡。R_{p_v} 的值可用下式计算：

$$(R_{p_v})_{max} = |\Delta r_1| + \left|\Delta r_3 \frac{R_1}{R_3}\right|$$

式中，Δr_1 为电阻 R_1 与 R_2 的偏差；Δr_3 为电阻 R_3 与 R_4 的偏差。

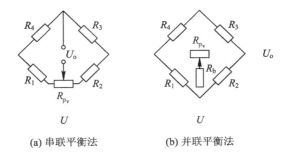

(a) 串联平衡法　　　　　　　(b) 并联平衡法

图 3-17　串联平衡法与并联平衡法

　　并联平衡法如图 3-17(b)所示。用改变 R_{pv} 的中间触点位置来达到平衡的目的。调零能力的大小取决于 R_b。R_b 小一些时，调零的能力就大一些。但 R_b 太小时会给测量带来较大的误差，只能在保证测量精度的前提下，将 R_b 选得小一点。R_b 可按下式计算：

$$(R_b)_{max} = \frac{R_1}{\left| \dfrac{\Delta r_1}{R_1} \right| + \left| \dfrac{\Delta r_3}{R_3} \right|}$$

式中，Δr_1 为电阻 R_1 与 R_2 的偏差；Δr_3 为电阻 R_3 与 R_4 的偏差。R_{pv} 的大小可采用与 R_b 相同的数值。

　　2) 电容调零

　　当电桥用交流供电时，导线间就有分布电容存在，相当于在应变片上并联一电容，如图 3-18(a)所示。此分布电容对电桥性能的影响有以下三方面：

　　① 使电桥的输出电压比纯电阻电桥小。

　　② 使电阻调零回路产生一附加的不平衡因素。

　　③ 使电桥的输出电压中除了与工作电压同相的分量之外，由于分布电容影响，结果还有相移 90°或 270°的分量。

　　前两项影响甚小，一般可忽略不计。第三项的 90°或 270°的分量在相敏检波器的输出端不显示出来，但是这一电压却依然经放大器放大。如果这一分量大，足以使放大器趋于饱和，增益会大大降低而影响仪器的正常工作。因此，交流供电的电桥必须有电容调零装置。

　　为了使交流电桥零位平衡，各臂阻抗需满足下列条件：

$$Z_1 Z_3 = Z_2 Z_4$$

将 $Z_i = R_i + jX_i$ 代入上式，经整理得

$$\left. \begin{array}{l} R_1 R_3 - X_1 X_3 = R_2 R_4 - X_2 X_4 \\ R_3 X_1 + R_1 X_3 = R_4 X_2 + R_2 X_4 \end{array} \right\} \tag{3-19}$$

式中，X_i 为各臂的电抗(主要是容抗)。

　　常用电容调零电路如图 3-18(b)所示，由电位器 R_p 和固定电容器 C 组成。改变电位器上滑动触点的位置，以改变并联到桥臂上的电阻、电容串联而形成的阻抗相角，达到平衡条件。

　　另一种电容调零电路如图 3-18(c)所示，它是直接将一精密差动可变电容 C_2 并联到桥臂，改变其值以达到电容调零的目的。如利用 C_2 还不能达到零位平衡，可将固定电容 C_1

（1000 pF）的 6 端用短接片接到电桥的 1 点或 3 点上。

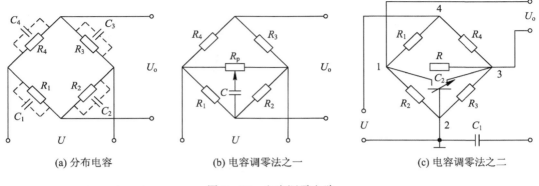

(a) 分布电容　　　　　　　(b) 电容调零法之一　　　　　　(c) 电容调零法之二

图 3-18　电容调零电路

3.2.9　电阻应变式传感器的应用

电阻应变式传感器是把应变片作为敏感元件来测量应变以外的物理量，如力、扭矩、加速度和压力等。下面简要介绍几种电阻应变式传感器的应用。

1. 测力传感器

测力传感器常用弹性敏感元件将被测力的变化转换为应变量的变化。弹性元件的形式有柱式、悬臂梁式、环式等多种。其中柱式弹性元件，可以承受很大的载荷。如图 3-19(a)所示，应变片粘贴于圆柱面中部的四等分圆周上，每处粘贴一个纵向应变片和一个横向应变片，将这 8 个应变片接成图 3-19(b)所示的全桥线路。当柱式弹性元件承受压力后，圆柱的纵向应变为 ε，各桥臂的应变分别为

$$\varepsilon_1 = -\varepsilon + \varepsilon_t$$
$$\varepsilon_2 = \mu\varepsilon + \varepsilon_t$$
$$\varepsilon_3 = \mu\varepsilon + \varepsilon_t$$
$$\varepsilon_4 = -\varepsilon + \varepsilon_t$$

式中，ε 为桥臂中两串联应变片的纵向应变的平均值，负号表示压应变，正号表示拉应变；ε_t 为由于温度变化产生的应变。

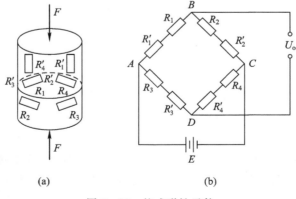

(a)　　　　　　　　　　(b)

图 3-19　柱式弹性元件

由式(3-18)推知，其输出应变为

$$\varepsilon_o = \varepsilon_1 - \varepsilon_2 - \varepsilon_3 + \varepsilon_4 = -2(1+\mu)\varepsilon \qquad (3-20)$$

式(3-20)表明，采用图 3-19 的贴片和接线后，测力传感器的输出应变为纵向应变的 $2(1+\mu)$ 倍。又由于将圆周上相差 180° 的两个应变片接入一个桥臂可以减少载荷偏心造成的误差，同时消除了由于环境温度变化所产生的虚假应变，提高了测量的灵敏度和精度。

电阻应变式线性位移传感器的结构原理如图 3-20 所示。其中悬臂梁是等强度的弹性元件。当悬臂梁自由端因承受待测物体的压力 F 而产生位移 δ 时，粘贴在悬臂梁上的应变片产生与位移 δ 成正比的电阻相对变化 $(\Delta R/R)$，通过桥式检测电路将电阻相对变化转换成电压或电流输出，这样即可检测物体的位移量。

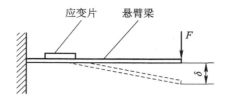

图 3-20　电阻应变式线性位移传感器的结构原理图

这种传感器的优点是精度高，不足之处是动态范围窄。

压力传感器是利用弹性元件将压力转换成弹性元件的受力，然后转换成应变，从而使应变片电阻发生变化。图 3-21 为组合式压力传感器示意图。应变片粘贴在悬臂梁上，悬臂梁的刚度应比压力敏感元件更高，这样可降低这些元件所固有的不稳定性和迟滞。这种传感器在适当选择尺寸和制作材料后，可测低压力。此种类型的传感器的缺点是自振频率低，因而不适于测量瞬态过程。

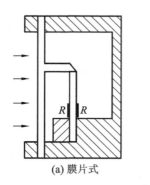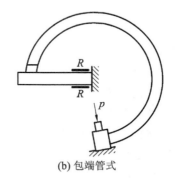

(a) 膜片式　　　　　　　　(b) 包端管式

图 3-21　组合式压力传感器示意图

图 3-22 所示为圆筒形压力传感器。两个工作用电阻丝线圈绕在有内部压力作用下的外部管臂上，另外两个电阻丝线圈绕在实心杆部分的电阻上，供温度补偿用，在绕线圈的地方粘贴应变片。

当内腔与被测压力场相通时，圆筒部分外表面上的切向应变(沿着圆周线)为

$$\varepsilon_t = \frac{p(2-\mu)}{E(n^2-1)} \qquad (3-21)$$

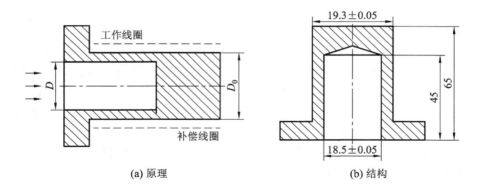

(a) 原理　　　　　　　　　　　(b) 结构

图 3－22　圆筒形压力传感器

式中，p 为被测压力；μ 为弹性元件材料的泊松比；E 为弹性元件的弹性模量；n 为圆筒外径 D_0 与内径 D 之比。

对于薄壁筒，应变可用下式计算：

$$\varepsilon_t = \frac{pD}{dE}(1 - 0.5\mu) \qquad\qquad (3-22)$$

式中，d 为壁厚，即 $d = D_0 - D$。

可见应变与壁厚成反比。这种弹性元件可测压力上限值达 1.4×10^2 MPa 或更高。实际上对于孔径为 1.2 cm 的弹性元件，壁厚最小为 0.02 cm。如用钢制成（$E = 2 \times 10^5$ MPa，$\mu = 0.3$），当工作应变为 1000 微应变时，可测压力为 7.8 MPa；如用硬铝制成，E 值较小，可使压力值降低。

图 3－22(b)所示为筒式压力传感器，经常用以测试机床液压系统的压力。额定压力为 10 MPa，额定压力时的切向应变 ε_t 为 1000 微应变，用 65Mn 钢制成。另有额定压力为 6.3 MPa、16 MPa、25 MPa 和 32 MPa 的，只是外径不同，其他尺寸都相同。

2. 面线张力传感器

图 3－23 是对缝纫机的面线张力进行测量的传感器原理图。弹性元件为等强度悬臂梁，材料选用弹性性能良好的铍青铜，在弹性元件上下两表面对称轴线各贴一片应变片，在弹性元件的一端焊接一个直径为 2 mm 的圆环，另一端与外壳固定。在测试时，将传感器安放在一排线杆孔和针杆线钩之间，借用夹线器螺孔固定好，面线穿过圆环，其张力便作用在弹性元件上，并使其产生弹性变形，粘贴在弹性元件上表面的应变片随拉应变作用，阻值增大，下表面应变片承受压应变作用，阻值减小，从而将张力转换成电阻变化量，通过动态电阻应变仪转换成电压并放大，由记录仪显示测试结果。

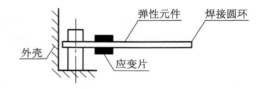

图 3－23　面线张力传感器原理图

3. 转矩传感器

通过应变片检测旋转轴的变形，从而得出转矩。如图 3 - 24 所示，当轴受转矩 T 作用后，将在相对于轴中心线 45°的方向上产生压应力和拉应力。如图 3 - 25 所示，用 4 只应变片检测压应力和拉应力即可检测出转矩。

图 3 - 24　转矩产生的应力

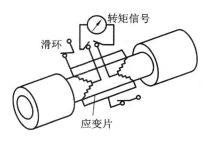

图 3 - 25　应变片式转矩传感器

第4章　电容式传感器

电容式传感器是以各种类型的电容器作为传感元件，将被测非电量变化转换为电容量变化的一种传感器。它广泛应用于位移、振动、角度、压力、液位、成分、含量等方面的测量。电容式传感器的特点包括结构简单、体积小、零漂小、动态响应快、灵敏度高、易实现非接触测量、本身发热影响小等。随着电容测量技术的迅速发展，电容式传感器在非电量测量和自动检测中得到了广泛的应用。近年来，随着微电子技术的发展，电容式传感器在自动检测技术中显现出独特的优点。本章将重点介绍几种电容式传感器的工作原理、测量电路及应用。

4.1　电容式传感器的工作原理

电容式传感器的变换元件实质上就是一个电容器，其最简单的形式便是图 4-1 所示的平行板电容器。当忽略边缘效应时，平行板电容器的电容为

$$C = \frac{\varepsilon_0 \varepsilon_r S}{d} = \frac{\varepsilon S}{d} \qquad (4-1)$$

式中，C 为电容器的电容（F）；S 为极板相互遮盖面积（m^2）；d 为极板间的距离（m）；ε_r 为极板间介质的相对介电常数；ε_0 为真空介电常数，$\varepsilon_0 = 8.85 \times 10^{-12}$（F/m）；$\varepsilon$ 为极板间介质的介电常数。

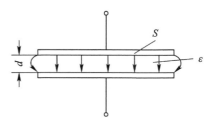

图 4-1　平行板电容器

由此可见，ε_r、S、d 三个参数都直接影响电容的大小。只要保持其中两个参数不变，另外一个参数随被测量的变化而改变，则可通过测量电容的变化值，间接知道被测参数的大小。

在大多数实际情况下，电容式传感器可视为一个纯电容。但在严格情况下，就不能忽略电容器的损耗和电感效应。此时，电容式传感器的等效电路如图 4-2 所示。图中 C 为传感器电容，R_P 为并联损耗电阻，它代表极板间的泄漏电阻和极板间的介质损耗。在低频时，R_P 的影响较大，随着频率的升高，它的影响将减弱。在高频情况下，由于电流的趋肤效应，导体电阻增加，因此图中

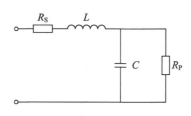

图 4-2　电容式传感器的等效电路

的串联损耗电阻 R_S 代表导线电阻、金属支座及电容器极板电阻的损耗。R_S 还受到环境高温及湿度的影响。但在一般情况下，即使在几兆赫频率下工作时，R_S 的值仍是很小的。因此，只有在很高的工作频率时才考虑 R_S 的影响。在高频情况下，电感效应不可忽略，图 4-2 中，以串联电感 L 表示电容器本身和外部连接导线（包括电缆）的总电感。

4.1.1　电容式传感器的结构类型

电容式传感器在实际应用中有三种基本类型，即变极距(d，或称变间隙)式、变面积(S)式和变介电常数(ε)式。它们的电极形状有平板形、圆柱形和球形(少用)三种。

图 4-3 示出一些电容式传感器的结构。其中图 4-3(a)和(b)所示为变间隙式；图 4-3(c)、(d)、(e)和(f)为变面积式；图 4-3(g)和(h)为变介电常数式。变间隙式一般用来测量微小位移(0.01~10^2 μm)；变面积式一般用于测量角位移 1°~100°或较大线位移；变介电常数式常用于物位测量及介质温度、密度测量等。其他物理量须转换成电容器的 d、S 或 ε 再进行测量。

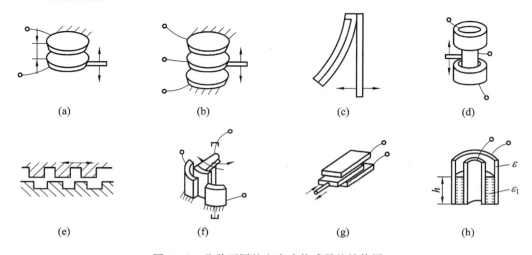

(a)　　　　　　(b)　　　　　　(c)　　　　　　(d)

(e)　　　　　　(f)　　　　　　(g)　　　　　　(h)

图 4-3　几种不同的电容式传感器的结构图

4.1.2　电容式传感器的静态特性

1. 变间隙式电容传感器

1) 空气介质的变间隙式电容传感器

图 4-4(a)是变间隙式电容传感器的结构图。图中 2 为静止极板(定极板)，而极板 1 为与被测体相连的动极板。当极板 1 因被测参数改变而移动时，就改变了两极板间的距离 d，从而改变了两极板间的电容量 C。C 与 d 的关系曲线为一双曲线，如图 4-4(b)所示。

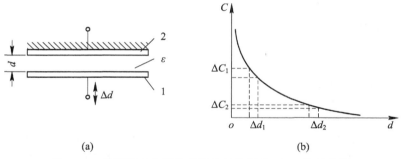

(a)　　　　　　　　　　(b)

图 4-4　变间隙式电容传感器的结构图及 C-d 特性曲线

设极板面积为 S，初始距离为 d_0，以空气为介质（$\varepsilon = \varepsilon_0$）的电容器的电容值为

$$C = \frac{\varepsilon_0 S}{d_0}$$

当间隙 d_0 减小 Δd，且 $\Delta d \ll d_0$ 时，电容增加 ΔC，即有

$$C_0 + \Delta C = \frac{\varepsilon_0 S}{d_0 - \Delta d} = \frac{\varepsilon_0 S}{d_0} \frac{1}{1 - \Delta d/d_0} = C_0 \frac{1}{1 - \Delta d/d_0}$$

由于 $\Delta d/d_0 \ll 1$，所以

$$C_0 + \Delta C = C_0 \left[1 + \frac{\Delta d}{d_0} + \left(\frac{\Delta d}{d_0} \right)^2 + \left(\frac{\Delta d}{d_0} \right)^3 + \cdots \right]$$

$$\frac{\Delta C}{C_0} = \frac{\Delta d}{d_0} \left[1 + \frac{\Delta d}{d_0} + \left(\frac{\Delta d}{d_0} \right)^2 + \cdots \right]$$

由上式可知，输出电容的相对变化 $\Delta C/C_0$ 与输入位移 Δd 之间的关系是非线性的，当 $\Delta d/d_0 \ll 1$ 时，可略去其高次项，得到近似线性关系式：

$$\frac{\Delta C}{C_0} \approx \frac{\Delta d}{d_0} \qquad\qquad (4-2)$$

电容式传感器的静态灵敏度为

$$K = \frac{\Delta C/C_0}{\Delta d} = \frac{1}{d_0} \qquad\qquad (4-3)$$

它说明了单位输入位移所引起的输出电容相对变化的大小。

要提高灵敏度，应减小起始间距 d_0；但 d_0 的减小受到电容器击穿电压的限制，同时对加工精度的要求也提高了。在实际应用中，为了提高灵敏度，减小非线性，大都采用差动式结构。在差动式电容传感器中，当动极板位移为 Δd 时，电容器 C_1 的间隙 d_1 变为 $d_0 - \Delta d$，电容器 C_2 的间隙 d_2 变为 $d_0 + \Delta d$，它们的特性方程分别为

$$C_1 = C_0 \left[1 + \frac{\Delta d}{d_0} + \left(\frac{\Delta d}{d_0} \right)^2 + \left(\frac{\Delta d}{d_0} \right)^3 + \cdots \right]$$

$$C_2 = C_0 \left[1 - \frac{\Delta d}{d_0} + \left(\frac{\Delta d}{d_0} \right)^2 - \left(\frac{\Delta d}{d_0} \right)^3 + \cdots \right]$$

电容总的变化为

$$\Delta C = C_1 - C_2 = C_0 \left[2 \frac{\Delta d}{d_0} + 2 \left(\frac{\Delta d}{d_0} \right)^3 + \cdots \right]$$

电容的相对变化为

$$\frac{\Delta C}{C_0} = 2 \frac{\Delta d}{d_0} \left[1 + \left(\frac{\Delta d}{d_0} \right)^2 + \left(\frac{\Delta d}{d_0} \right)^4 + \cdots \right]$$

当 $\Delta d/d_0 \ll 1$ 时，略去高次项，得

$$\frac{\Delta C}{C_0} = 2 \frac{\Delta d}{d_0} \qquad\qquad (4-4)$$

即近似呈线性关系。传感器的灵敏度 K' 为

$$K' = \frac{\Delta C/C_0}{\Delta d} = \frac{2}{d_0} \qquad\qquad (4-5)$$

电容式传感器做成差动式结构后，非线性误差大大降低了，而灵敏度则提高了一倍。与此同时，差动式电容传感器还能减小静电引力给测量带来的影响，并有效改善由于环境

影响所造成的误差。

2）具有固体介质的变间隙式电容传感器

由上述分析可知，减小极板间的距离可以提高灵敏度，但又容易导致极板被击穿。为此，经常在两极板间加一层云母或塑料膜来改善电容器的耐压性能，如图 4-5 所示，这就构成了平行极板间具有固体介质的变间隙式电容传感器。

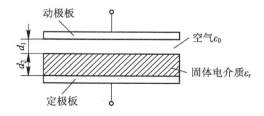

图 4-5　具有固体介质的变间隙式电容传感器

设极板的面积为 S，空气隙为 d_1，空气的介电常数为 ε_0，固体介质厚度为 d_2，介电常数为 ε_r，则电容器的初始电容为

$$C = \frac{\varepsilon_0 S}{d_1 + d_2/\varepsilon_r} \qquad (4-6)$$

式中，ε_r 为固体介质的相对介电常数。如果空气隙 d_1 减小 Δd_1，电容器的电容 C 将增大 ΔC，变为

$$C + \Delta C = \frac{\varepsilon_0 S}{d_1 - \Delta d_1 + d_2/\varepsilon_r}$$

电容值的相对变化为

$$\frac{\Delta C}{C} = \frac{\Delta d_1}{d_1 + d_2} N_1 \frac{1}{1 - N_1 \Delta d_1/(d_1 + d_2)}$$

式中，$N_1 = \dfrac{d_1 + d_2}{d_1 + d_2/\varepsilon_r} = \dfrac{1 + d_2/d_1}{1 + d_2/(d_1 \varepsilon_r)}$。

当 $N_1 \Delta d_1/(d_1 + d_2) < 1$，即位移 Δd_1 很小时，可得

$$\frac{\Delta C}{C} = \frac{\Delta d_1}{d_1 + d_2} N_1 \left[1 + N_1 \frac{\Delta d_1}{d_1 + d_2} + \left(N_1 \frac{\Delta d_1}{d_1 + d_2} \right)^2 + \cdots \right]$$

略去高次项可得到近似关系式：

$$\frac{\Delta C}{C} \approx N_1 \frac{\Delta d_1}{d_1 + d_2} \qquad (4-7)$$

式（4-7）表明，N_1 既是灵敏度因子，又是非线性因子。N_1 的值取决于电介质层的厚度比 d_2/d_1 和固体介质的相对介电常数 ε_r。增大 N_1，可提高灵敏度，但非线性误差也随之增大了。

若采用如上节所述的差动式结构，灵敏度和非线性就得到了改善。

以上分析是在忽略电容器的极板边缘效应下得到的。为了消除边缘效应的影响，可以采用设置保护环的方法，如图 4-6 所示。保护环与极板 1 具有同

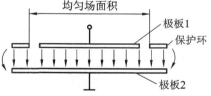

图 4-6　带有保护环的平板电容器

一电位,于是将极板间的边缘效应移到保护环与极板 2 的边缘,从而在极板 1 和极板 2 之间得到均匀的场强分布。

2. 变面积式电容传感器

1) 线位移变面积式电容传感器

图 4-7(a)为一线位移变面积式电容传感器原理图。当动极板移动 Δx 后,面积 S 就改变了,电容值也就随之改变。在忽略边缘效应时,电容值为

$$C_x = \frac{\varepsilon b(a - \Delta x)}{d} = \frac{\varepsilon ba - \varepsilon b \Delta x}{d} = C_0 - \frac{\varepsilon b}{d} \Delta x$$

$$\Delta C = C_x - C_0 = -\frac{\varepsilon b}{d} \Delta x$$

式中,ε 为电容器极板间介质的介电常数;C_0 为电容器初始电容,$C_0 = \varepsilon ab/d$。

灵敏度 K 为

$$K = -\frac{\Delta C}{\Delta x} = \frac{\varepsilon b}{d} \qquad\qquad (4-8)$$

由式(4-8)可知,在忽略边缘效应的条件下,变面积式电容传感器的输出特性是线性的,灵敏度 K 为一常数。增大极板边长 b,减小间距 d 都可以提高灵敏度。但极板宽度 a 不宜过小,否则会因为边缘效应的增加影响其线性特性。

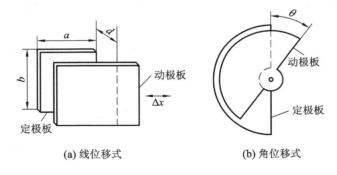

(a) 线位移式　　　　　　　　　(b) 角位移式

图 4-7　变面积式电容传感器

对于图 4-3(e)所示的电容传感器,它是图 4-3(a)的一种变形。采用齿形极板的目的是增加遮盖面积,提高分辨率和灵敏度。当极板的齿数为 n 时,移动 Δx 后电容为

$$C_x = n\left(C_0 - \frac{\varepsilon b}{d} \Delta x\right)$$

$$\Delta C = C_x - nC_0 = -\frac{n\varepsilon b}{d} \Delta x$$

灵敏度为

$$K' = -\frac{\Delta C}{\Delta x} = n\frac{\varepsilon b}{d} \qquad\qquad (4-9)$$

可见其灵敏度为单极板的 n 倍。

2) 角位移变面积式电容传感器

图 4-7(b)是角位移变面积式电容传感器原理图。当动片有一角位移 θ 时,两极板间覆盖面积 S 就改变了,从而改变了两极板间的电容量。

当 $\theta = 0$ 时，有

$$C_0 = \frac{\varepsilon S}{d}$$

当 $\theta \neq 0$ 时，有

$$C_0 = \frac{\varepsilon S(1-\theta/\pi)}{d} = C_0(1-\theta/\pi)$$

$$\Delta C = C_\theta - C_0 = -C_0\frac{\theta}{\pi}$$

灵敏度 K_θ 为

$$K_\theta = -\frac{\Delta C}{\theta} = \frac{C_0}{\pi} \tag{4-10}$$

由式（4-10）可知，角位移变面积式电容传感器的输出特性是线性的，灵敏度 K_θ 为常数。

3. 变介电常数式电容传感器

当电容极板之间的介电常数发生变化时，电容量也随之改变，根据这个原理可制作变介电常数式电容传感器。

变介电常数式电容传感器的结构有很多，其中，介质本身介电常数变化的电容式传感器可以用来测量粮食、纺织品、木材、煤或泥料等非导电固体物质的湿度；还有一种情况，其介质本身的介电常数并没有变化，但是极板之间的介质成分发生变化，即由一种介质变为两种或两种以上介质时，引起电容量变化，这类传感器可以用来测量纸张、绝缘薄膜的厚度或位移。

变介电常数式电容传感器的结构形式有很多种，图 4-3(h) 所示的是在液位计中经常使用的电容式传感器的形式。图 4-8 示出另一种测量介质介电常数变化的电容式传感器结构。

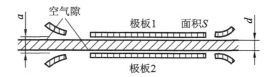

图 4-8　变介电常数式电容传感器

电容传感器可测量介质介电常数的变化，如测原油含水率等。

4.1.3　电容式传感器的特点

电容式传感器有如下特点：

（1）结构简单。

（2）动作时需要能量低，由于带电极板间静电吸引力很小（几个 10^{-5} N），因此电容式传感器特别适宜用来解决输入能量低的测量问题。

（3）动态特性好，电容式传感器的相对变化量只受线性和其他实际条件的限制，如果使用高线性电路，电容变化量可达 100% 或更大。

（4）自然效应小。

（5）动态响应快以及能在恶劣的环境下工作。但电容式传感器的初始电容较小，受引线电容、寄生电容的干扰影响较大，而且电容式传感器输出特性为非线性。

4.1.4　提高电容式传感器灵敏度的方法

为了提高电容式传感器的灵敏度，减少外界干扰、减小寄生电容及漏电的影响和非线性误差，可采用以下措施：由平板电容器的公式，可以看出当 d 减小时可使电容量加大从而使灵敏度增加，但 d 过小容易引起电容器击穿，一般可以通过在极板间放置云母片来改善；提高电源频率；用双层屏蔽线，将电路同电容式传感器装在一个壳体中，可以减小寄生电容及外界干扰的影响。

4.2　电容式传感器的测量电路

用于电容式传感器的测量电路有很多，下面仅介绍几种常用的测量电路。

4.2.1　调频测量电路

调频测量电路把电容式传感器作为 LC 振荡器谐振回路的一部分，当输入量导致电容量发生变化时，振荡器的振荡频率发生相应的变化，这样就实现了 C、f 的变化，故称调频电路。虽然可将频率作为测量系统的输出量，用于判断被测非电量的大小，但此时系统是非线性的，不易校正，因此，必须加入鉴频器，将频率的变换转换为电压振幅的变化，经过放大就可以用仪器指示或记录仪记录下来。图 4-9 所示为调频原理框图。图中的调频振荡器的频率由下式决定：

$$f = \frac{1}{2\pi\sqrt{LC}} \tag{4-11}$$

式中，L 为振荡回路的电感；C 为振荡回路的电容。

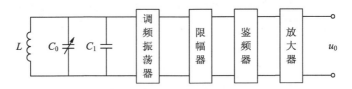

图 4-9　调频原理框图

C 一般由三个部分组成：传感器的电容 $C_0 \pm \Delta C$；谐振回路中的固定电容 C_1；传感器电缆分布电容 C_2。假如没有被测信号，那么变间隙式电容传感器中 $\Delta d = 0$，则 $\Delta C = 0$。另外，C 为一常数，且 $C = C_1 + C_0 + C_2$，所以振荡器的频率也为一常数：

$$f = \frac{1}{2\pi\sqrt{L(C_1 + C_0 + C_2)}} \tag{4-12}$$

当被测信号使变间隙式电容传感器中有 Δd 的变化时，$\Delta C \neq 0$，振荡频率也就有一相应的改变量 Δf：

$$f \pm \Delta f = \frac{1}{2\pi\sqrt{L(C_1 + C_0 + C_2 \mp \Delta C)}} \tag{4-13}$$

振荡器输出的高频电压将是一个受被测信号调制的调频波，其频率由式(4 - 13)决定。

调频测量电路的优点：灵敏度高，可测量高至 $0.01\ \mu m$ 级位移变化量；抗干扰能力强；能获得高电平的直流信号或频率数字信号。缺点：振荡频率受电缆电容影响大，可以通过直接将振荡器装在电容式传感器旁来克服连接电缆电容的影响；受温度影响大，给电路设计和传感器设计带来一定麻烦。

4.2.2　电桥测量电路

电容式传感器的电桥测量电路如图 4 - 10 所示，分为平衡电桥电路和不平衡电桥电路。

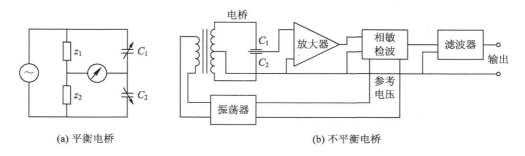

(a) 平衡电桥　　　　　　　　　　　(b) 不平衡电桥

图 4 - 10　电容式传感器的电桥测量电路

1. 平衡电桥(电阻平衡臂电桥)

平衡条件：

$$\frac{z_1}{z_1 + z_2} = \frac{C_2}{C_1 + C_2} = \frac{d_1}{d_1 + d_2}$$

初始：$d_1 = d_2 = d_0$，$C_1 = C_2 = C_0$，$z_1 = z_2 = z$，平衡。

工作时：中心电极移动 Δd，使 $d_1 = d_0 + \Delta d$，$d_2 = d_0 - \Delta d$，从而 $C_1 = C_0 - \Delta C$，$C_2 = C_0 + \Delta C$，平衡被破坏。调 z_1 和 z_2 使电桥重新平衡：

$$\frac{d_1 + \Delta d}{d_1 + d_2} = \frac{z'_1}{z_1 + z_2}$$

由此有

$$\Delta d = (d_1 + d_2)\frac{z'_1 - z_1}{z_1 + z_2} = (d_1 + d_2)(b - a) \propto (b - a)$$

其中，$b = z'_1/(z_1 + z_2)$，$a = z_1/(z_1 + z_2)$ 为平衡电桥，阻抗分压系数通常设计成线性分压器，且 $z_1 = 0$ 时分压系数为 0，$z_2 = 0$ 时分压系数为 1。Δd 与 $(b - a)$ 呈线性关系，$(b - a)$ 的大小反映 Δd 大小，$(b - a)$ 的正负反映 Δd 的移动方向。

2. 不平衡电桥(变压器电桥)

$$\dot{U}_\circ = \frac{\dot{E}}{2}\frac{C_1}{C_1 + C_2} - \frac{\dot{E}}{2} = \frac{\dot{E}}{2}\left(\frac{2C_1}{C_1 + C_2} - 1\right) = \frac{\dot{E}}{2}\frac{C_1 - C_2}{C_1 + C_2} = \frac{\dot{E}}{2}\frac{\Delta C}{C_0} = \frac{\dot{E}}{2}\frac{\Delta d}{d_0}$$

$\dot{U}_\circ$ 经相敏检波后输出的直流电压与位移呈线性关系，其正负极性反映位移的方向。

4.2.3　运算放大器电路

运算放大器电路的最大特点是能够克服变间隙式电容传感器的非线性而使其输出电压

与输入位移(间距变化)呈线性关系。C_x 为传感器电容。

现在来求输出电压 U_o 与传感器电容 C_x 之间的关系(图 4-11)。

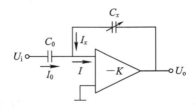

图 4-11 运算放大器电路

由 $\dot{U}_o = 0$,$I = 0$,则有

$$\dot{U}_i = -j \frac{1}{\omega C_0} \dot{I}_0$$

$$\dot{U}_o = -j \frac{1}{\omega C_x} \dot{I}_x$$

$$\dot{I}_o = -\dot{I}_x \tag{4-14}$$

解式(4-14)得

$$\dot{U}_o = -\dot{U}_i \frac{C_0}{C_x} \tag{4-15}$$

而 $C_x = \dfrac{\varepsilon S}{d}$,将其代入式(4-15)得

$$\dot{U}_o = -\dot{U}_i \frac{C_0}{\varepsilon S} d \tag{4-16}$$

由式(4-16)可知,输出电压 $\dot{U}_o$ 与极板间距 d 呈线性关系,这就从原理上解决了变间隙式电容传感器的非线性问题。这里假设 $K = \infty$,输入阻抗 $z_i = \infty$,因此仍然存在一定非线性误差,但在 K 和 z_i 足够大时,这种误差相当小。

4.2.4 二极管 T 形交流电桥

二极管 T 形交流电桥又称为二极管 T 形网络,它是利用电容器充放电原理组成的电路。图 4-12(a)所示为二极管 T 形交流电桥电路原理图。E 是高频电源,它提供了幅值为 U 的对称方波;VD_1、VD_2 为特性完全相同的两只二极管;C_1、C_2 为两个差动式传感器的电容;R_1、R_2 为固定电阻,且 $R_1 = R_2 = R$;R_L 为负载电阻。当传感器没有输入时,$C_1 = C_2$。

该电路的工作原理:当电源 E 为正半周时,二极管 VD_1 导通而 VD_2 截止,其等效电路如图 4-12(b)所示。此时电容 C_1 很快充电至 U,电源 E 经 R_1 以电流 I_1 向负载 R_L 供电;与此同时,电容 C_2 经 R_2 和 R_L 放电,放电电流为 $I_2(t)$。流经 R_L 的电流 $I_L(t)$ 是 I_1 和 $I_2(t)$ 之和。在随后 E 负半周出现时,VD_2 导通而 VD_1 截止,其等效电路如图 4-12(c)所示。此时 C_2 很快充电至电压 U,而流经 R_L 的电流 $I_L'(t)$ 为由电源 E 供给的电流 I_2' 和 C_1 放大电流 $I_1'(t)$ 之和。根据所给的条件可得,流经 R_L 的电流 $I_L(t)$ 和 $I_L'(t)$ 的平均值大小相等,极性相反，在一个周期内流过 R_L 的平均电流为 0。

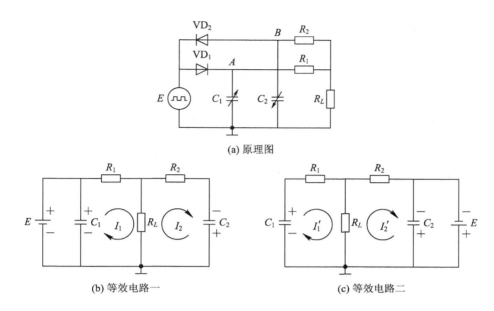

(a) 原理图

(b) 等效电路一　　　　　　　　　(c) 等效电路二

图 4-12　二极管 T 形网络

若传感器输入不为零，则 $C_1 \neq C_2$，此时在一个周期内通过 R_L 上的平均电流不为零，因此，产生输出电压，输出电压在一个周期内的值为

$$U_。 = I_L R_L = \frac{1}{T} \int_0^T [I_L(t) - I'_L(t)] \mathrm{d}t R_L \approx \frac{R(R + 2R_L)}{(R + R_L)^2} R_L U f(C - C_2) \quad (4-17)$$

式中，f 为电源频率。

当 R_L 已知，有

$$\left[\frac{R(R + 2R_L)}{(R + R_L)^2} \right] R_L = M(常数)$$

则式(4-17)可改写为

$$U_。 = U f M(C_1 - C_2) \quad (4-18)$$

由式(4-18)可知，输出电压 $U_。$ 不仅与电源电压的幅值和频率有关，而且与 T 形网络中的电容 C_1 和 C_2 的差值有关。当电源电压确定后，输出电压 $U_。$ 是电容 C_1 和 C_2 的函数。

综上所述，该电路的特点：

(1) 电路的灵敏度与电源幅值和频率有关，故电源输入要求稳定，需要采取稳压稳频措施。

(2) 输出电压较高，例如，当电源频率为 1.3 MHz，电源电压 $U = 46$ V 时，电容在 $-7 \sim 7$ pF 间变化，可以在 1 MΩ 负载上得到 $-5 \sim 5$ V 的直流输出电压。

(3) 电路的输出阻抗与电容 C_1、C_2 无关，而仅与 R_1、R_2 及 R_L 有关，其电阻值为 $1 \sim 100$ kΩ。

(4) 工作电平很高，使二极管 VD_1、VD_2 工作在特性曲线的线性区域时，测量的非线性误差很小。

(5) 输出信号的上升沿时间取决于负载电阻。对于 1 kΩ 的负载电阻，上升时间为 20 μs

左右，故可用来测量高速的机械运动。

4.2.5　谐振电路

图 4-13(a)所示为谐振电路的原理方框图，电容传感器的电容 C_x 作为谐振回路(L、C、C_x)调谐电容的一部分。谐振回路通过电感耦合，从稳定的高频振荡器取得振荡电压。当传感器电容 C_x 发生相应的变化，改变调谐电容 C，使振荡回路调节在和振荡器振荡频率 ω_r 相接近的频率上，并使电压 U_0 为振荡电压 U_m 的一半，这时工作在特性曲线图 4-13(b)的 N 点上，该点在特性曲线右半直线段的中间处，这样就保证了仪表指示与输入前引起的电容变化量 ΔC_x 呈线性关系；若 ΔC_x 变化范围不超过特性曲线的右半段，则又保证了输出与输入间的单值关系。

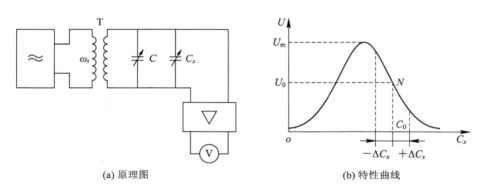

(a) 原理图　　　　　　　　(b) 特性曲线

图 4-13　电容式传感器谐振电路

由于这种电容式传感器稍有输入时，就会使输出电压发生急剧变化，因此该电路有很高的灵敏度。其缺点是工作点不容易选好，变化范围也较差。

4.2.6　脉冲宽度调制电路

脉冲宽度调制电路如图 4-14 所示，图中 C_1、C_2 为差动式电容传感器的两个电容。当双稳态触发器的 Q 端为高电位时，则通过 R_1 对 C_1 充电，充电到 F 点电位高于参考电位 U_r 时，比较器 A_1 产生脉冲，触发双稳态触发器翻转。在翻转前，$\overline{Q}$ 端的输出为低电位，电容

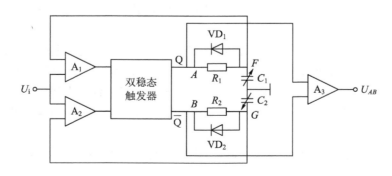

图 4-14　脉冲宽度调制电路

C_2 通过二极管 D_2 迅速放电。翻转后，Q 端变为低电位，$\overline{Q}$ 端变为高电位，这时在反方向又重复上述过程，即 C_2 充电，C_1 放电。在 $C_1 = C_2$ 时，各点电压波形如图 $4-15$(a)所示，输出电压 U_{AB} 的平均值为零。但在差动电容 C_1，C_2 值不相等时(如 $C_1 > C_2$)，C_1，C_2 充电时间常数也不相等，电压波形如图 $4-15$(b)所示，输出电压 U_{AB} 的平均值不再为零。经低通滤波器后即可得到一直流输出电压：

$$U_\circ = \frac{T_1}{T_1 + T_2} U_1 - \frac{T_2}{T_1 + T_2} U_1 = \frac{T_1 - T_2}{T_1 + T_2} U_1 \qquad (4-19)$$

式中，T_1，T_2 为 C_1，C_2 的充电时间；U_1 为触发器的输出高电位。显然，输出直流电压 $U_\circ$ 随 T_1 和 T_2 而变，亦即随 U_A 和 U_B 的脉冲宽度而变。

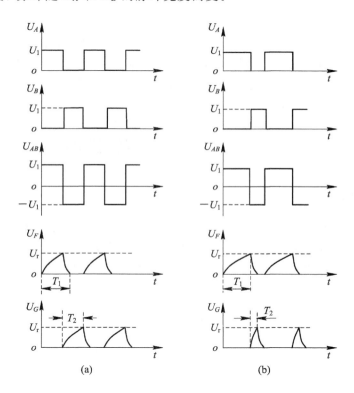

图 $4-15$　各点电压波形图

又因为电容 C_1 和 C_2 的充电时间分别为

$$T_1 = R_1 C_1 \ln \frac{U_1}{U_1 - U_r}$$

$$T_2 = R_2 C_2 \ln \frac{U_1}{U_1 - U_r}$$

所以，脉冲宽度分别与 C_1，C_2 成正比。在电阻 $R_1 = R_2 = R$ 时，有

$$U_\circ = \frac{T_1 - T_2}{T_1 + T_2} U_1 = \frac{C_1 - C_2}{C_1 + C_2} U_1 \qquad (4-20)$$

此式表明，直流输出电压 $U_\circ$ 正比于电容 C_1 与 C_2 的差值，其极性可正可负。

对于变间隙式差动电容传感器，把平行板电容器公式代入式(4-20)得

$$U_\circ = \frac{d_2 - d_1}{d_1 + d_2} U_1 \qquad (4-21)$$

式中，d_1，d_2 为电容 C_1，C_2 的电极板间的距离。

当差动电容 $C_1 = C_2 = C_0$ 时，即 $d_1 = d_2 = d_0$ 时，$U_\circ = 0$。若 $C_1 \neq C_2$，设 $C_1 > C_2$，即 $d_1 = d_0 - \Delta d$，$d_2 = d_0 + \Delta d$，则式(4-21)即为

$$U_\circ = \frac{\Delta d}{d_0} U_1 \qquad (4-22)$$

同样，在改变电容器极板面积的情况下，有

$$U_\circ = \frac{S_1 - S_2}{S_1 + S_2} U_1 = \frac{\Delta S}{S} U_1 \qquad (4-23)$$

根据以上分析，脉冲调宽电路具有如下特点：对敏感元件的线性要求不高，从式(4-22)、式(4-23)可见，不论是变间隙式还是变面积式，其输出都与输入变化量呈线性关系；效率高，信号只要经过低通滤波器就有较大的直流输出；调宽频率的变化对输出无影响；由于低通滤波器作用，对输出矩形波纯度要求不高；不需要高频发生装置。

4.3　电容式传感器的应用

4.3.1　转速测量

电容式转速传感器的结构原理如图4-16所示，当电容极板与齿顶相对时电容量最大，而电容极板与齿轮相对时电容量最小。当齿轮旋转时，电容量发生周期性变化，通过电路即可得到脉冲信号，频率计显示的频率代表转速大小。设齿轮数为 Z，由计数器得到的频率为 f，则转速为

$$n = \frac{60f}{Z} \qquad (4-24)$$

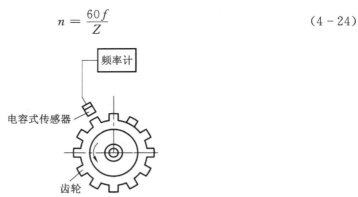

图4-16　电容式转速传感器的结构原理图

4.3.2　液面深度测量

图4-17所示是电容液面计原理图。在被测介质中放入两个同心圆柱极板1和2。若容

器内介质的介电常数为 ε_1，容器介质上面的气体的介电常数为 ε_2，当容器内液面变化时，两极板间的电容量 C 就会发生变化。

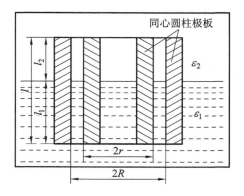

图 4 - 17　电容液面计原理图

设容器中介质是非导电的(如果液体是导电的，则电极需要绝缘)，容器中液体介质浸没电极 2 的高度为 l_1，这时总的电容 C 等于气体介质间的电容量和液体介质间的电容量之和。

液体介质间的电容量 C_1 为

$$C_1 = \frac{2\pi l_1 \varepsilon_1}{\ln \dfrac{R}{r}} \tag{4-25}$$

气体介质间的电容量 C_2 为

$$C_2 = \frac{2\pi l_2 \varepsilon_2}{\ln \dfrac{R}{r}} = \frac{2\pi (l - l_1) \varepsilon_2}{\ln \dfrac{R}{r}} \tag{4-26}$$

式中，ε_1 为容器中液体的介电常数；ε_2 为容器中气体的介电常数；l 为电极总长度($l = l_1 + l_2$)；l_1，l_2 分别为液体介质与气体介质的高度；R，r 为两同心圆电极半径。因此，总电容量为两电容并联的电容量，由式(4 - 25)及式(4 - 26)得

$$C = C_1 + C_2 = \frac{2\pi l_1 \varepsilon_1}{\ln \dfrac{R}{r}} + \frac{2\pi l_2 \varepsilon_2}{\ln \dfrac{R}{r}} = \frac{2\pi l_1}{\ln \dfrac{R}{r}}(\varepsilon_1 - \varepsilon_2) + \frac{2\pi l \varepsilon_2}{\ln \dfrac{R}{r}} \tag{4-27}$$

令 $A = \dfrac{2\pi}{\ln \dfrac{R}{r}}(\varepsilon_1 - \varepsilon_2)$，$B = \dfrac{2\pi l \varepsilon_2}{\ln \dfrac{R}{r}}$，则式(4 - 27)可写成以下形式：

$$C = A l_1 + B \tag{4-28}$$

可见，电容量 C 与高度 l_1 成正比。

4.3.3　电容测厚仪

电容测厚仪是用来测量金属带材在轧制过程中的厚度，它的变换器就是电容式厚度传感器，其工作原理如图 4 - 18 所示。在被测带材的上下两边各设置一块面积相等且与带材距离相同的极板，这样极板与带材就形成两个电容(带材也作为一个极板)。把两块极板用

导线连接起来，就成为一个极板，而带材则是电容器的另一极板，其总电容为

$$C = C_1 + C_2$$

金属带材在轧制过程中不断向前送进，如果带材厚度发生变化，将引起它上下两个极板间距变化，即引起电容量的变化，如果总电容 C 作为交流电桥的一个臂，电容的变化 ΔC 引起电桥不平衡输出，经过放大、检波、滤波，最后在仪表上显示出带材的厚度。这种测厚仪的优点是带材的振动不影响测量精度。

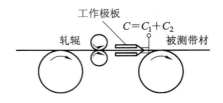

图 4 - 18　电容测厚仪工作原理图

4.3.4　电缆芯偏心测量

图 4 - 19 给出了电缆芯的偏心测量原理图，在实际应用中是采用两对极筒（图中只画出一对），分别测出在 x 方向和 y 方向的偏移量，再经过计算就可以得出偏心值。

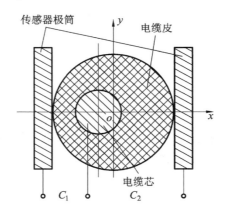

图 4 - 19　电缆芯偏心测量原理图

4.3.5　晶体管电容料位指示仪

晶体管电容料位指示仪是用来监视密封料仓内导电性不良的松散物质的料位，并能对加料系统进行自动控制。

在仪器的面板上装有指示灯：红灯指示"料位上限"，绿灯指示"料位下限"。当红灯亮时表示料面已经达到上限，此时应停止加料；当红灯熄灭，绿灯仍然亮时，表示料面在上下限之间；当绿灯熄灭时，表示料面低于下限，这时应加料。

电容式传感器是悬挂在料仓里的金属探头，利用它对大地的分布电容进行检测。在料仓上、下限各设有一个金属探头。晶体管电容料位指示仪的电路原理图如图 4 - 20 所示，直

流稳压电源部分没有画出,整个电路可分成两部分:信号转换电路和控制电路。

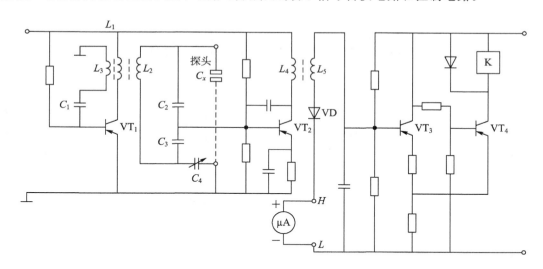

图 4-20 晶体管电容料位指示仪的电路原理图

信号转换是通过阻抗平衡电桥来实现,当 $C_2 C_4 = C_x C_3$ 时,电桥平衡。由于 $C_2 = C_3$,则调整 C_4,使 $C_4 = C_x$。C_x 是探头对地的分布电容,它和料面有关,当料面增加时,C_x 值将随之增加,使电桥失去平衡,按其大小可判断料面的情况。电桥电压由 VT_1 和 LC 回路组成的振荡器供电,其振荡频率约为 70 kHz,其幅值约为 250 mV。电桥平衡时,无输出信号,当料面变化引起 C_x 变化,使电桥失去平衡时,电桥输出交流信号。交流信号经 VT_2 放大后,由 VD 检波变成直流信号。

控制电路由 VT_3 及 VT_4 组成的射极耦合触发器和它所带动的继电器 K 组成,由信号转换电路送来的直流信号幅值达到一定值后,射极耦合触发器由截止变为导通,此时 VT_4 由截止状态转换为饱和状态,使继电器 K 吸合,其触点去控制相应的电路和指示灯,指示料面的高低。

第 5 章　电感式传感器

电感式传感器是将被测量转换为线圈的自感或互感的变化，并通过一定的转换电路将其转变成电压或电流输出的传感器。这类传感器包括自感式传感器、差动变压器、电涡流式传感器。

5.1　自感式传感器

5.1.1　自感式传感器的工作原理

自感式传感器将被测量的变化转变成线圈自感的变化。电感式传感器主要由线圈、铁芯和衔铁所组成，铁芯和衔铁由导磁材料如硅钢片或坡莫合金制成。

根据电磁感应原理，当匝数为 N 的线圈中通以电流 I 时，就有该电流所产生的磁通量通过线圈，若通过每一圈的磁通量都是 Φ，则有

$$N\Phi = LI \tag{5-1}$$

式中，L 为线圈的自感系数。

又根据磁路欧姆定律有

$$\Phi = \frac{NI}{\sum R_{mi}} \tag{5-2}$$

式中，$\sum R_{mi}$ 为磁路的总磁阻。每一段磁路的磁阻 R_{mi} 与该段磁路的长度 l_i 成正比，与磁导率 μ_i 及导磁截面积 S_i 成反比，所以

$$\sum R_{mi} = \sum \frac{l_i}{\mu_i S_i} \tag{5-3}$$

将式(5-2)和式(5-3)代入式(5-1)得

$$L = \frac{N^2}{\sum R_{mi}} = \frac{N^2}{\sum \dfrac{l_i}{\mu_i S_i}} \tag{5-4}$$

由此可见，改变任意一段磁路的几何参数 l_i、S_i 或磁导率 μ_i，均可使线圈的自感系数 L 发生变化。据此，自感式传感器又可进一步分为：气隙厚度可变的变隙式，磁通面积可变的变截面式，以及通过改变衔铁在螺管线圈中的伸入长度来改变线圈自感系数 L 的螺管式电感传感器。

1. 变隙式

变隙式电感传感器的结构原理如图5-1所示。在铁芯和衔铁之间有气隙，气隙厚度为

δ，传感器的运动部分与衔铁相连。当衔铁移动时，气隙厚度 δ 发生改变，引起磁路中磁阻变化，从而导致电感线圈的电感值变化，因此只要能测出这种电感量的变化，就能确定衔铁位移量的大小和方向。

通常，空气隙的厚度是比较小的（一般为 0.1～1 mm），因此可以认为气隙磁场是均匀的，若忽略磁路铁损，则磁路总磁阻为

$$\sum R_{mi} = \frac{l_1}{\mu_1 S_1} + \frac{l_2}{\mu_2 S_2} + \frac{\delta}{\mu_0 S} \tag{5-5}$$

式中，l_1，l_2 分别为铁芯、衔铁的磁路长度；S_1，S_2 分别为铁芯、衔铁的横截面面积；μ_1，μ_2 分别为铁芯、衔铁的磁导率；δ 为气隙磁路的总厚度；S 为气隙磁路的磁通面积；μ_0 为空气磁导率（$\mu_0 = 4\pi \times 10^{-7} \mathrm{H/m}$）。

设铁芯和衔铁的横截面面积相同，且因气隙 δ 较小，可以认为气隙磁路的磁通面积与铁芯相同（即 $S_1 = S_2 = S$）。若铁芯与衔铁采用同一种导磁材料（其相对磁导率为 μ_r），且磁路总长为 l，则由式（5-5）可得

$$\sum R_{mi} = \frac{1}{\mu_0 S}\left(\frac{l-\delta}{\mu_r} + \delta\right) = \frac{1}{\mu_0 S}\left[\frac{l + \delta(\mu_r - 1)}{\mu_r}\right]$$

一般 $\mu_r \gg 1$，故

$$\sum R_{mi} = \frac{1}{\mu_0 S}\left(\delta + \frac{l}{\mu_r}\right) \tag{5-6}$$

代入式（5-4）得

$$L = \frac{N^2 \mu_0 S}{\delta + \dfrac{l}{\mu_r}} = \frac{K}{\delta + \dfrac{l}{\mu_r}} \tag{5-7}$$

式中，$K = 4\pi N^2 S \times 10^{-7}$。

对于变隙式结构，其磁通面积 S 为定值，又因线圈匝数 N 也固定，所以 K 为一常数。由式（5-7）可以看出，图 5-1 所示的单线圈式变隙式电感传感器的电感 L 与气隙厚度 δ 之间的对应关系是非线性的，其输出特性曲线如图 5-2 所示。进一步的分析还表明，气隙厚度 $\Delta\delta$ 减小所引起的电感变化 ΔL_1 与气隙厚度增加同样 $\Delta\delta$ 所引起的电感变化 ΔL_2 并不相等，其差值随 $\Delta\delta/\delta$ 的增加而增大。由于输出特性的非线性和衔铁上、下向移动时电感正、负值变化的不对称性，使得变隙式传感器只能工作在一段很小的区域内，因而变隙式传感器只能用于微小位移的测量。

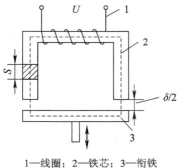

1—线圈；2—铁芯；3—衔铁

图 5-1　变隙式电感传感器结构原理图

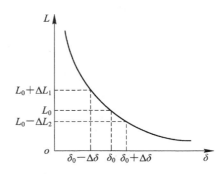

图 5-2　单线圈式变隙式电感传感器的输出特性曲线

图 5-1 所示单线圈结构一般只用于某些特殊的场合。在实际工作中，为了提高测量灵敏度和减小非线性误差，通常采用差动式结构，如图 5-3 所示。差动式变隙式电感传感器由两个相同的线圈和磁路组成，当位于中间的衔铁移动时，上下两个线圈的电感，一个增加而另一个减少，形成差动形式。

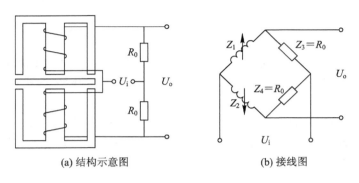

(a) 结构示意图　　　　　　　　　(b) 接线图

图 5-3　差动式变隙式电感传感器

假设当被测参数变化时衔铁向上移动，从而使上气隙的总长度减小 $\Delta\delta$ 而下气隙相应增大 $\Delta\delta$，所以上线圈的电感量增为 $L_0+\Delta L_1$，下线圈的电感量减为 $L_0-\Delta L_2$，总变化量为

$$\Delta L = (L_0 + \Delta L_1) - (L_0 - \Delta L_2) \tag{5-8}$$

由于铁磁性物质的磁导率比空气的磁导率大得多，因此铁芯和衔铁的磁阻与空气磁阻相比是很小的。在进行定性分析时可以忽略不计。于是，式(5-7)可近似简化为 $L \approx \dfrac{K}{\delta}$，代入式(5-8)得到

$$\Delta L \approx \frac{K}{\delta - \Delta\delta} - \frac{K}{\delta + \Delta\delta} = \frac{2K \cdot \Delta\delta}{\delta^2 - \Delta\delta^2} \tag{5-9}$$

忽略 $\Delta\delta^2$ 项，整理得

$$\frac{\Delta L}{L} \approx 2\frac{\Delta\delta}{\delta} \tag{5-10}$$

采用同样的分析方法，对于图 5-1 所示单线圈结构可得到

$$\Delta L = \frac{K}{\delta - \Delta\delta} - \frac{K}{\delta} = \frac{K \cdot \Delta\delta}{\delta(\delta - \Delta\delta)} = \frac{K \cdot \Delta\delta}{\delta^2 - \delta \cdot \Delta\delta} \tag{5-11}$$

略去 $\delta \cdot \Delta\delta$ 项，经整理得

$$\frac{\Delta L}{L} \approx \frac{\Delta\delta}{\delta} \tag{5-12}$$

对照式(5-9)和式(5-11)可看出，无论是单线圈结构还是差动式结构，其 ΔL 与 $\Delta\delta$ 之间的对应关系都是非线性的，这是因为在其关系式中分别含有 $\Delta\delta^2$ 和 $\delta \cdot \Delta\delta$ 项。但由于 $\Delta\delta^2 \ll \delta \cdot \Delta\delta$，所以差动式结构的线性要比单线圈结构要好。

此外，由式(5-10)和式(5-12)可知，差动式结构的灵敏度比单线圈结构提高了一倍。

变隙式电感传感器的最大优点是灵敏度高，其主要缺点是线性范围小、自由行程小、制造装配困难、互换性差，因而限制了它的应用。

2. 变截面式

变截面式电感传感器是通过导磁截面积的变化而使电感变化的，其结构也有单线圈式（图 5-4）和差动式（图 5-5）两种形式。

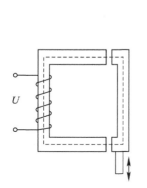
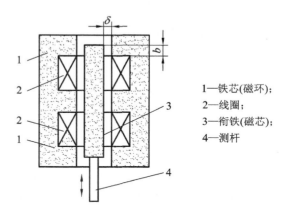

1—铁芯(磁环)；
2—线圈；
3—衔铁(磁芯)；
4—测杆

图 5-4　单线圈式变截面式电感传感器　　　图 5-5　差动式变截面式电感传感器

图 5-5 所示的差动式变截面式电感传感器制成圆筒形，铁芯由上下磁环 1 组成，上、下线圈 2 也制成环形，磁芯(衔铁)3 插入其中。上、下线圈通电时在中段气隙部分产生的磁通，由于方向相反而基本抵消。若忽略导体部分的磁阻，则线圈电感为

$$L = \frac{\mu_0 N^2 S}{\delta} = \frac{\mu_0 N^2 ab}{\delta} \tag{5-13}$$

式中，δ 为气隙厚度(即磁芯与磁环之间隙)；b 为气隙环的高度(即磁芯与磁环的覆盖宽度)；a 为气隙环的平均周长。

在工作过程中，δ 和 a 均为定值，当测杆 4 向上移动时，将引起 b 值改变，其结果使上磁环 1 和磁芯 3 之间的气隙磁通面积($S=ab$)增大，下磁环 1 和磁芯 3 之间的气隙磁通面积减小，从而使上线圈的电感量增大，下线圈的电感量减小。若初始位置时 $b=b_0$，$L=L_0=\frac{\mu_0 N^2 ab_0}{\delta}$，则当测杆位移 Δb 时，每个线圈的电感增量为

$$\Delta L = L_0 \frac{\Delta b}{b_0} \tag{5-14}$$

式(5-14)表明，这类传感器输入量 Δb 与输出量 ΔL 之间有良好的线性关系。变截面式电感传感器的优点是具有较好的线性，因而测量范围可取大些；其自由行程可按需要安排，制造装配方便。其缺点是灵敏度较低。

3. 螺管式

螺管式电感传感器的结构形式也可以分为单线圈式和差动式，图 5-6 为这两种形式的结构示意图。

如图 5-6 所示，螺管式电感传感器的基本组成部分是包在铁磁套筒内的线圈和磁性衔铁。当衔铁沿轴向移动时，磁路的磁阻发生变化，从而使线圈电感产生变化。线圈的电感值取决于衔铁插入的深度，而且随着衔铁插入深度的增加而增大。

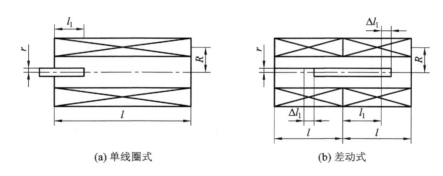

(a) 单线圈式　　　　　　　　　　　(b) 差动式

图 5-6　螺管式电感传感器

5.1.2　自感式传感器的转换电路

自感式传感器把被测量的变化转变成电感量的变化。为了测出电感量的变化，就要用转换电路把电感量的变化转换成电压（或电流）的变化，以便进一步放大和处理。最常用的转换电路有调幅电路、调频电路、调相电路和相敏整流电路。

1. 调幅电路

1）交流电桥

调幅电路的主要形式是交流电桥。关于交流电桥，已经在第 3 章介绍过，在此主要讨论自感式传感器中经常用到的变压器电桥。图 5-7 中，电桥的两臂为电源变压器次级线圈的两半（每半电压为 $U/2$），另两臂是差动式电感传感器的两个线圈。考虑传感器线圈不仅具有电感，而且线圈导线具有一定的电阻，所以用 Z_1 和 Z_2 来表示电感传感器两个线圈的阻抗。电桥对角线上 AB 两点的电位差为空载输出电压 $U_\circ$。

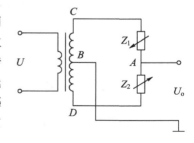

图 5-7　交流电桥

假设接地的 B 点为零电位，D 点电位为 $\dfrac{U}{2}$，C 点电位为 $-\dfrac{U}{2}$，则输出电压 $U_\circ$ 即为 A 点的电位，可计算如下：

$$U_\circ = U_D - \frac{U_D - U_C}{Z_1 + Z_2} \cdot Z_2 = \frac{U(Z_1 - Z_2)}{2(Z_1 + Z_2)} \qquad (5-15)$$

下面分三种情况讨论：

（1）当传感器的衔铁位于中间位置时，它在两个线圈中的插入深度相等，所以两线圈的电感相等，若两线圈绕制得十分对称，则其阻抗也相等，此时 $Z_1 = Z_2 = Z$，代入式（5-15）得 $U_\circ = 0$。这说明当衔铁处于中间位置时，电桥平衡，没有输出电压。

（2）当衔铁向上移动时，上线圈的磁阻减小、电感增大，阻抗随之增大，即 $Z_1 = Z + \Delta Z$，而下线圈的磁阻增大、电感减小，阻抗随之减小，即 $Z_2 = Z - \Delta Z$。代入式（5-15）得

$$U_\circ = \frac{U}{2} \frac{\Delta Z}{Z} \qquad (5-16)$$

（3）当衔铁向下移动同样大小的位移时，下线圈的阻抗增大，而上线圈的阻抗减小，即 $Z_1 = Z - \Delta Z$，$Z_2 = Z + \Delta Z$，代入式（5-15）得

$$U_o = -\frac{U}{2}\frac{\Delta Z}{Z} \tag{5-17}$$

由式（5-16）和式（5-17）可以看出，当衔铁偏离中间位置，上升或下降同样大小的位移时，输出电压大小相等、方向相反。

2）谐振式调幅电路

图 5-8 所示是谐振式调幅电路。在谐振式调幅电路中，传感器电感 L 与电容 C、变压器原边串联在一起，接入交流电源，变压器副边将有电压 U_o 输出，输出电压的频率与电源频率相同，而幅值随着电感 L 而变化，图 5-8(b) 所示为输出电压 U_o 与电感 L 的关系曲线，其中 L_0 为谐振点的电感值，此电路灵敏度很高，但线性很差，适用于线性要求不高的场合。实际使用时，一般使用特性曲线一侧接近线性的一段。

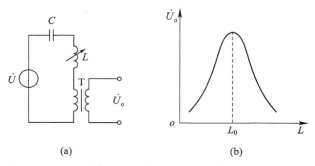

图 5-8　谐振式调幅电路

2. 调频电路

调频电路的基本原理是传感器电感 L 变化将引起输出电压频率的变化。一般是把传感器电感 L 和电容 C 接入一个振荡回路中，其振荡频率 $f = \dfrac{1}{2\pi\sqrt{LC}}$，谐振式调频电路如图 5-9 所示。当 L 变化时，振荡频率随之变化，根据 f 的大小即可测出被测量的值。由图 5-9(b) 可知，f 与 L 具有明显的非线性关系。该频率可由数字频率计直接测量，也可通过 f—V 转换，用数字电压表测量。

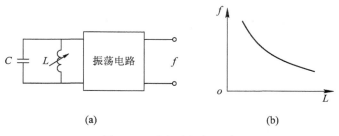

图 5-9　谐振式调频电路

3. 调相电路

调相电路就是把传感器电感 L 变化转换为输出电压相位 φ 的变化。图 5-10 所示为一个相位桥，一臂为传感器 L，另一臂为固定电阻 R。设计时使电感线圈具有高的品质因

数。忽略损耗电阻，则电感线圈上压降 U_L 与固定电阻上压降 U_R 是两个相互垂直的分量。当电感 L 变化时，输出电压 U_o 的幅值不变，相位角 φ 随之变化，φ 与 L 的关系为

$$\varphi = - 2\arctan\left(\frac{\omega L}{R}\right)$$

式中，ω 为电源角频率。

在这种情况下，当 L 有了微小变化 ΔL 后，输出相位变化 $\Delta\varphi$ 为

$$\Delta\varphi = \frac{2\left(\dfrac{\omega L}{R}\right)}{1+\left(\dfrac{\omega L}{R}\right)^2}\frac{\Delta L}{L}$$

图 5-10(c)给出了 φ 与 L 的特性关系。

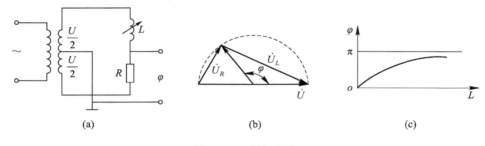

图 5-10　调相电路

4. 相敏整流电路

图 5-7 所示电路，虽然可以将传感器线圈电感变化量（即被测位移变化量）转换为相应的电压信号，但是由于输出电压是交流信号，因此尽管随着衔铁位移方向的不同，输出电压也有正负号之分，而用示波器去观察它们的波形时，结果却是一样的，为了判别信号的相位，亦即为了分辨衔铁的运动方向，需要采用相敏整流电路（又称相敏检波器）。

相敏整流电路可以有多种不同的形式，下面以图 5-11 所示电路为例讨论其工作原理。图 5-11 中，差动式电感传感器的两个线圈（Z_1 和 Z_2）以及两个平衡电阻（$R_1 = R_2 = R$）组成一个测量电桥，二极管 $VD_1 \sim VD_4$ 构成了相敏整流器，电桥的一条对角线 AB 接有交流电源 U，另一条对角线 CD 接有电表以测量输出电压。

$$U_o = U_{CB} + U_{BD} \tag{5-18}$$

式中，$U_{CB} = i_1 R_1$ 和 $U_{BD} = i_2 R_2$ 的符号，由分别流经电阻 R_1、R_2 的电流 i_1、i_2 的流向而定。

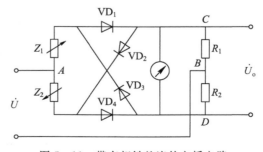

图 5-11　带有相敏整流的电桥电路

为了便于讨论，假定 $U_。$ 的正方向为自下而上(此时 D 点电位高于 C 点，电流自下而上流过电表)，式(5-18)中 U_{CB} 和 U_{BD} 的方向与 $U_。$ 的正方向一致时取正号，反之则取负号。

下面分别讨论电源电压 U 为正半周期和负半周期时，衔铁位移所引起的输出电压的极性。

(1) 在 U 的正半周期内(上输入端为正，下输入端为负)，A 点电位高于 B 点电位。此时，二极管 VD_1 和 VD_4 导通，VD_2 和 VD_3 截止。电流 i_1 流经 Z_1、VD_1 后自下而上地流过 R_1，而电流 i_2 流经 Z_2、VD_4 后自下而上地流过 R_2，根据式(5-18)及所假定的 $U_。$ 的正方向，则有

$$U_。 = -i_1 R_1 + i_2 R_2$$

当衔铁处于中间位置时，传感器线圈的阻抗 $Z_1 = Z_2 = Z$，于是 $i_1 = i_2 = i$，又因为 $R_1 = R_2 = R$，所以有

$$U_。 = 0$$

当衔铁从中间位置向上移动时，使上线圈的阻抗 Z_1 增大 ΔZ，而下线圈的阻抗 Z_2 减小 ΔZ，于是 i_1 减小，i_2 增大，故 $U_。 = -i_1 R_1 + i_2 R_2 > 0$，此时 D 点电位高于 C 点，电流自下而上流过电表。

当衔铁从中间位置向下移动时，上线圈的阻抗 Z_1 减小 ΔZ，而下线圈的阻抗 Z_2 增大 ΔZ，于是 i_1 增大，i_2 减小，故 $U_。 < 0$，此时 D 点电位低于 C 点，电流自上而下流过电表。

(2) 在 U 的负半周期内(上输入端为负，下输入端为正)，A 点电位低于 B 点电位。此时，二极管 VD_2、VD_3 导通，VD_1、VD_4 截止。根据此时电流 i_1、i_2 的流向可得

$$U_。 = i_1 R_1 - i_2 R_2$$

当衔铁处于中间位置时，仍有 $U_。 = 0$。

当衔铁从中间位置向上移动时，Z_1 增大而 Z_2 减小，于是流经 Z_1 的 i_2 减小，而流经 Z_2 的 i_1 增大，故 $U_。 > 0$，此时 D 点电位高于 C 点电位，电流自下而上流过电表。

当衔铁从中间位置向下移动时，Z_1 减小而 Z_2 增大，于是 i_2 增大，i_1 减小，故 $U_。 < 0$，此时 D 点电位低于 C 点，电流自上而下地流过电表。

通过以上分析，不难得出以下结论：无论电源电压 U 处于正半周期还是负半周期，只要衔铁处于中间位置，就有 $U_。 = 0$；当衔铁自中间位置向上移动时，均有 $U_。 > 0$；当衔铁自中间位置向下移动时，均有 $U_。 < 0$。于是，根据电表指针的偏转方向，即可判别传感器衔铁(测杆)的位移方向。

5.1.3　零点残余电压及其补偿

前面在讨论测量电桥的输出电压时分析过，理论上，当传感器的衔铁处于中间位置时，若两线圈绕制得十分对称，其电阻 r 相等，电感 L 也相等，则桥路的输出电压应等于零。然而实际上，由于传感器的阻抗是复数阻抗，很难做到两线圈电阻和电感完全相等，很难达到交流电桥的绝对平衡，这就致使传感器在铁芯处于中间位置时，输出电压不为零。图 5-12 中的虚线表示输出电压与衔铁位移之间的理想特性曲线，实线为实际特性曲线。当衔铁处于中间位置时($x=0$)，输出电压 $U_。$ 并不为零，而有零点残余电压 $E_。$ 存在，此时尽管被测位移为零，而表头的指示并不为零。如果零点残余电压的数值过大，则将使非线性误差增大。不同挡位的放大倍数有显著差别，甚至造成放大器末级趋于饱和，使仪器不能正常工作，甚至不再反映被测量的变化。在仪器的放大倍数较大时，尤应注意这点。

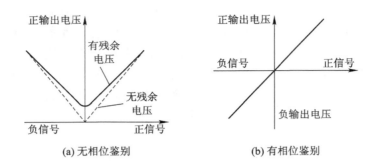

(a) 无相位鉴别　　　　　　　　　　　(b) 有相位鉴别

图 5-12　整流器输出特性

因此,零点残余电压的大小是判别传感器质量的重要标志之一。在制作传感器时,要规定其零点残余电压不得超过某一定值。例如,某自感测位移的传感器,其输出信号经 200 倍放大后,在放大器末级测量,零点残余电压不得超过 80 mV。仪器在使用过程中,若有迹象表明传感器的零点残余电压过大,就要进行调整。

1. 产生零点残余电压的原因

(1) 由于两个电感线圈的等效参数不对称,其输出的基波感应电动势的幅值和相位不同,调整磁芯位置时,也不能达到幅值和相位同时相同。

(2) 由于传感器磁芯的磁化曲线是非线性的,所以在传感器线圈中产生高次谐波。而两个线圈的非线性不一致,使高次谐波不能互相抵消。

2. 减小电感传感器零点残余电压的措施

(1) 在设计和工艺上,要求做到磁路对称、线圈对称。铁芯材料要均匀,特性要一致。两线圈绕制要均匀,松紧一致。

(2) 选用合适的测量线路。采用相敏检波电路不仅可鉴别衔铁移动的方向,而且可消除衔铁在中间位置时因高次谐波引起的零点残余电压。

(3) 在电路上进行补偿。补偿方法主要有加串联电阻、加串联电容、加反馈电阻或反馈电容等。图 5-13 是几种补偿电路的例子。

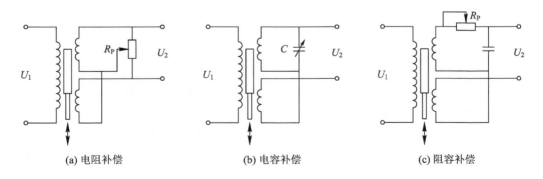

(a) 电阻补偿　　　　　　　　(b) 电容补偿　　　　　　　　(c) 阻容补偿

图 5-13　补偿电路

当使用时,在没有输入信号(铁芯在中间)情况下,调整电位器 R_P 或电容 C,使二次绕组输出为零。

5.1.4　自感式传感器的设计原则

　　自感式传感器设计时应考虑给定的技术指标，如量程、准确度、灵敏度和使用环境等。传感器的灵敏度实际上常用单位位移所引起的输出电压变化来衡量，因此这是传感器和测量电路的综合灵敏度，这样在确定设计方案时必须综合考虑传感器和测量电路。

　　传感器的量程是指其输出信号与位移量之间呈线性关系（允许有一定误差）的位移范围。它是确定传感器结构形式的重要依据。如前所述，单线圈螺管式用于特大量程，一般常用差动螺管式。具体尺寸的确定，需配以必要的实验。传感器线圈的长度是根据量程来选择的，如 DWZ 系列电感式位移传感器在非线性误差不超过 $\pm 0.5\%$ 的范围内，位移范围有 ± 5 mm、± 10 mm、± 50 mm 几种规格。图 5 - 14 所示为差动螺管式电感传感器结构图，l_c 为铁芯长，l 为线圈总长。对 DWZ - 05 型传感器：$l_c = 54$ mm，$l = 72$ mm，量程为 ± 5 mm；对 DWZ - 10 型传感器：$l_c = 160$ mm，$l = 294$ mm，量程为 ± 10 mm。

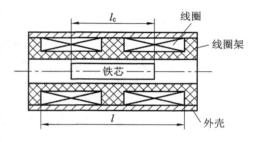

图 5 - 14　差动螺管式电感传感器结构简图

　　为了满足铁芯移动时线圈内部磁通变化的均匀性，保持输出电压与铁芯位移量之间的线性关系，传感器必须满足三个要求，即铁芯的加工精度、线圈架的加工精度、线圈绕制的均匀性。

　　对一个尺寸已经确定的传感器，如果在其余参数不变的情况下，仅仅改变铁芯的长度或线圈匝数，也可以改变它的线性范围。

　　改变铁芯长度的传感器的输出特性如图 5 - 15 所示。从图 5 - 15 中可以看出，当铁芯长度 l_c 增大时，输出灵敏度减小。考虑线性关系，铁芯长度有一个最佳值，此值一般用实验方法求得。

　　改变线圈匝数的传感器的输出特性如图 5 - 16 所示。从图 5 - 16 中可以看出，线圈匝数 W 增加时，输出灵敏度相应增加，考虑线性关系以及线圈散热和磁路饱和条件的限制对线圈匝数 W 的要求，线圈匝数也有一个最佳值，此值也可以用实验方法求得。

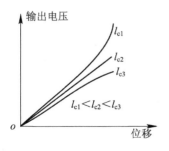

图 5 - 15　改变铁芯长度时传感器的输出特性

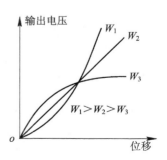

图 5 - 16　改变线圈匝数时传感器的输出特性

因此，在设计传感器时，首先估算一下线圈的长度 l，定下传感器的大概尺寸，铁芯的长度选择在 $l_c \geqslant l - 2x$（x 为铁芯的位移量），线圈的匝数选择在 $W \geqslant 3000$ 匝；然后做传感器的输出特性试验，逐步地缩短铁芯长度和降低线圈匝数（两者可以交替进行），使传感器的线性关系达到最佳值；最后定下铁芯长度和线圈匝数。如果设计出的传感器线性范围不够大，则需要把传感器的尺寸适当放大。

线圈的电感量取决于线圈的匝数和磁路的磁导率大小。电感量大，输出灵敏度也高。用增加线圈匝数来增大电感量不是一个好办法，因为随着匝数的增加，线圈电阻就增大，线圈电阻受温度影响也较大，使传感器的温度特性变差。因此，为了增大电感量，应尽量考虑增大磁路的导磁率。实际选用磁路材料（铁芯和衔铁）时要求磁导率高，损耗要低，磁化曲线的饱和磁感应强度要大，剩磁和矫顽力要小。此外，还要求导磁体电阻率大、居里温度高、磁性能稳定、便于加工等。常用的磁路材料有硅钢片、纯铁、坡莫合金和铁淦氧等。为了增大电感量，还应使铁芯外径接近线圈架内径，导磁体外壳的内径小一些。

传感器测量电桥激励电源频率 f 增加可使输出电压增加，为了工作稳定，电源频率应远大于输入信号频率，且远离机械系统的自振频率。频率过高会使线圈损耗增加，铁芯涡流损耗也会增加。一般配合实验选择合适的电源频率，其频率范围通常在 400 Hz～10 kHz。特大位移电感传感器因线圈的电感 L 和 C 较大，电源频率取 1 kHz，差动式取 3～10 kHz。

5.2　差动变压器

差动变压器是电感式传感器的一种，其本身是一个变压器，它把被测位移量转换为传感器的互感的变化，使次级线圈感应电压也产生相应的变化。由于传感器常常做成差动的形式，所以称为差动变压器。

5.2.1　差动变压器的工作原理

差动变压器的结构形式主要有变气隙式和螺管式，目前采用较多的是螺管式，下面就以螺管式差动变压器为例展开讨论。如图 5-17 所示，差动变压器的基本元件有衔铁、一个初级线圈、两个次级线圈和线圈框架等。初级线圈作为差动变压器的原边，而变压器的副边由两个结构尺寸和参数相同的次级线圈反相串联而成，在理想情况下其等效电路如图 5-18 所示。

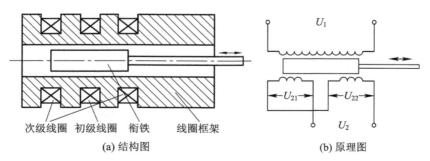

(a) 结构图　　　　　　　(b) 原理图

图 5-17　差动变压器

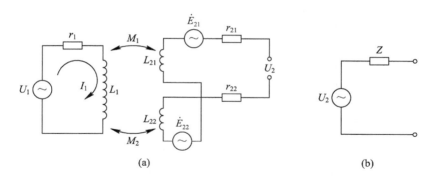

图 5 - 18　差动变压器的等效电路

图 5 - 18 中：U_1、L_1、r_1 分别表示初级线圈的激励电压、电感和电阻，L_{21}、L_{22} 为两个次级线圈的电感，r_{21}、r_{22} 为两个次级线圈的电阻，M_1、M_2 分别为初级线圈与次级线圈 1、2 间的互感。根据变压器原理，初级线圈中通以电流为 I_1 时，在两个次级线圈中所产生的感应电势分别为

$$\begin{cases} \dot{E}_{21} = -j\omega M_1 \dot{I}_1 \\ \dot{E}_{22} = -j\omega M_2 \dot{I}_2 \end{cases}$$

两次级线圈反相串联后输出的电势为

$$\dot{E}_2 = \dot{E}_{21} - \dot{E}_{22} = -j\omega(M_1 - M_2)\dot{I}_1 \tag{5-19}$$

当衔铁处于中间位置时，若两个次级线圈参数及磁路尺寸相等，则 $M_1 = M_2 = M$，故

$$\dot{E}_2 = 0$$

当衔铁偏离中间位置时，使得互感系数 $M_1 \neq M_2$，由于以差动方式工作，故 $M_1 = M + \Delta M_1$，$M_2 = M - \Delta M_2$，在一定范围内 $\Delta M_1 = \Delta M_2 = \Delta M$，差值($M_1 - M_2$)与衔铁位移成正比，在负载开路的情况下，传感器的输出电压为

$$\dot{U}_2 = \dot{E}_2 = -j\omega(M_1 - M_2)\dot{I}_1 = -j \cdot 2\omega \frac{\dot{U}_1}{r_1 + j\omega L_1}\Delta M \tag{5-20}$$

其有效值为

$$U_2 = \frac{2\omega \Delta M U_1}{\sqrt{r_1^2 + (\omega L_1)^2}}$$

输出阻抗为

$$Z = r_{21} + r_{22} + j\omega L_{21} + j\omega L_{22}$$

或写成

$$Z = \sqrt{(r_{21} + r_{22})^2 + (\omega L_{21} + \omega L_{22})^2} \tag{5-21}$$

这种差动变压器又可等效为电压为 U_2，输出阻抗为 Z 的电动势源，如图 5 - 18(b)所示。差动变压器输出电压 U_2 与衔铁位移 x 之间的关系如图 5 - 19 所示。图中 U_{21}、U_{22} 分别为两个次级线圈的输出电势，而 U_2 为差动输出电压。

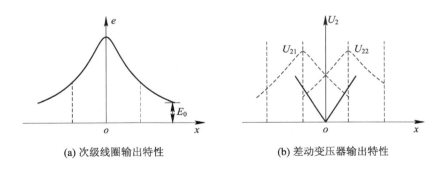

(a) 次级线圈输出特性　　　　　　　(b) 差动变压器输出特性

图 5-19　差动变压器特性

5.2.2　差动变压器的转换电路

差动变压器的输出是交流电压信号，其常用的测量电路是既能反映衔铁位移方向又能补偿零点残余电压的差动直流输出电路。差动直流输出电路形式有两种：一种是差动相敏检波电路；另一种是差动整流电路。

相敏整流的原理已在前面详细讨论过，此处不再赘述。对于差动变压器最常用的测量电路是差动整流电路，如图 5-20 所示，把两个次级线圈的输出电压分别整流后，以它们的差为输出。这种电路比较简单，不需要考虑相位调整和零点残余电压的影响，而且经分别整流后的直流信号可以远距离输送，可不必考虑感应和分布电容的影响，因此得到了广泛应用。图 5-20(a) 和 (b) 用在联结低阻抗负载的场合，是电流输出型，与负载大小无关。图 5-20(c) 和 (d) 用在联结高阻抗负载的场合，是电压输出型。

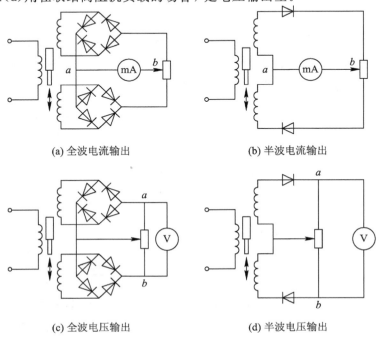

(a) 全波电流输出　　　　　　　　　(b) 半波电流输出

(c) 全波电压输出　　　　　　　　　(d) 半波电压输出

图 5-20　差动整流电路

5.3　电涡流式传感器

成块的金属置于变化的磁场中时，或者在固定磁场中运动时，金属体内就会产生感应电流，这种电流的流线在金属体内是闭合的，所以叫作涡流。

涡流的大小与金属体的电阻率 ρ、导磁率 μ、厚度 t、线圈与金属的距离 x，以及线圈的激磁电流角频率 ω 等参数有关，固定其中的若干参数，就能按涡流的大小测量出另外某一参数。

电涡流式传感器的最大特点是可以对一些参数进行非接触的连续测量。其主要应用如表 5 - 1 所示。

表 5 - 1　电涡流式传感器在工业测量中的应用

被测参数	变换量	特征
位移		
厚度	x	(1) 非接触，连续测量； (2) 受剩磁的影响
振动		
表面温度		
电解质浓度	ρ	(1) 非接触，连续测量； (2) 对温度变化进行补偿
材料判别		
速度（温度）		
应力	μ	(1) 非接触，连续测量； (2) 受剩磁和材料影响
硬度		
探伤	x, ρ, μ	可以定量测定

电涡流式传感器在金属体内的涡流由于存在趋肤效应，因此涡流渗透的深度与传感器线圈激磁电流的频率有关。电涡流式传感器主要可分为高频反射式涡流传感器和低频透射式涡流传感器两类。高频反射式涡流传感器的应用较为广泛。

5.3.1　高频反射式涡流传感器

1. 基本原理

如图 5 - 21 所示，高频信号 i_s 施加于邻近金属一侧的电感线圈 L 上，L 产生的高频电磁场作用于金属板的表面，由于趋肤效应，高频电磁场不能透过具有一定厚度的金属板，而仅作用于表面的薄层以内，而金属板表面感应的涡流产生的电磁场又反作用于线圈 L 上，改变了电感的大小，其变化程度取决于线圈 L 的外形尺寸、线圈 L 至金属板之间的距离、金属板材料的电阻率 ρ 和磁导率 μ（ρ 及 μ 均与材料及温度有关）以及 i_s 的频率等。对非导磁金属（$\mu \approx 1$）而言，若 i_s 及 L 等参数

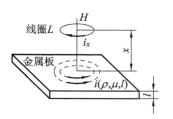

图 5 - 21　涡流的发生

已定，金属板的厚度远大于涡流渗透深度时，则表面感应的涡流 i 几乎取决于线圈 L 至金属板的距离，而与板厚及电阻率变化无关。

下面用等效电路说明上述结论的实质。

邻近高频电感线圈 L 一侧的金属板表面感应的涡流对 L 的反射作用，可以用图 5-22 所示的等效电路来说明。电感 L_E 与电阻 R_E 分别表示金属板对涡流呈现的电感效应和在金属板上的涡流损耗，用互感系数 M 表示 L_E 与原线圈 L 之间的相互作用，R 为原线圈 L 的损耗电阻，C 为线圈与装置的分布电容。

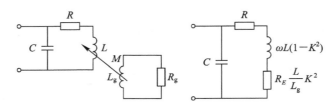

图 5-22 邻近金属板高频电感线圈的等效电路

考虑涡流的反射作用，L 两端的阻抗 Z_L 可用下式表示：

$$Z_L = R + j\omega L + \frac{\omega^2 M^2}{R_E + j\omega L_E} = R + j\omega L(1 + K^2)\frac{1}{\dfrac{1}{j\omega LK^2} + \dfrac{L_E}{R_E L K^2}} \qquad (5-22)$$

式中，ω 为信号源的角频率；K 为耦合系数，$K^2 = M^2/(LL_E)$。

在高频的情况下，可以认为 $R_E \ll \omega L_E$。这可以说明如下：计算邻近高频线圈的金属板呈现的电感效应与涡流损耗之间的数量关系，如用理论推导方法是比较困难的，但可以进行估计。

假设一个线径为 1 mm 的一匝圆形线圈（直径为 10 mm）的电感量 L_E 是 1.6×10^{-6} H。当施于不同频率的高频信号时，其感抗分量 ωL_E 与电阻分量 R_E 大小如表 5-2 所示，从表中可以看出，对铜或铝能够满足 $R_E \ll \omega L_E$ 的条件（$\rho_{铜} = 1.7\ \mu\Omega \cdot$ cm，$\rho_{铝} = 2.9\ \mu\Omega \cdot$ cm）。金属板对涡流呈现的电感效应可以用许多大小不同的电感线圈按一定方式结合起来的总效应来等效，而这一系列电感线圈的感抗与电阻的大小又各自满足表中所示的数量关系。再者，考虑这一系列线圈彼此之间还存在着互感效应，这就进一步提高了感抗分量的比例。

表 5-2 不同频率时的感抗分量与电阻分量

频率/MHz	感抗 $\omega L_E/\Omega$	电阻 R_g/Ω	
		$\rho = 1\ \mu\Omega \cdot$ cm	$\rho = 100\ \mu\Omega \cdot$ cm
1	0.1	0.002	0.02
10	1.0	0.0063	0.063
100	10.0	0.02	0.2

由于 $R_E \ll \omega L_E$，因此式（5-22）可以简化为

$$Z_L = R + R_E \frac{L}{L_E}K^2 + j\omega L(1 - K^2) \qquad (5-23)$$

由式(5-23)可知，Z_L 的虚部 $j\omega L(1-K^2)$ 与金属板的电阻率无关，而仅与耦合系数 K 有关，即仅与线圈至金属板之间的距离有关。也就是说，电阻率的变化不会带来原线圈两端感抗分量的变化。但由于在实际条件下，线圈 L 与金属板之间的耦合程度很弱，即 $K<1$，并有 $R_E \ll \omega L_E$，因而可以认为式(5-23)在特定条件下(测量信号频率 f 较高，金属板电阻率较小且变化范围不大)存在着以下关系：

$$R_E \frac{L}{L_E} K^2 \ll \omega L(1-K^2)$$

即与电阻率有关的这一项分量，在 Z_L 中占的比例很小，而式中的 R 是与金属板电阻率无关的一项，因而金属板电阻率的变化对 Z_L 的影响可以忽略，即不会给测量带来误差。

2. 测量电路

高频反射式涡流传感器的测量电路基本上可以分为定频测距电路和调频测距电路两类。

图 5-23 为定频测距的原理线路。图中电感线圈 L、电容 C 是构成传感器的基本电路元件。稳频稳幅正弦波振荡器的输出信号经由电阻 R 加到传感器上。电感线圈 L 的高频电磁场作用于金属板表面，由于表面的涡流反射作用，L 的电感量降低，回路失谐，从而改变了检波电压 U 的大小。L 的数值随距离 x 的增加(或减小)而增加(或减小)。这样，按照图示的原理线路，我们将 $L-x$ 的关系转换成 $U-x$ 的关系。通过检波电压 U 的测量，就可以确定距离 x 的大小。这里 $U-x$ 曲线与金属板电阻率的变化无关。

若去掉金属板，则 $L=L_\infty$(即 x 趋于 ∞ 时的 L 值)。如果在保持幅值不变的情况下改变正弦振荡器的频率，则可以得到 $U-f$ 曲线，即传感器回路的并联谐振曲线，如图 5-24 所示。谐振频率为

$$f_0 = \frac{1}{2\pi\sqrt{L_\infty C_{并}}} \tag{5-24}$$

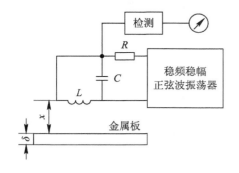

图 5-23　定频测距原理线路

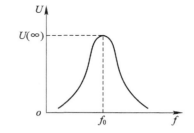

图 5-24　传感器回路的并联谐振曲线

有金属板时，设振荡器的频率为 f_0。若改变金属板至传感器之间的距离 x，则 $U-x$ 曲线如图 5-25 所示。当 x 足够大时(此时 $L=L_\infty$，$U=U_\infty$)，回路处于并联谐振状态。

图 5-26 是调频测距原理线路。距离 x 的变化引起传感器中感抗分量 $j\omega L(1-K^2)$ 的变化，使传感器回路谐振频率 f 与距离 x 之间形成一个函数关系 $f=\phi(x)$。因此调频测距方案对金属电阻率变化的影响不敏感。

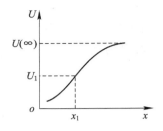

图 5-25 传感器输出特性曲线

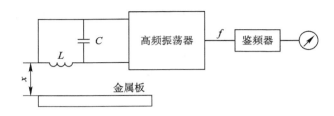

图 5-26 调频测距原理线路

5.3.2 低频透射式涡流传感器

图 5-27 所示为低频透射式涡流传感器原理图。发射线圈 L_1 和接收线圈 L_2 分别位于被测材料 M 的上、下方。由振荡器产生的音频电压 U 加到 L_1 的两端后，线圈中即流过一个同频率的交流电流，并在其周围产生一交变磁场。如果两线圈间不存在被测材料 M，L_1 的磁场就能直接贯穿 L_2，于是 L_2 的两端会感生出一交变电势 E。

在 L_1 与 L_2 之间放置一金属板 M 后，L_1 产生的磁力线必然切割 M(M 可以看作一匝短路线圈)，并在其中产生涡流 i。这个涡流损耗了部分磁场能量，使到达 L_2 的磁力线减少，从而引起 E 的下降。M 的厚度 t 越大，涡流损耗也越大，E 就越小。由此可知，E 的大小间接反映了 M 的厚度 t，这就是测厚的依据。

M 中的涡流 i 的大小不仅取决于 t，而且与 M 的电阻率 ρ 有关，而 ρ 又与金属材料的化学成分和物理状态特别是温度有关，于是引起相应的测试误差，这限制了这种传感器的应用范围。补救的办法是对不同化学成分的材料分别进行校正，并要求被测材料温度恒定。

进一步的理论分析和实验结果证明，E 与 $e^{-t/Q}$ 成正比，其中 t 为被测材料的厚度，Q 为涡流渗透深度。而 Q 又与 $\sqrt{\rho/f}$ 成正比，其中 ρ 为被测材料的电阻率，f 为交变电磁场的频率，所以接收线圈的电势 E 随被测材料厚度 t 的增大而按负指数幂的规律减少，如图 5-28 所示。

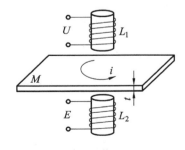

图 5-27 低频透射式涡流传感器原理图

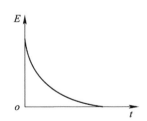

图 5-28 线圈感应电势与厚度的关系曲线

对于确定的被测材料，其电阻率为定值，但当选用不同的测试频率 f 时，渗透深度 Q 的值是不同的，从而使 E-t 曲线的形状发生变化。

从图 5-29 中可以看到，在 t 较小的情况下，$Q_{小}$ 曲线的斜率大于 $Q_{大}$ 曲线的斜率；在 t

较大的情况下，$Q_大$ 曲线的斜率大于 $Q_小$ 曲线的斜率。所以测量薄板时应选较高的频率，而测量厚材料时，应选较低的频率。

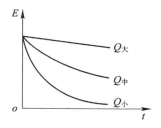

图 5 - 29　渗透深度对 $E = f(t)$ 曲线的影响

对于一定的测试频率 f，当被测材料的电阻率 ρ 不同时，渗透深度 Q 的值也不相同，于是又引起 $E = f(t)$ 曲线形状的变化。为使测量不同 ρ 的材料时所得的曲线形状相近，就需在 ρ 变动时保持 Q 不变，这时应该相应地改变 f，即测 ρ 较小的材料（如紫铜）时，选用较低的 $f(500\ \mathrm{Hz})$，而测 ρ 较大的材料（如黄铜、铝）时，则选用较高的频率 $f(2\ \mathrm{kHz})$，从而保证传感器在测量不同材料时的线性度和灵敏度。

5.4　电感式传感器的应用

电感式传感器一般用于接触测量，可用于静态和动态测量，具体来说可以用于位移、振动、压力、荷重、流量、液位等参数测量。

5.4.1　力和压力测量

图 5 - 30 所示为一种气体压力传感器的结构原理图。线圈分别装在两个铁芯上，其初始位置可用螺钉来调节，也就是调整传感器的机械零点。传感器的整个机芯装在一个圆形的金属盒内，用接头螺纹与被测对象连接。

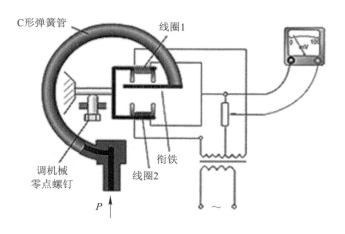

图 5 - 30　气体压力传感器的结构原理图

被测压力 P 变化时，被测压力进入 C 形弹簧管，C 形弹簧管产生变形，其自由端发生位移，带动与自由端连接成一体的衔铁运动，使线圈 1 和线圈 2 中的电感发生大小相等、符号相反的变化，即一个电感量增大，另一个电感量减小。电感的这种变化通过电桥电路转换成电压输出。由于输出电压与被测压力之间呈比例关系，所以只要用检测仪表测量出输出电压，即可得知被测压力的大小。

差动变压器和弹性敏感元件组合，可以组成开环压力传感器。由于差动变压器输出是标准信号，常称为变送器。图 5-31 是微压力变送器结构示意图及测量电路框图。

这种微压力变送器，经分挡可测 $(-4 \sim 6) \times 10^4 \text{ N/m}^2$ 的压力，输出信号电压为 $0 \sim 50 \text{ mV}$，精度为 1.0 级、1.5 级。

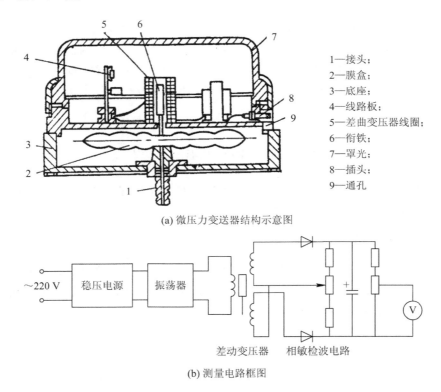

1—接头；
2—膜盒；
3—底座；
4—线路板；
5—差曲变压器线圈；
6—衔铁；
7—罩光；
8—插头；
9—通孔

(a) 微压力变送器结构示意图

差动变压器　　相敏检波电路

(b) 测量电路框图

图 5-31　微压力变送器结构示意图及测量电路框图

5.4.2　位移测量

差动变压器测量的基本量仍然是位移。它可以作为精密测量仪的主要部件，对零件进行多种精密测量工作，如内径、外径、不平行度、粗糙度、不垂直度、振摆、偏心和椭圆度等；作为轴承滚动自动分选机的主要测量部件，可以分选大钢球、小钢球、圆柱、圆锥等；用于测量各种零件膨胀、伸长、应变等。

图 5-32 为测量液位的原理图。当某一设定液位使铁芯处于中心位置时，差动变压器输出信号 $U_o = 0$；当液位上升或下降时，$U_o \neq 0$。通过相应的测量电路便能确定液位的高低。

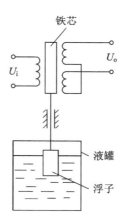

图 5-32　液位测量原理图

　　图 5-33 为电感测微仪典型框图，除电感式传感器外，还包括交流电桥、交流放大器、相敏检波器、振荡器、稳压电源及显示器等，主要用于精密微小位移测量。

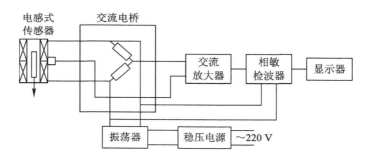

图 5-33　电感测微仪典型框图

图 5-34 为变气隙差动式电感压力传感器结构图。

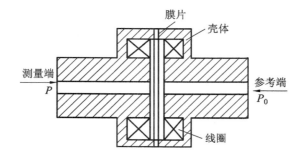

图 5-34　变气隙差动式电感压力传感器结构图

5.4.3　振动和加速度测量

　　利用差动变压器加上悬臂梁弹性支承可构成加速度计。为了满足测量精度，加速度计的固有频率 $\omega_n = \sqrt{k/m}$ 应比被测频率上限大 3～5 倍。由于运动系统质量 m 不可能太小，而增加弹性片刚度 k 又使加速度计灵敏度受到影响，因此系统固有频率不可能很高。所以，

能测量的振动频率上限就受到限制，一般在 150 Hz 以下。图 5 - 35 就是这种形式的加速度
计的结构和测量电路框图。高频时加速度测量用压电式传感器。

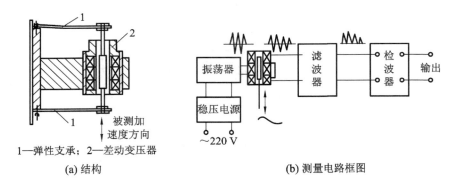

1—弹性支承；2—差动变压器

(a) 结构　　　　　　　　　　　　　(b) 测量电路框图

图 5 - 35　差动变压器加速度计结构及其测量电路框图

第 6 章　热电式传感器

　　热电式传感器是在各类工业检测控制和日常生活中应用最为广泛的一类传感器。它是利用某种材料或元件与温度有关的物理特性，将温度的变化转换成电量的变化的装置或器件，常见的热电式传感器有热电阻温度传感器、热敏电阻传感器及热电偶温度传感器。随着半导体技术的快速发展，利用 PN 结温度特性的集成数字温度传感器的使用也越来越多。热电式传感器还可用于测量与温度相关的其他物理量，如流速、金属材质、气体成分。

　　根据热电式传感器的工作方式不同，可将其分为接触式和非接触式。

　　接触式测温是传感器与被测物接触，一般在低温和常温测量时采用，其特点是测量比较直观、可靠，测温准确度较高，但它直接影响被测物体温度场的分布。另外，测量时需要使测温元件与被测物体达到热平衡，会产生较大的时间滞后，并由此带来测量误差。接触式测温范围一般在 1600 ℃以下。非接触式温度传感器有光电式、热噪声式及热辐射光纤式等，其特点是测温传感器不与被测物体接触，也不改变被测物体的温度分布，热惯性小，动态测量反应快，适于测量高温；但是受环境条件影响较大，测量精度较低，从理论上讲，其测温上限是无限的，但目前一般只用到 3000 ℃。在进行热容量小的物体的温度分布测量、运动物理温度测量及高温测量时，一般采用非接触式温度传感器。

6.1　热　电　阻

　　热电阻式传感器是一种将温度变化转换成电阻变化的传感器，可分为金属热电阻式温度传感器和半导体热电阻式温度传感器，前者简称热电阻或金属热电阻，后者简称热敏电阻或半导体热敏电阻。

6.1.1　金属热电阻

　　金属热电阻由电阻体、绝缘管和接线盒等主要部件组成，其中，电阻体是热电阻的最主要部分。金属热电阻作为反映电阻和温度关系的检测元件，要有尽可能大且稳定的电阻系数（最好为常数），稳定的化学和物理性能，以及大的电阻率。作为测温用的热电阻材料应满足下列条件：较大的温度系数和较高的电阻率，以减小体积和质量，减小热惯性，改善动态特性，提高灵敏度；在测量范围内，有良好的输出特性，即有线性的或近似线性的输出；在测量范围内，热电阻材料的化学、物理性质稳定，以保证测量的正确性；良好的工艺性，复现性好，易于批量生产。

　　满足上述要求的金属材料有铂、铜、铁、镍。目前常用的金属热电阻有铂热电阻和铜热电阻等。

1. 铂热电阻

铂热电阻的结构如图6-1所示。直径为0.05~0.07 mm的纯铂丝绕在云母制成的片型支架上，云母片的边缘有锯齿形的缺口。绕组的两面再用云母夹住绝缘。为了改善热传导，在云母片两侧用花瓣形铜制薄片与云母片和盖片铆在一起，并和保护管紧密接触。用银丝做成的引出线和铂丝绕组的出线端焊在一起，并用双眼瓷绝缘套管加以保护以与外面的保护管绝缘。根据铂热电阻的用途不同，保护管可选用黄铜、碳钢或不锈钢制成。

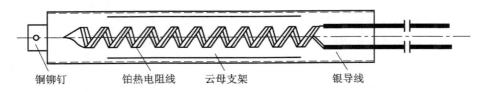

铜铆钉　　　　铂热电阻线　　　云母支架　　　　　　银导线

图6-1　铂热电阻的结构

铂热电阻的精度高、稳定性好、性能可靠。这是因为，铂在氧化性介质中，甚至在高温时物理、化学性质都稳定，并且在很宽的温度范围内都可以保持良好的特性。但是，在还原性介质中，特别是在高温下铂热电阻很容易被从氧化物中还原出来的蒸汽所沾污，容易使铂丝变脆，并改变它的电阻与温度间的关系。

在-200~0℃范围内，铂的电阻值与温度的关系可用下式表示：

$$R_t = R_0[1 + At + Bt^2 + C(t - 100)t^3] \qquad (6-1)$$

在0~850℃范围内，可用下式表示：

$$R_t = R_0(1 + At + Bt^2) \qquad (6-2)$$

式中，R_t为温度为t时的电阻值；R_0为温度为0℃时的电阻值；A、B、C为常数，对$W(100)=1.391$，有$A=3.96847×10^{-3}/℃$，$B=-5.847×10^{-7}/℃$，$C=-4.22×10^{-12}/℃$。

为了确保测量的准确、可靠，对铂的纯度有一定要求。通常以$W(100)=R_{100}/R_0$来表征铂的纯度，其中R_{100}和R_0分别为铂热电阻在100℃和0℃时的电阻值。根据国际温标规定，铂热电阻作为基准器使用时，$W(100)$应不小于1.3925。工业上常用的铂热电阻的$W(100)$在1.387~1.391之间。

2. 铜热电阻

铜热电阻的结构如图6-2所示。在尺寸大约为$\phi 8\ mm×40\ mm$的塑料架上分层绕有直径为0.1 mm的漆包绝缘铜丝。为防止铜丝被氧化以及提高其导热性，整个元件经过酚醛树脂浸渍处理。与铜热电阻线串联的有补偿线组，其材料及电阻值由铜电阻的特性来定，

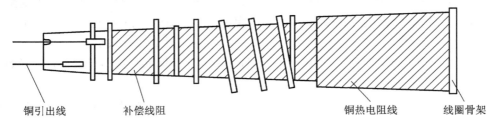

铜引出线　　　　　补偿线阻　　　　　　　　　　　铜热电阻线　　　　线圈骨架

图6-2　铜热电阻的结构

弱铜电阻的电阻温度系数大于理论值时，则需选用电阻温度系数很小的锰铜作为补偿线组；而当铜电阻的电阻温度系数小于理论值时，则要选用电阻温度系数大的镍丝，以起补偿作用。

铜热电阻出线端用直径为 1 mm 的铜线引到接丝盒外，用绝缘套管使铜导线与保护管绝缘。

铜的电阻温度系数大，其电阻值与温度呈线性关系，且容易加工和提纯，资源丰富、价格便宜。铜的主要缺点是当温度超过 100 ℃时容易被氧化；电阻率小，约为铂热电阻的 1/6，在制成一定的电阻值的热电阻时，便要求电阻丝细而长，导致热电阻的体积较大，难以测量小的被测对象的温度，同时热电阻的机械强度也低。

铜热电阻适用于在较低温度，一般在 −50～150 ℃之间，以及无水分和无腐蚀性条件下进行测量，其特点是测量精度高、稳定性好。

在 −50～150 ℃温度范围内，铜的电阻值与温度之间的关系为

$$R_t = R_0(1 + at) \tag{6-3}$$

式中，R_t 和 R_0 分别为铜热电阻在 t ℃和 0 ℃时的电阻值，α 为铜热电阻的电阻温度系数（$\alpha = 4.25～4.28×10^{-3}/℃$）。

3. 其他金属热电阻

（1）铟热电阻。铟热电阻可以用于 4.2 K 至室温范围内的测温，尤其适用于低温区域，在 1.5～4.2 K 范围内，其灵敏度要比铂热电阻高 10 倍。铟热电阻是用高纯度（99.999%）的铟丝绕制而成，但其材料质地太软，难以加工，且复制性差。

（2）镍热电阻。镍的电阻率及其温度系数比铂和铜大得多，故镍电阻的灵敏度较高，且可做得很小以便测量小尺寸对象的温度。镍在常温下的化学稳定性很高，一般用镍热电阻来测量 60～180 ℃的温度镍。镍的缺点是提纯较难且复现性较差，镍热电阻没有统一的分度表，只能个别标定。

4. 金属热电阻测量电路

热电阻进行温度测量时是安装在工业现场，而检测仪表是安装在控制室，热电阻和控制室之间需要引线相连。引线本身具有一定的阻值，并与热电阻相串联，且引线电阻阻值随环境温度而变，所以会造成测量误差，必须采取相应的测量线路来改善测量精度。

热电阻测量电路大多采用电桥电路，利用电桥的特性可以提高测量精度。常采用三线制和四线制连接法。

工业用热电阻一般采用三线制，热电阻的三线制连接法是热电阻的一端与一根引线相连，另一端同时连接两根引线。图 6-3 所示是三线制连接法的原理图。G 为检流计，R_1、R_2、R_3 为固定电阻，R_a 为零位调节电阻。热电阻 R_t 通过电阻为 r_1、r_2、r_3 的 3 根导线与电桥连接，r_1 和 r_2 分别接在相邻的两桥臂内，当温度变化时，只要长度和电阻温度系数相等，它们的电阻变化就不会影响电桥的状态。电桥在零位调整时，使用 $R_3 = R_a + R_{t0}$。R_{t0} 为热电阻在参考温度（如 0 ℃）时的电阻值。三线制连接法中，可调电阻 R_a 的触点，接触电阻和电桥臂的电阻相连，可能导致电桥的零点不稳。

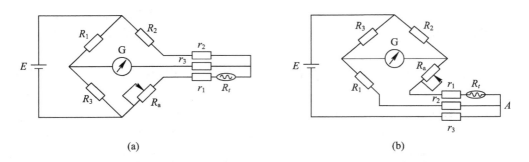

(a)   (b)

图 6-3　三线制连接法原理图

　　一般的工业测量采用三线制就可以满足要求，但精密测量时应采用四线制。四线制是热电阻的两端各用两根引线连接到测量仪表上，测量时的接线如图 6-4 所示。工作原理是在热电阻中通入恒定电流，用输入阻抗大的电压表测量热电阻两端的电压，由此计算出的电阻值将不包括引线电阻，只有热电阻阻值的变化被测量出来。

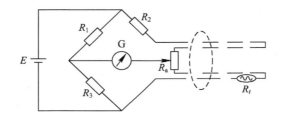

图 6-4　四线制连接法

　　四线制接法不仅可以消除热电阻与测量仪器之间连接导线电阻的影响，而且可以消除测量线路中寄生电势引起的测量误差，多用于标准计量或实验室中。图 6-4 中，调零的 R_a 电位器的接触电阻和检流计串联，这样，接触电阻的不稳定不会破坏电桥的平衡和正常工作状态。

　　为避免热电阻中流过电流的加热效应，在设计电桥时，要使流过热电阻的电流尽量小，一般小于 10 mA，小负荷工作状态一般为 4~5 mA。

　　近年来，温度检测和控制有向高精度、高可靠性发展的倾向，特别是各种工艺的信息化及运行效率的提高，对温度的检测提出了更高的要求。以往铂测温电阻具有响应速度慢、容易破损、难以测定狭窄位置的温度等缺点，现在逐渐使用能克服上述缺点的极细型铠装铂测温电阻，因而将使应用领域进一步扩大。

　　铂测温电阻传感器主要应用于钢铁、石油化工的各种工艺过程，纤维等工业的热处理工艺，食品工业的各种自动装置，空调、冷冻冷藏工业、宇航和航空、物化设备及恒温槽等。

6.1.2　热敏电阻

　　热敏电阻的基础是半导体电阻对温度的依赖性。这种温度依赖性的机理是半导体的载流子及迁移率随温度的变化而变化，当温度升高时，载流子数增加，电阻下降，所以呈现负温度系数。同时，这种依赖性和半导体中掺入的杂质成分和浓度有关，在重掺杂时，半导体呈金属的特性，即在一定温度范围内呈正温度系数。

半导体热敏电阻的主要特点：灵敏度较高，其电阻温度系数要比金属大 10～100 倍以上，能检测出 10^{-6} ℃温度变化；结构简单，体积小，重量轻，响应速度快，元件尺寸可做到直径 0.2 mm，能够测量其他温度计无法测量的空隙、腔体、内孔及生物体内血管的温度；使用方便，电阻值可在 0.1～100 kΩ 之间任意选择；适合批量生产，价格便宜，机械性能好，使用寿命长。

热敏电阻的最大缺点是产品的一致性(互换性)较差，存在严重的非线性，所以热敏电阻用于精度要求较高的温度测量时必须先进行线性化。

1. 热敏电阻的分类

热敏电阻按温度变化的典型特性分为三类：负温度系数热敏电阻(NTC)、正温度系数热敏电阻(PTC)和在某一特性温度下电阻值发生突变的临界温度热敏电阻(CTR)。NTC、PTC 及 CTR 的电阻-温度特性曲线如图 6-5 所示。

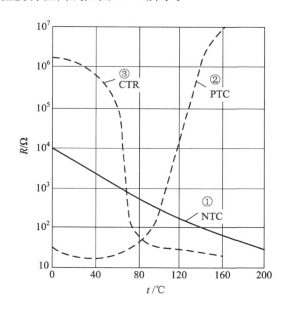

图 6-5　热敏电阻特性曲线

NTC 的主要材料有 Mn、Co、Cu 和 Fe 等金属的氧化物，它们均具有很高的负温度系数，广泛用于点温、温差、表面温度、温场的—100～300 ℃的温度测量，在自动控制、电子线路补偿等领域也得到了大量的使用。

PTC 材料主要采用 $BATO_3$ 系列材料，通过改变掺入的 Pb、Ca、La、Sr 等杂质来调整材料的居里点，从而调整了材料的温度特性。当温度超过某一数值时，其电阻值沿正方向快速变化。PTC 主要用于电气设备的过热保护、热源的温度控制及限流元件。

2. 热敏电阻的结构

热敏电阻分为直热式和旁热式两种。直热式热敏电阻多由金属氧化物(如锰、镍、铜和铁的氧化物等)粉料按一定比例挤压成型，也有用小珠成型工艺、印刷工艺等制成的球状、薄膜、厚膜、线状、塑料薄膜，经过 1273～1773K 高温烧结而成，其引出极一般为银电极。旁热式热敏电阻除半导体外还有金属丝绕制的加热器，两者紧紧耦合在一起，互相绝缘，密封于高真空的玻璃壳内。常用的热敏电阻外形及符号示于图 6-6 中。

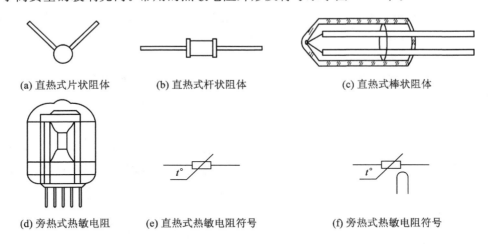

(a) 直热式片状阻体　　　　(b) 直热式杆状阻体　　　　　(c) 直热式棒状阻体

(d) 旁热式热敏电阻　　(e) 直热式热敏电阻符号　　　　(f) 旁热式热敏电阻符号

图 6-6　热敏电阻外形图及其符号

3. 常用热敏电阻的特性

热敏电阻是非线性电阻，它的非线性特性表现在其电阻值与温度呈指数关系和电流随电压的变化不服从欧姆定律。

图 6-7(a)给出了国产的 RRC4 型热敏电阻的温度特性曲线；图 6-7(b)是热敏电阻的温度特性曲线，该特性曲线具有较大的正温度系数。

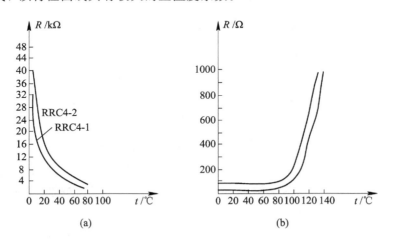

(a)　　　　　　　　　　　　　　　(b)

图 6-7　热敏电阻的温度特性曲线图

图 6-8 给出了热敏电阻的 $U-I$ 特性曲线，伏安特性表征静态时电流与热敏电阻电压之间的关系。这个关系由热敏电阻的结构尺寸、电阻值、电阻温度系数值、周围介质及热敏电阻与该介质间热量交换的程度而定。但一般来说，对于同一种热敏电阻，其伏安特性的形状大致相似。刚开始 oa 段近似于线性上升，这是因电压低时电流亦小，温度没有显著升

高，其电压和电流的关系服从欧姆定律。a 点以后，电流增大，热敏电阻本身温度稍有升高，电阻下降。因此在 ab 段内，随着电流增加，压降的增加越来越小。b 点以后，电阻的减少速度高于电流的增加速度，因此压降反而下降。图 6-8 上的数字代表该点温度(℃)。

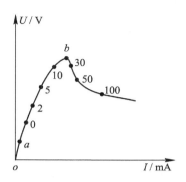

图 6-8　热敏电阻的伏安特性

4．热敏电阻的应用

热敏电阻的应用十分广泛：

（1）可以测量变化范围不大的温度，如海水温度、人体温度等。此外，用热敏电阻还能控制温度，特别是 PTC 和 CTR 型热敏电阻，当其工作在居里点附近时，可以直接测温、控温，如火灾报警、过热保护等。

（2）用 NTC 型热敏电阻测量流体流速和流量。主要利用温度检测法和耗散因数测定法，而后一种方法工作点应在 U-I 特性曲线的负阻区。

（3）用 NTC 和 PTC 型热敏电阻测量液位。它们是利用元件在空气中和液体中的耗散系数(冷却度)不同的原理进行测量。

（4）用 PTC 型热敏电阻可控制家用电器温度。电流通过元件后引起元件温度升高，当超过居里点温度后，由 R-T 特性曲线可知，电阻增大，则电流下降，相应元件温度亦降低，从而电阻值减小。这又导致电流增加，元件温度升高，随即电阻增加，电流降低，如此重复，这样元件本身就起到了自动调节温度的作用。

（5）利用 PTC 热敏电阻可做成恒流电路、恒压电路，通常电阻两端电压增加其电流亦同时增加，而 PTC 型热敏电阻具有负阻特性，因此将一般电阻与 PTC 电阻并联，可在某一电压范围内使电流不随电压变化而构成恒流电路，若 PTC 电阻与一般电阻串联，则可构成恒压电路。

图 6-9 介绍了一种用热敏电阻传感器组成的热敏继电器作为电动机过热保护的例子。把三只特性相同的 RRC$_b$ 型热敏电阻(经测试，阻值在 20 ℃时为 10 kΩ，100 ℃时为 1 kΩ，110 ℃时为 0.6 kΩ)放在电动机绕组中，紧靠绕组，每相各放一只，滴上万能胶固定电动机，正常运转时，温度较低，继电器 K 不动作，当电动机过负荷或断相或一相通地时，电动机温度急剧升高，热敏电阻阻值急剧减小，小到一定值，三极管 VT 完全导通，继电器 K 吸合，起到保护作用。根据电动机各种绝缘等级的允许温升来调试偏流电阻 R_2 值。实践表明：这种继电器比熔丝及双金属热继电器效果好。

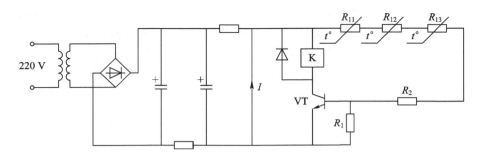

图 6 - 9　热继电器

图 6 - 10 给出了一种双桥温差测量电路。它是由 A 及 A' 两电桥共用一个指示仪表 P 组成的。两热敏电阻 R_t 及 R_t' 放在两不同测温点。则流经表 P 的两不平衡电流恰好方向相反，表 P 指出的电流值是两电流值的差。作温差测量时要选用特性相同的两热敏电阻，且阻值误差不应超过 $\pm 1\%$。

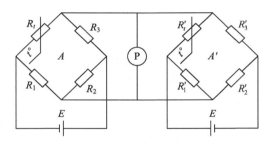

图 6 - 10　双桥温差测量电路

6.2　热　电　偶

热电偶是一种具有结构简单、性能稳定、准确度高、测温范围广等特点的热电式传感器。它广泛用于测量 $-200 \sim 1300 \ ℃$ 之间的温度，特殊情况下，可测至 $2800 \ ℃$ 的高温或 $-269 \ ℃$ 的低温。热电偶将温度转换为电动势进行检测，使温度的测量、控制及对温度信号的放大、变换都很方便，适用于远距离信号传送与集中监测及自动控制。在接触式测温法中，热电偶的应用最为普遍。

6.2.1　热电偶测温的基本原理

1. 热电效应

如图 6 - 11 所示，两种不同成分的导体(或半导体)A 和 B 的两端分别连接或焊接在一起构成一个闭合的回路，如果将它们的两个接点分别置于温度各为 T 及 T_0(假定 $T > T_0$)的热源中，则在该回路内就会产生热电动势，这种现象称作热电效应。该效应是 T. J. Seebeck 于 1821 年用铜和锑做实验时发现的，所以也称为赛贝克效应。

构成热电偶的两种导体（或半导体）A 或 B 称为热电极。两个连接点，一个称为工作端或热端（T），测量时置于被测温度场中；另一个称为参考端或冷端（T_0），测量时要求温度恒定。热电动势的大小与两种金属材料的性质及两个连接点的温度有关。

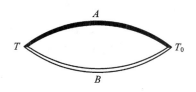

图 6-11　两种不同材料构成的热电偶

在图 6-11 所示的热电偶回路中，所产生的热电动势由两部分组成：接触电动势和温差电动势。

2. 接触电动势

热电极 A 和 B 接触在一起（图 6-12）时，由于电极材料的成分不同，其电子密度也不同，于是在接触面上产生自由电子的扩散现象。设电极 A 的自由电子密度大于电极 B，则自由电子由 A 向 B 扩散的多，从而使电极 A 因失电子而带正电荷，电极 B 因得到电子而带负电荷。于是在接触面处形成电场，此电场将阻止自由电子扩散的进一步发生，直到扩散作用与电场的阻止作用相等，此过程便处于动态平衡。这时，在 A、B 接触面形成一个稳定的电位差 $U_A - U_B$，即接触电动势。接触电动势写成 $E_{AB}(T)$，表示它的大小与两电极的材料有关，也与接触面处（接点）的温度有关。

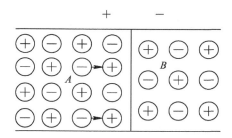

图 6-12　接触电动势原理

据珀尔帖效应，在接触面（接点）的温度为 T 和 T_0 时，其接触电动势的表达式为

$$E_{AB}(T) = \frac{kT}{e} \ln \frac{N_A}{N_B} \tag{6-4}$$

$$E_{AB}(T_0) = \frac{kT_0}{e} \ln \frac{N_A}{N_B} \tag{6-5}$$

式中，k 为玻尔兹曼常数（$k = 1.38 \times 10^{-23}$ J/K）；e 为单位电荷（$e = 1.602 \times 10^{-19}$ C）；N_A、N_B 为电极 A、B 的自由电子密度。

一般可以认为金属导体电极的自由电子密度与温度无关，但当电极为半导体材料时，电子密度还是温度的函数。

在热电偶回路中，总接触电动势为

$$E_{AB}(T) - E_{AB}(T_0) = \frac{K}{e}(T - T_0) \ln \frac{N_A}{N_B} \tag{6-6}$$

3. 温差电动势（汤姆孙效应）

温差电动势是在同一导体的两端因其温度不同而产生的一种热电动势。由于高温端跑到低温端的电子数比从低温端跑到高温端的电子数多，结果高温端失去电子而带正电荷，低温端因得到电子而带负电荷,从而形成一个静电场。此时,在导体的两端便产生了一个相应的电位差,当两端温差一定时,它的数值也一定,这就是温差电动势。

温差电动势由下式求得:

$$E_A(T, T_0) = \int_{T_0}^{T} \sigma_A \, \mathrm{d}t \qquad (6-7)$$

$$E_B(T, T_0) = \int_{T_0}^{T} \sigma_B \, \mathrm{d}t \qquad (6-8)$$

式中,T、T_0 为电极两端的热力学温度;σ_A、σ_B 为电极的汤姆孙系数。

在热电偶回路中,总的温差电动势为

$$E_A(T, T_0) - E_B(T, T_0) = \int_{T_0}^{T} (\sigma_A - \sigma_B) \mathrm{d}t \qquad (6-9)$$

4. 热电偶的总热电势

根据式(6-6)、式(6-9)可得热电偶回路的总的热电动势为

$$E_{AB}(T, T_0) = \frac{K}{e}(T - T_0)\ln\frac{N_A}{N_B} + \int_{T_0}^{T}(\sigma_A - \sigma_B)\mathrm{d}t \qquad (6-10)$$

若热电偶材料一定,则热电偶的热电动势 $E_{AB}(T, T_0)$ 成为温度 T 和 T_0 的函数差,即

$$E_{AB}(T, T_0) = f(T) - f(T_0) \qquad (6-11)$$

如果使冷端温度 T_0 固定,则对一定材料的热电偶,其总电动势就只与温度 T 成单值函数关系:

$$E_{AB}(T, T_0) = f(T) - C = \Psi(T) \qquad (6-12)$$

式中,C 为由固定温度 T_0 决定的常数。这一关系式可通过实验方法获得,它在实际测温中是很有用处的。

从热电偶的工作原理可知:

(1) 如果热电偶两电极的材料相同,即使两连接点的温度不同,也不能构成热电偶。因为材料成分相同时,$N_A = N_B$,则有 $\ln\frac{N_A}{N_B} = 0$,以及 $\sigma_A = \sigma_B$,回路中的总热电动势仍为零。

(2) 热电偶所产生的热电动势的大小,与热电极的长度和直径无关,只与热电极材料的成分(要求是均值的)和两端温度有关。

(3) 如热电偶两连接点温度相同,即 $T = T_0$,则尽管导体 A、B 的材料不同,热电偶回路内的总电动势亦为零,即

$$E_{AB}(T, T_0) = \frac{K}{e}(T - T_0)\ln\frac{N_A}{N_B} + \int_{T_0}^{T}(\sigma_A - \sigma_B)\mathrm{d}t = 0$$

(4) 热电偶的热电动势与 A、B 材料的中间温度无关,而只与接点温度有关。

6.2.2 热电偶的工作定律

1. 均质导体定律

由一种均质导体组成的闭合回路,不论导体的长度、横截面面积大小及温度分布如何,均不产生热电动势。两种均质导体构成的热电偶,回路的热电动势大小仅与两连接点的温

度和均质导体材料有关，与热电偶的电极直径、长度及温度分布无关；如果热电极为非均质电极，并处于具有温度梯度的温场，将产生附加电动势，产生无法估计的测量误差。

2. 中间导体定律

在热电偶 AB 的参考端接入第三根电极 C，只要接入导体的两端温度相等，均不影响原热电偶的热电动势的大小。在实际测温电路中，必须有连接导线和显示仪器，若把连接导线和显示仪器看成三种导体，只要连接点两端温度相同，则不影响热电偶的热电动势输出。这一性质称为中间导体定律。证明如下：

首先证明图 6-13(a)的情况，设 C 和 B 的两个接点的温度都是 T_1，则回路的热电动势（因温差电动势很小，主要是各接点的接触电动势决定的回路的总电动势）为

$$E_{ABC}(T, T_1, T_0) = E_{AB}(T) + E_{BC}(T_1) + E_{CB}(T_1) + E_{BA}(T_0)$$
$$= E_{AB}(T) + E_{BC}(T_1) - E_{BC}(T_1) + E_{BA}(T_0)$$
$$= E_{AB}(T) - E_{AB}(T_0)$$
$$= E_{AB}(T, T_0)$$

由此可知，按图 6-13(a)的方式接入第三种导体，只要接点处的温度都是 T_1，则对原热电偶回路的热电动势没有影响。

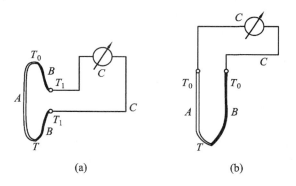

图 6-13　热电偶回路接入第三种导体

对于图 6-13(b)，设 A、B、C 的三个接点的温度都是 T_0，求得此时热电偶回路的热电动势：

$$E_{ABC}(T_0) = E_{AB}(T_0) + E_{BC}(T_0) + E_{CA}(T_0) \tag{6-13}$$

根据式(6-5)，可将式(6-13)写成

$$E_{ABC}(T_0) = \frac{kT_0}{e}\ln\frac{N_A}{N_B} + \frac{kT_0}{e}\ln\frac{N_B}{N_C} + \frac{kT_0}{e}\ln\frac{N_C}{N_A}$$
$$= \frac{kT_0}{e}\left(\ln\frac{N_A}{N_B} + \ln\frac{N_B}{N_C} + \ln\frac{N_C}{N_A}\right)$$
$$= \frac{kT_0}{e}\ln\left(\frac{N_A}{N_B}\frac{N_B}{N_C}\frac{N_C}{N_A}\right) = 0 \tag{6-14}$$

即

$$E_{AB}(T_0) + E_{BC}(T_0) + E_{CA}(T_0) = 0 \tag{6-15}$$

或

$$E_{BC}(T_0) + E_{CA}(T_0) = -E_{AB}(T_0) \qquad (6-16)$$

图 6-13(b)所示的回路总电势可写成

$$E_{ABC}(T, T_0) = E_{AB}(T) + E_{BC}(T_0) + E_{CA}(T_0) \qquad (6-17)$$

将式(6-16)代入式(6-17)可得

$$E_{ABC}(T, T_0) = E_{AB}(T) - E_{AB}(T_0) = E_{AB}(T, T_0)$$

由此证明，这一回路的电势不受导体 C 接入的影响。因此，若接入测量仪表时所用连接导线的两端温度相同，则不会影响原回路的电动势。

根据中间导体定律，还可以测量液态金属和固体金属表面的温度。

3. 中间温度法则

热电偶 AB 在接点温度为 T_1、T_3 时的热电动势，等于此热电偶在接点温度为 T_1、T_2 与 T_2、T_3 两个不同状态下的热电势之和，此法则的证明如下：

$$\begin{aligned}E_{AB}(T_1, T_3) &= E_{AB}(T_1) - E_{AB}(T_3)\\ &= E_{AB}(T_1) - E_{AB}(T_2) + E_{AB}(T_2) - E_{AB}(T_3)\\ &= E_{AB}(T_1, T_2) + E_{AB}(T_2, T_3)\end{aligned}$$

这一法则，为将要讲述的延伸导线（补偿导线）的应用提供了理论依据。由此还可以看出，只要是均质的电极，则回路的总电势只与两个接点的温度有关，而与电极的中间温度无关。故在使用时，可以不考虑电极的中间温度变化。

4. 标准热电极法则

当温度为 T、T_0 时，用导体 A、B 组成的热电偶的热电动势等于 AC 热电偶和 CB 热电偶的热电动势之代数和，即

$$E_{AB}(T, T_0) = E_{AC}(T, T_0) + E_{CB}(T, T_0)$$

式中，导体 C 称为标准电极（一般由铂制成），故把这一性质称为标准热电极法则。

证明如下：设由三种材料成分不同的热电极 A、B、C 分别组成三对热电偶回路（如图 6-14所示），这三对热电偶工作端的温度都是 T，而参考端温度都是 T_0，则热电偶 AC、BC 的热电势分别为

$$E_{AC}(T, T_0) = E_{AC}(T) - E_{AC}(T_0)$$
$$E_{BC}(T, T_0) = E_{BC}(T) - E_{BC}(T_0)$$

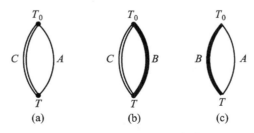

图 6-14　标准热电极法则

上述两式相减，得到

$$E_{AC}(T,T_0)-E_{BC}(T,T_0)=E_{AC}(T)-E_{AC}(T_0)-E_{BC}(T)+E_{BC}(T_0)$$
$$=-[E_{BC}(T)+E_{CA}(T)]+[E_{BC}(T_0)+E_{CA}(T_0)] \quad (6-18)$$

由式(6-15)可知

$$-[E_{BC}(T)+E_{CA}(T)]=E_{AB}(T) \quad (6-19)$$
$$E_{BC}(T_0)+E_{CA}(T_0)=-E_{AB}(T_0) \quad (6-20)$$

将式(6-19)及式(6-20)代入式(6-18)可得

$$E_{AC}(T,T_0)-E_{BC}(T,T_0)=E_{AB}(T)-E_{AB}(T_0)=E_{AB}(T,T_0) \quad (6-21)$$

由式(6-21)可以看出，热电偶 AB 的热电动势可由热电偶 AC 和 BC 的热电动势通过计算求得。标准电极 C 通常用纯度很高、物理化学性能非常稳定的铂制成。

若干材料与标准铂电极组成的热电偶，当参考端温度为 0℃，工作端温度为 100℃时所产生的热电动势数值如表 6-1 所示。利用表 6-1 和式(6-21)便可知同一温度范围内任选两电极所组成的热电偶的热电动势。

表 6-1　不同材料与标准铂电极组成电偶的热电动势 $E(100,0)$

材料名称	热电动势/mV	材料名称	热电动势/mV	材料名称	热电动势/mV
硅	44.80	镁	0.42	银	0.72
镍铬	2.40	铝	0.40	金	0.75
铁	1.80	碳	0.30	锌	0.75
钨	0.80	汞	0	镍	1.50
钢	0.77	铂	0	镍铝(镍硅)	1.70
铜	0.76	铑	-0.64	康铜	3.40
锰铜	0.76	铱	-0.65	考铜	3.60

6.2.3　热电偶的种类及结构

1. 热电偶的种类

适于制作热电偶的材料有 300 多种，其中广泛应用的有 40～50 种。

国际电工委员会向世界各国推荐 8 种热电偶作为标准化热电偶，我国标准化热电偶也有 8 种，分别是铂铑₁₀-铂热电偶(S)、铂铑₃₀-铂铑₆热电偶(B)、镍铬-镍硅热电偶(K)、镍铬-康铜热电偶(E)、铜-康铜热电偶(T)、铁-康铜热电偶(J)、铂铑₁₃-铂热电偶(R)、镍铬硅-镍硅热电偶(N)。下面简要介绍其中的主要几种。

1) 铂铑₁₀-铂热电偶(S)

铂铑₁₀-铂热电偶(S)由 φ0.5 mm 的纯铂丝和相同直径的铂铑丝(铂 90%，铑 10%)制成，分度号为 S。铂铑丝为正极，纯铂丝为负极。该热电偶优点：热电性能好，抗氧化性强，宜在氧化性、惰性介质中连续使用；长期使用的温度为 1400℃，短期使用的温度为1600℃；

在所有的热电偶中，它的准确度等级最高，通常用作标准或测量高温的热电偶，均质性及互换性好。其主要缺点：热电动势较弱；在高温时易受还原性气体所发出的蒸气和金属蒸气的侵害而变质；铂铑丝中的铑分子在长期使用后因受高温作用而产生挥发现象，使铂丝受到污染而变质，从而引起热电偶特性的变化，失去测量准确性；S 型热电偶材料为贵金属，成本较高；其输出热电动势较小，需配灵敏度高的显示仪表。

2）镍铬-康铜热电偶（E）

镍铬-康铜热电偶（E）由镍铬材料与镍、铜合金材料组成，镍铬为正极，康铜为负极，电极直径为 1.2～2.0 mm，分度号为 E。该热电偶的优点：适于在 −250～870 ℃ 范围内的氧化性或惰性介质中使用，长期使用温度不超过 600 ℃，尤其适宜在 0 ℃ 以下使用；其输出热电动势在常用热电偶中最大，灵敏度最高，价格便宜。其缺点：测温范围低且窄，康铜合金丝易受氧化而变质，由于材料的质地坚硬而不易得到均匀的线径。

3）镍铬-镍硅热电偶（K）

镍铬-镍硅热电偶的镍铬为正极、镍硅为负极，其电极直径为 1.2～2.5 mm，分度号为 K。K 型热电偶优点：高温下性能较稳定，短期使用温度为 1200 ℃，长期使用温度为 1000 ℃，它适用于在氧化性和惰性介质中连续使用；输出热电动势和温度的关系近似呈线性，产生的热电动势大，价格便宜。其缺点：在还原性介质中容易腐蚀，只能在 500 ℃ 以下测量，测量精度偏低，但完全能满足工业测量要求。目前，该热电偶是工业生产中用量最大的一种热电偶。

4）铂铑$_{30}$-铂铑$_6$ 热电偶（B）

铂铑$_{30}$-铂铑$_6$ 热电偶以铂铑$_{30}$丝（铂 70%，铑 30%）为正极，铂铑$_6$丝（铂 94%，铑 6%）为负极，分度号为 B。B 型热电偶优点是性能稳定，精度高，适于氧化性和中性介质中，可长期测量 1600 ℃ 的高温，短期可测 1800 ℃。其缺点是产生的热电动势小，灵敏度低，且价格高。

2. 热电偶的结构

1）工业用普通热电偶

工业用普通热电偶由热电极、绝缘套管、保护套管和接线盒组成，如图 6-15 所示。热电极亦称热电偶丝，是热电偶的基本组成部件；绝缘套管亦称绝缘子，是进行绝缘保护的部件；保护套管是保护元件免受被测介质的化学腐蚀和机械损伤的部件；接线盒则用于固定接线座和连接补偿导线。工业用普通热电偶多用于测量气体、液体等介质的温度，测量时将测量端插入被测介质的内部，在实验室使用时，也可不加保护套管，以减小热惯性。

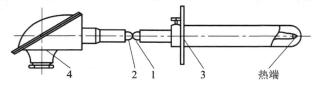

1—热电极；2—绝缘套管；3—保护套管；4—接线盒

图 6-15　工业用普通热电偶结构

2）铠装热电偶

铠装热电偶是用特殊的加工方法，把热电极、绝缘材料和保护套管三者组合成一体的特殊结构的热电偶，也称为套管热电偶或缆式热电偶，如图 6-16 所示。铠装热电偶由于其热端形状的不同又分为碰底型、不碰底型、露头型和帽型等。铠装热电偶的特点是热惯性小，动态响应快，有良好的柔性，便于弯曲；抗震性能好；耐冲击；适用于测量位置狭小的对象上各点的温度，测温范围在 1100 ℃以下。

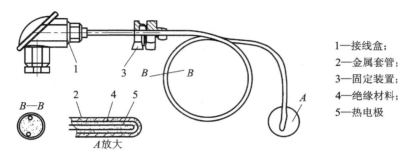

1—接线盒；
2—金属套管；
3—固定装置；
4—绝缘材料；
5—热电极

图 6-16　铠装热电偶

6.2.4　热电偶冷端温度补偿

根据热电偶测温原理，热电偶的输出热电动势只与热电极材料及两连接点的温度有关。只有当热电偶冷端的温度保持不变时，热电动势才是被测温度的单值函数。常用的分度表及显示仪表，都是以热电偶冷端的温度为 0 ℃作为先决条件。

在实际使用中，因热电偶长度受到一定限制，冷端温度直接受到被测介质与环境温度的影响，不仅难以保持 0 ℃，而且往往是波动的，因而带来测量误差。因此，必须对冷端温度采取相应的补偿措施和修正方法。

1. 补偿导线

为了使热电偶冷端温度保持恒定（最好为 0 ℃），可以把热电偶做得很长，使冷端远离工作端，并连同测量仪表一起放置到恒温或温度波动比较小的地方，但这种方法一方面安装使用不方便，另一方面也要多耗费许多贵重的金属材料。因此，一般是用一种导线（称补偿导线）将热电偶冷端延伸出来（图 6-17），这种导线在一定温度范围内（0～100 ℃）具有和所连接的热电偶相同或相近的热电性能，廉价金属制成的热电偶，可用其本身材料作补偿导线将冷端延伸到温度恒定的地方。常用热电偶的补偿导线列于表 6-2。

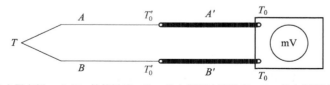

A, B—热电偶电极；A', B'—补偿导线；T_0'—热电偶原冷端温度；T_0—热电偶新冷端温度

图 6-17　补偿导线在测温回路中的连接

表 6-2　常用热电偶的补偿导线

热电偶名称	补偿导线				工作端为 100℃，冷端为 0℃的标准电动势/mV
	正极		负极		
	材料	颜色	材料	颜色	
铂铑-铂	铜	红	镍铜	白	0.64±0.03
镍铬-镍硅（镍铝）	铜	红	康铜	白	4.10±0.15
镍铬-考铜	镍铬	褐绿	考铜	白	6.95±0.30
铁-考铜	铁	白	考铜	白	5.75±0.25
铜-康铜	铜	红	康铜	白	4.10±0.15

必须指出，只有当新移的冷端温度恒定或配用仪表本身具有冷端温度自动补偿装置时，应用补偿导线才有意义。因此，热电偶冷端必须妥善安置，其方法参看图 6-18。

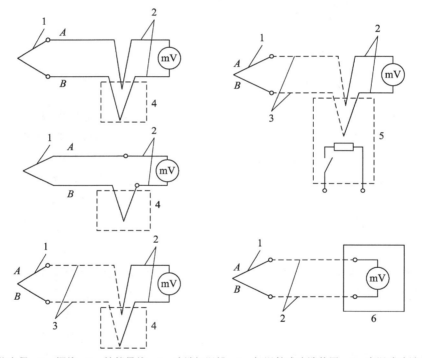

1—热电偶；2—铜线；3—补偿导线；4—冷端恒温槽；5—恒温箱式冷端装置；6—室温式冷端装置

图 6-18　热电偶与冷端恒温装置

此外，热电偶和补偿导线连接端所处的温度不应超出 100℃，否则也会由于热电特性不同带来新的误差。

2. 0℃恒温法

如图 6-19 所示，将热电偶的冷端置于盛满冰水混合物的器皿中，使冷端温度保持在 0℃，此方法主要用于实验室的标准热电偶矫正和高精度温度测量，为避免冰水导电引起两个连接点短路，必须把连接点分别置于两个玻璃试管中。这种方法能完全消除冷端温度误差。

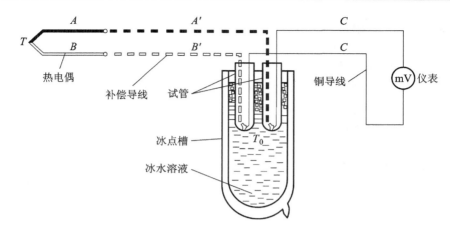

图 6-19　0℃恒温法结构图

3. 冷端温度校正法

由于热电偶的温度-热电动势关系曲线(刻度特性)是在冷端温度保持 0℃的情况下得到的,与它配套使用的仪表又是根据这一关系曲线进行刻度的,因此冷端温度不等于 0℃时,就需对仪表指示值加以修正。例如,冷端温度高于 0℃,如恒定于 T_0,则测得的热电动势要小于该热电偶的分度值。此时,为求得真实温度,可利用下式进行修正

$$E(T, 0) = E(T, T_0) + E(T_0, 0)$$

4. 补偿电桥法

补偿电桥是利用不平衡电桥产生的电动势来补偿热电偶因冷端温度变化而引起的热电动势变化值,如图 6-20 所示,不平衡电桥(即补偿电桥)由电阻 r_1、r_2、r_3(锰铜丝绕制)、r_{Cu}(铜丝绕制)四个桥臂和桥路稳压电源所组成,串联在热电偶测量回路中。热电偶冷端与电阻 r_{Cu} 感受相同的温度。通常,取 20℃时电桥平衡($r_1 = r_2 = r_3 = r_{Cu}^{20}$),此时对角线 a、b 两点电位相等(即 $U_{ab} = 0$),电桥对仪表的读数无影响。当环境温度高于 20℃时,r_{Cu} 增加,平衡被破坏,a 点电位高于 b 点,产生一不平衡电压 U_{ab} 与热端电势相叠加,一起送入测量仪表。适当选择桥臂电阻和电流的数值,可使电桥产生的不平衡电压 U_{ab} 正好补偿由于冷端温度变化而引起的热电动势变化值,仪表即可指示正确的温度。由于电桥是在 20℃时平衡,所以采用这种补偿电桥需把仪表的机械零位调整到 20℃。

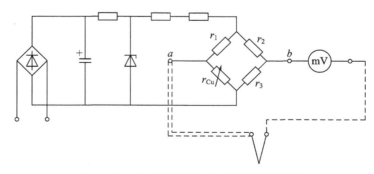

图 6-20　具有补偿电桥的热电偶测量线路

6.2.5　热电动势的测量

1. 测量某点温度的基本电路

图 6-21 是一个热电偶和一个仪表配用的基本连接电路。对于图 6-21(a)，只要 C 的两端温度相等，则对测量精度无影响。图 6-21(b)是冷端在仪表外面（如放于恒温器中）的电路图。如配用仪表是动圈式的，则补偿导线电阻应尽量小。

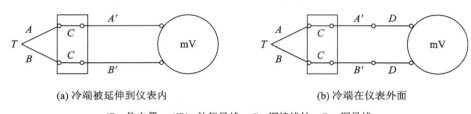

　　　　(a) 冷端被延伸到仪表内　　　　　　　　　　(b) 冷端在仪表外面

AB—热电偶；$A'B'$—补偿导线；C—铜接线柱；D—铜导线

图 6-21　测量某点温度的基本电路

2. 利用热电偶测量两点之间温度差的连接电路

图 6-22 是测量两点之间 T_1、T_2 温度差的一种方法，两支同型号热电偶配用相同的补偿导线，连接使两热电动势互相抵消，可测 T_1 和 T_2 间的温度差值。两支热电偶新的冷端温度必须一样，它们的热电势 E 都必须与温度 T 呈线性关系，否则将产生测量误差。

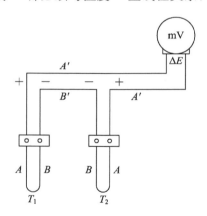

图 6-22　热电偶测温差连接电路

3. 利用热电偶测量设备中的平均温度

图 6-23 是测量平均温度的连接电路。在图 6-23(a)中，输入仪表两端的毫伏值为三个热电偶输出热电动势的平均值，即 $E=\dfrac{E_1+E_2+E_3}{3}$，如三个热电偶均工作在特性曲线的线性部分，则代表了各点温度的算术平均值。为此，每个热电偶需串联较大电阻。此种电路的优点：仪表的分度仍旧和单独配用一个热电偶时一样；其缺点：当某一热电偶烧断时，不易被很快觉察。

　　图 6 - 23(b)中，输入仪表两端的热电动势为三个热电偶产生的热电动势之总和，即 $E = E_1 + E_2 + E_3$，可直接从仪表读出平均值。此种电路的优点：热电偶烧坏时可立即被察觉，还可获得较大的热电动势。应用此种电路时，每一热电偶到引出的补偿导线必须回接到仪表中的冷端处。注意：使用以上两种电路时，必须避免测量点接地。

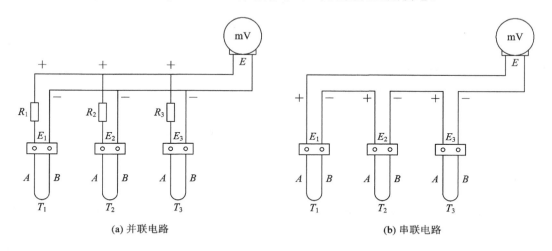

(a) 并联电路　　　　　　　　　　　　(b) 串联电路

图 6 - 23　热电偶测量平均温度连接电路

第 7 章　压电式传感器

　　压电式传感器是利用某些晶体受力后在其表面产生电荷，当外力去掉后又重新恢复到不带电状态的压电效应而制成的传感器。压电式传感器可以测量各种物理量，如压力、应力、加速度等。

7.1　压电效应和压电材料

7.1.1　压电效应

　　对于某些电介质，当沿着一定的方向对它施加力而使其变形时，内部就产生极化现象，同时在它的两个表面产生符号相反的电荷；当外力去掉后，又重新恢复不带电状态，这种现象称为顺压电效应。当作用力的方向改变时，电荷的极性也随之改变。若在电介质的极化方向上施加电场，这些电介质也会产生变形，当去掉外电场时，电解质的变形也随之消失，这种现象称为逆压电效应（也称电致伸缩效应）。顺压电效应和逆压电效应统称为压电效应，即压电效应是可逆的。压电效应原理图如图 7-1 所示。

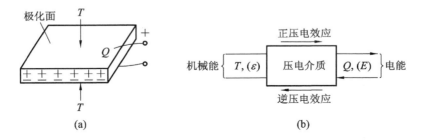

(a)　　　　　　　　　　　　　(b)

图 7-1　压电效应原理图

　　具有压电效应的电介质称为压电材料。压电材料有很多种，如天然形成的石英晶体、人工制造的压电陶瓷等。

　　压电材料的压电特性常用压电方程来描述：

$$q_i = d_{ij}\sigma_j \quad 或 \quad Q = d_{ij}F \tag{7-1}$$

式中，q_i 为电荷的表面密度（C/cm^2）；Q 为总电荷量（C）；σ_j 为单位面积上的作用力，即应力（N/cm^2）；F 为作用力（N）；d_{ij} 为压电常数（C/N），$i=1,2,3$，$j=1,2,3,4,5,6$。

　　压电方程中有两个下角标。第一个下角标 i 表示晶体的极化方向，当产生电荷的表面垂直于 x 轴（y 轴或 z 轴）时，记为 $i=1$（或 2 或 3）；第二个下角标 $j=1,2,3,4,5,6$，分别表示沿 x 轴、y 轴、z 轴方向的单向应力和在垂直于 x 轴、y 轴、z 轴的平面（即 yz 平面、zx 平面、xy 平面）内作用的剪切力。单向应力的符号规定：拉应力为正，压应力为负；剪切力的符号用右螺旋定则确定。图 7 - 2 表示了它们的方向。另外，还需要对因逆压电效应在晶体内产生的电场方向作一规定，以确定 d_{ij} 的符号，使得方程组具有更普遍的意义。当电场方向指向晶轴的正向时为正，反之为负。

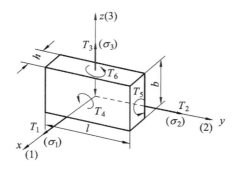

图 7 - 2　压电元件的坐标系表示法

晶体在任意受力状态下产生的表面电荷密度可由以下方程组决定：

$$\begin{cases} q_1 = d_{11}\sigma_1 + d_{12}\sigma_2 + d_{13}\sigma_3 + d_{14}\sigma_4 + d_{15}\sigma_5 + d_{16}\sigma_6 \\ q_2 = d_{21}\sigma_1 + d_{22}\sigma_2 + d_{23}\sigma_3 + d_{24}\sigma_4 + d_{25}\sigma_5 + d_{26}\sigma_6 \\ q_3 = d_{31}\sigma_1 + d_{32}\sigma_2 + d_{33}\sigma_3 + d_{34}\sigma_4 + d_{35}\sigma_5 + d_{36}\sigma_6 \end{cases} \tag{7-2}$$

式中，q_1、q_2、q_3 分别为垂直于 x 轴、y 轴、z 轴的平面上的电荷面密度；σ_1、σ_2、σ_3 分别为沿着 x 轴、y 轴、z 轴的单向应力；σ_4、σ_5、σ_6 分别为垂直于 x 轴、y 轴、z 轴的平面内的剪切应力；d_{ij} 为压电常数，$i=1,2,3$，$j=1,2,3,4,5,6$。

1. 石英晶体的压电效应

石英晶体是最常用的压电晶体。图 7 - 3(a) 为天然结构的石英晶体理想外形，它是一个正六面体。在晶体学中可以把它用三根互相垂直的轴来表示，如图 7 - 3(b) 所示，其中纵向轴 z 轴称为光轴；经过六面体棱线，并垂直于光轴的 x 轴称为电轴，与 x 轴和 z 轴同时垂直的 y 轴（垂直于正六面体的棱角）称为机械轴。把沿电轴 x 方向的力作用下产生电荷的压电效应称为"纵向压电效应"，而把沿机械轴 y 方向的力作用下产生的压电效应称为"横向压电效应"，沿光轴 z 方向受力时不产生压电效应。从晶体上沿轴线切下的一片平行六面体称为压电晶体切片，如图 7 - 3(c) 所示。当晶片在沿 x 轴方向受到外力 F_x 作用时，晶片将产生厚度变形，并产生极化现象，在晶体线性弹性范围内，极化强度 P_x 与应力 $\sigma_x (= F_x/lb)$

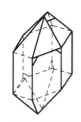

(a) 左旋石英晶体的外形

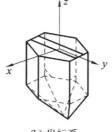

(b) 坐标系

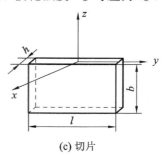

(c) 切片

图 7 - 3　石英晶体

成正比，即

$$P_x = d_{11}\sigma_x = d_{11}\frac{F_x}{lb} \tag{7-3}$$

式中，F_x 为沿晶体 x 方向施加的压缩力；d_{11} 为压电系数；l、b 分别为石英晶体的长度和宽度。

当受力方向和变形不同时，压电系数也不同。石英晶体的压电系数 $d_{11}=2.3\times10^{-12}\mathrm{C\cdot N^{-1}}$；极化强度 P_x 也等于晶片表面的电荷密度，即

$$P_x = \frac{q_x}{lb} \tag{7-4}$$

式中，q_x 为垂直于 x 轴平面上的电荷。

把式(7-4)代入式(7-3)得

$$q_x = d_{11}F_x \tag{7-5}$$

由式(7-5)看出，当晶片受到 x 向的压力作用时，q_x 与作用力 F_x 成正比，而与晶体的几何尺寸无关，电荷的极性如图7-4(a)所示。在 x 轴方向施加压力时，左旋石英晶体的 x 轴正向带正电；如果作用力 F_x 改为拉力，则在垂直于 x 轴的平面上仍出现等量电荷，但极性相反，如图7-4(b)所示。

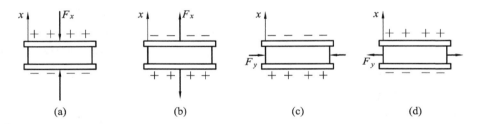

图7-4　晶片上电荷极性与受力方向的关系

如果在同一晶片上作用力是沿着机械轴的方向，其电荷仍在与 x 轴垂直平面上出现，其极性见图7-4(c)、(d)，此时电荷的大小为

$$q_x = d_{12}\frac{lb}{bh}F_y = d_{12}\frac{l}{h}F_y \tag{7-6}$$

式中，d_{12} 为石英晶体在 y 轴方向上受力时的压电常数。

根据石英晶体的对称条件 $d_{12}=-d_{11}$，则式(7-6)为

$$q_x = -d_{11}\frac{l}{h}F_y \tag{7-7}$$

式中，h 为石英晶片的厚度。

负号表示沿 y 轴的压缩力产生的电荷与沿 x 轴施加的压缩力产生的电荷极性相反。由式(7-7)可见，沿机械轴方向对晶片施加作用力时，产生的电荷量是与晶片的几何尺寸有关的。此外，石英晶体除有纵向电压效应、横向电压效应外，在切向应力作用下也会产生电荷。

石英晶体在机械力的作用下为什么会在其表面产生电荷呢？原因如下：

石英晶体的压电效应是由于晶格结构在机械力的作用下发生变形所引起的。石英晶体

的化学分子式为 SiO_2，在一个晶体结构单元（晶胞）中，有三个硅离子和六个氧离子，后者是成对的，所以一个硅离子和两个氧离子交替排列。为了讨论方便，我们将石英晶体的内部结构等效为硅、氧离子的正六边形排列，如图 7-5 所示，形成三个互成 120°夹角的电偶极矩 P_1、P_2 和 P_3。

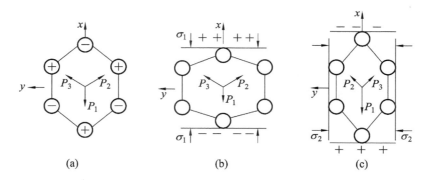

图 7-5 石英晶体的压电效应示意图

当晶体没有外力作用时，$P_1 + P_2 + P_3 = 0$，所以晶体表面没有带电现象。

当晶体受到外力作用时，P_1、P_2、P_3 在 x（或 y）方向净余电偶极不为零，则相应晶面产生极化电荷而带电，其电荷面密度 q 与应变（应力）σ 成正比，$q = d\sigma$。

当晶体受到沿 x 轴方向的压力（σ_1）作用时，$(P_1 + P_2 + P_3)x > 0$，即 $P_x > 0$，在 x 轴的正向出现正电荷；$(P_1 + P_2 + P_3)y = 0$，在 y 方向不出现正负电荷；由于 P_1、P_2 和 P_3 在 z 轴方向上的分量为零，不受外力作用的影响，所以在 z 轴方向上也不出现电荷。从而使石英晶体的压电常数为 $d_{11} \neq 0$，$d_{21} = d_{31} = 0$。

当晶体受到沿 y 轴方向的压力（σ_2）作用时，晶体沿 y 方向将产生压缩，其离子排列结构如图 7-5(c)所示。与图 7-5(b)情况相似，此时 P_1 增大，P_2、P_3 减小，在 x 轴方向出现电荷，其极性与图 7-5(b)的相反，而在 y 轴和 z 轴方向上则不出现电荷。因此，压电常数为 $d_{12} = -d_{11} \neq 0$，$d_{22} = d_{32} = 0$。

当沿 z 轴方向（即与纸面垂直方向）上施加作用力（σ_3）时，因为晶体在 x 方向和 y 方向产生的变形完全相同，所以其正、负电荷中心保持重合，电偶极矩矢量和为零，晶体表面无电荷呈现。这表明沿 z 轴方向施加作用力（σ_3），晶体不会产生压电效应，其相应的压电常数为 $d_{13} = d_{23} = d_{33} = 0$。

2. 压电陶瓷的压电效应

压电陶瓷是一种常见的压电材料。它与石英晶体不同，石英晶体是单晶体，压电陶瓷是人工制造的多晶体。压电陶瓷在没有极化之前不具有压电现象，是非压电体。压电陶瓷经过极化处理后具有非常高的压电常数，为石英晶体的几百倍。如图 7-6(a)所示，压电陶瓷在极化面上受到垂直于它的均匀分布的作用力时（亦即作用力沿极化方向），则在这两个镀银极化面上分别出现正、负电荷。其电荷量 q 与力 F 成正比，比例系数为 d_{33}，亦即

$$q = d_{33}F \qquad (7-8)$$

式中，d_{33} 为纵向压电常数。

压电常数 d 的下标意义与石英晶体的相同，但在压电陶瓷中，通常把它的极化方向定为 z 轴(下标 3)，这是它的对称轴，在垂直于 z 轴的平面上，任意选择的正交轴为 x 轴和 y 轴，下标为 1 和 2，所以下标 1 和 2 是可以互换的。极化压电陶瓷的平面是各向同性的，对于压电常数，可用等式 $d_{32}=d_{31}$ 表示。它表明平行于极化轴(z 轴)的电场，与沿着 y 轴(下标 2)或 x 轴(下标 1)的轴向应力的作用关系是相同的。极化压电陶瓷受到如图 7-6(b)所示的均匀分布的作用力 F 时，在镀银的极化面上，分别出现正、负电荷 q。

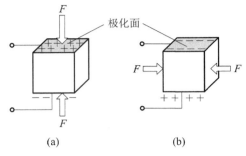

图 7-6　压电陶瓷压电效应原理图

$$q = \frac{-d_{32}FS_x}{S_y} = -\frac{d_{31}FS_x}{S_y} \qquad (7-9)$$

式中，S_x 为极化面的面积；S_y 为受力面的面积。

7.1.2　压电材料

目前，在压电式传感器中常用的压电材料有压电晶体、压电陶瓷和压电半导体等，它们各自有各自的特点。选取合适的压电材料是压电式传感器的关键，一般应考虑以下主要特性进行选择。

对压电材料的特性选择一般遵循如下原则：具有较大的压电常数；压电元件的机械强度高、刚度大，具有较高的固有振动频率；具有较高的电阻率和较大的介电常数，用以减少电荷的泄漏以及降低外部分布电容的影响，获得良好的低频特性；具有较高的居里点，所谓居里点，是指压电性能破坏时的温度转折点，居里点高可以得到较宽的工作温度范围；压电材料的压电特性不随时间蜕变，有较好的时间稳定性。

1. 压电晶体

(1) 石英晶体。石英晶体即二氧化硅(SiO_2)，有天然和人工合成两种类型，人工合成的石英晶体的物理化学性质与天然石英晶体基本相同，因此目前广泛应用成本较低的人工合成石英晶体。它的压电常数在几百度的温度范围内不随温度而变，温度达到 575 ℃时，石英完全丧失了压电性质，该温度是它的居里点。石英的熔点为 1750 ℃，密度为 2.65×10^3 kg/m³，有很高的机械强度和稳定的力学性能，没有热释电效应，因而曾被广泛地应用，但是由于它的压电常数比其他压电材料要低得多，灵敏度低，因此逐渐为其他的压电材料所代替。

(2) 水溶性压电晶体。最早发现的酒石酸钾钠、硫酸锂、磷酸二氢钾等都是水溶性压电晶体。水溶性压电晶体具有较高的压电灵敏度和压电常数，但容易受潮，机械强度低，电阻率也低，因此应用只限于在室温(<45 ℃)和温度低的环境下。

(3) 铌酸锂晶体。铌酸锂是无色或浅黄色的单晶体。由于它是单晶体，所以时间稳定性远比多晶体的压电陶瓷好。它是一种压电性能良好的电声换能材料，它的居里温度为 1210 ℃左右，远比石英和压电陶瓷高，所以在耐高温的传感器上有广泛的用途。在机械性能方面各向异性很明显，与石英晶体相比，晶体很脆弱，而且热冲击性很差，因此在加工装配和使用中必须小心谨慎，避免用力过猛和急热急冷。

2. 压电陶瓷

压电陶瓷是一种应用最普遍的人工合成压电材料，具有烧制方便、耐湿、耐高温、易于成形等特点。压电陶瓷种类很多，钛酸钡和锆钛酸铅应用最为广泛。

（1）钛酸钡压电陶瓷。钛酸钡（$BaTiO_3$）是由 $BaCO_3$ 和 TiO_2 两者在高温下合成的，具有比较高的压电常数和介电常数，但它的居里点较低，约为 120 ℃，此外机械强度也不及石英。由于它的压电常数高（约为石英的 50 倍），因而在传感器中得到广泛应用。

（2）锆钛酸铅系压电陶瓷（PZT）。锆钛酸铅是由 $PbTiO_2$ 和 $PbZrO_3$ 组成的固溶体 $Pb(ZrTiO_3)$。它有较高的压电常数和居里点（300 ℃以上），各项机电参数随温度、时间等外界条件的变化较小，是目前经常采用的一种压电材料。在锆钛酸铅的基本配方中掺入另外一些元素，可获得不同的 PZT 材料。

（3）铌酸盐系压电陶瓷。这种压电陶瓷是以铌酸钾（$KNbO_3$）和铌酸铅（$PbNbO_2$）为基础。铌酸铅具有很高的居里点（570 ℃），低的介电常数。在铌酸铅中用钡或锶替代一部分铅，可引起性能的根本变化，从而得到具有较高机械品质的铌酸盐压电陶瓷。铌酸钾是通过热压过程制成的，它的居里点也较高（480 ℃），特别适用于制作 10～40 MHz 的高频换能器。近年来，铌酸盐系压电陶瓷在水声传感器方面受到了重视，由于它的性能比较稳定，适用于深海水听器。

（4）铌镁酸铅压电陶瓷（PMN）。铌镁酸铅压电陶瓷由 $Pb(Mg_{\frac{1}{3}}Nb_{\frac{2}{3}})O_3$、$PbTiO_3$ 和 $PbZrO_3$ 组成，它是在 $PbTiO_3$ 和 $PbZrO_3$ 的基础上加上一定量的 $Pb(Mg_{\frac{1}{3}}Nb_{\frac{2}{3}})O_3$ 制成的，具有较高的压电常数和居里点，它能在较高压力下继续工作，因此可作为高温下的力传感器。

3. 压电半导体

有些晶体既具有半导体特性又具有压电性能，如 ZnS、CaS、GaAs 等，因此既可利用它的压电特性研制传感器，又可利用其半导体特性以微电子技术制成电子器件。两者结合起来，就出现了集转换元件和电子线路为一体的新型传感器，它具有很好的应用前景。

7.2　压电元件的组合形式

为了提高压电式传感器的灵敏度，压电元件一般采用两片或两片以上压电片组合使用。由于压电元件是有极性的，因此连接方法有两种：并联连接和串联连接。

1. 压电元件的并联结构与特点

在图 7 - 7(a) 中，负电荷集中在中间电极上，而正电荷出现在上下两边的电极上，这种接法称为并联。此时，相当于两个电容器并联。其总电容量 C' 为单个压电片输出电容 C 的两倍，而输出电压 U' 等于单个压电片输出电压 U，极板上电荷量 q' 为单个压电片上电荷量

q 的两倍，即

$$C' = 2C;\ U' = U;\ q' = 2q$$

可见，采用这种连接方式输出电荷大，本身电容也大，时间常数大，故宜于测量慢变信号，并且适用于以电荷为输出量的情况。

2. 压电元件的串联结构与特点

用图 7-7(b) 的接法，正电荷集中在上极板，负电荷集中在下极板，而中间的极板上片产生的负电荷与下片产生的正电荷相互抵消，这种接法称为串联。此时，相当于两个电容器串联，总电荷量 q' 等于单片电荷 q，输出电压 U' 为单片电压 U 的两倍，总电容 C' 为单片电容 C 的一半，即

$$q' = q;\ U' = 2U;\ C' = \frac{C}{2}$$

可见，这种连接方式输出电压大，本身电容小，故适用于以电压作为输出信号，并且测量电路输入阻抗很高的场合。

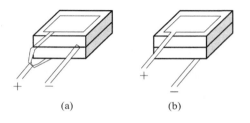

图 7-7　压电元件的串联和并联

压电元件在传感器中，必须有一定的预应力，以保证在作用力变化时，压电元件始终受到压力；保证压电元件与作用力之间的全面、均匀接触，获得输出电压（或电荷）与作用力的线性关系。但是预应力不能太大，否则将会影响其灵敏度。

在压电式传感器中，一般利用压电材料的纵向压电效应的较多，这时所使用的压电材料大多做成圆片状。也有利用其横向压电效应，如图 7-8 所示的用压电陶瓷做成的双片弯曲式压电传感器就是利用横向压电效应的一种形式。在图 7-8(a) 中，当自由端受力 F 时，它将产生形变，放大后的形变如图 7-8(b) 所示。其中心面 oo' 的长度没有改变，中心面上面的 aa' 被拉长了，而中心面下面的 bb' 被压而缩短了，可见上面的一块压电片被拉伸，下面的一块压电片被压缩，这时每片压电片产生的电荷和电压为

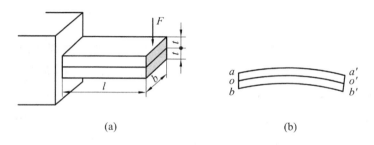

图 7-8　双片弯曲式压电传感器原理图

$$q = \frac{3}{8} \frac{dl^3}{t^2} F$$

$$U = \frac{3}{8} g \frac{l}{bt} F$$

式中，l 为压电片的悬臂长度；b 为压电片的宽度；t 为单片压电片的厚度；d 为压电系数（描述电荷灵敏度）；g 为压电系数（描述电压灵敏度）。

产生的电荷分布在 aa' 面和 bb' 面上，利用这种形式制成的传感器有加速度传感器、测量表面光粗糙度的轮廓仪的测量头等。

7.3　压电式传感器的等效电路和测量电路

7.3.1　压电式传感器的等效电路

当压电式传感器的压电元件受到外力作用时，就会在受力纵向或横向的两个表面上分别聚集数量相等、极性相反的电荷。因此，压电式传感器可以看作一个静电荷发生器。而两极板聚集电荷，中间为绝缘体的压电元件，又可看作一个电容器，其电容器 C_a 为

$$C_a = \frac{\varepsilon_0 \varepsilon_r S}{d} = \frac{\varepsilon S}{d} \tag{7-10}$$

式中，S 为压电片面积（m^2）；d 为压电片厚度（m）；ε 为压电晶体的介电常数（F·m^{-1}）；ε_0 为真空介电常数（$\varepsilon_0 = 8.85 \times 10^{-12}$ F·m^{-1}）；ε_r 为压电材料的相对介电常数；C_a 为压电元件的内部电容（F）。于是，可把压电式传感器等效为一个电荷源与一个电容器并联的电荷源等效电路，如图 7-9(a) 所示。电容器上的开路电压 U_a、电容 C_a 与压电效应所产生的电荷 q 三者的关系为

$$U_a = \frac{q}{C_a} \tag{7-11}$$

因此，也可以把压电式传感器等效为一个电压源与一个电容器相串联的电压源等效电路，如图 7-9(b) 所示。

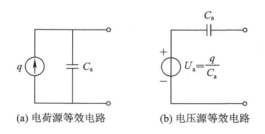

(a) 电荷源等效电路　　　　　(b) 电压源等效电路

图 7-9　压电式传感器的等效电路

在测量过程中必须考虑压电式传感器的内部泄漏电阻（压电元件的绝缘电阻 R_a），并把前置放大器的输入电阻 R_i、输入电容 C_i 以及低噪声电缆的电容 C_c 包括进去，便可得到图 7-10所示的实际等效电路。图 7-10 中，一种是电荷等效电路，另一种是电压等效电路，这两种电路的形式虽然不同，但其作用是等效的。

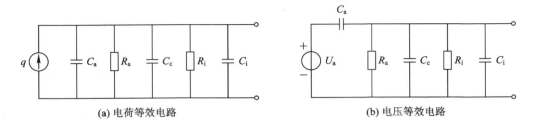

(a) 电荷等效电路　　　　　　　　(b) 电压等效电路

图 7-10　压电式传感器的实际等效电路

7.3.2　压电式传感器的测量电路

压电式传感器本身的内阻抗很高，而输出的能量又非常微弱，因此使用压电式传感器时它的负载电阻应有很大的数值，这样才能减小测量误差。因此，与压电式传感器配合的测量电路通常具有高输入阻抗的前置放大器。

压电式传感器的前置放大器有两个作用：一是把压电式传感器的高输出阻抗变换成低阻抗输出；二是放大压电式传感器输出的微弱信号。压电式传感器的工作原理也有两种形式：一种是电压放大器，其输出电压与输入电压成正比；另一种是电荷放大器，其输出电压与输入电荷成正比。

1. 电压放大器

压电式传感器接到电压放大器的等效电路，如图 7-11(a)所示，其简化的等效电路如图 7-11(b)所示。

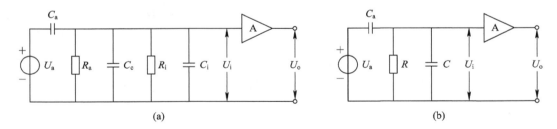

(a)　　　　　　　　　　　　　(b)

图 7-11　压电式传感器接至电压放大器的等效电路

在图 7-11(b)中，等效电阻 R 为

$$R = \frac{R_a R_i}{R_a + R_i}$$

等效电容 C 为

$$C = C_c + C_i$$

而

$$U_a = \frac{q}{C_a}$$

假设压电元件受到角频率为 ω 的力 F 为

$$F = F_m \sin\omega t \tag{7-12}$$

式中，F_m 为作用力的幅值。

又设压电元件为压电陶瓷材料，其压电常数为 d，则在外力作用下，压电元件电压值为

$$U_a = \frac{dF_m}{C_a}\sin\omega t \tag{7-13}$$

或

$$U_a = U_m\sin\omega t \tag{7-14}$$

式中，U_m 为电压的幅值，$U_m = \dfrac{dF_m}{C_a}$。

由图 7-11(b)可得送入放大器的输入端电压 U_i，写成复数的形式为

$$U_i = df\frac{j\omega R}{1 + j\omega R(C + C_a)} \tag{7-15}$$

U_i 的幅值 U_{im} 为

$$U_{im} = \frac{dF_m\omega R}{\sqrt{1 + \omega^2 R^2(C_a + C_c + C_i)^2}} \tag{7-16}$$

输出电压与作用力之间的相位差 φ 为

$$\varphi = \frac{\pi}{2} - \arctan[\omega(C_a + C_c + C_i)R] \tag{7-17}$$

令 $\tau = R(C_a + C_c + C_i)$，$\tau$ 为测量回路的时间常数，并令 $\omega_0 = \dfrac{1}{\tau}$，则可得

$$U_{im} = \frac{dF_m\omega R}{\sqrt{1 + (\omega/\omega_0)^2}} \approx \frac{dF_m}{C_a + C_c + C_i} \tag{7-18}$$

由式(7-18)可知，$\omega/\omega_0 \gg 1$（即 $\omega\tau \gg 1$）时，即作用力变化频率与回路时间常数的乘积远大于 1 时，前置放大器的输入电压幅值 U_{im} 与频率无关。由此说明，在测量回路时间常数一定的条件下，压电式传感器高频响应很好，这是其优点之一。但是，当被测动态量变化缓慢，而测量回路时间常数又不大，则将使传感器的灵敏度下降。因此，为了扩展传感器工作频带的低频端，就必须尽量提高测量回路的时间常数 τ。根据电压灵敏度 K_u 的定义，由式(7-16)得

$$K_u = \frac{U_{im}}{F_m} = \frac{d}{\sqrt{\dfrac{1}{(\omega R)^2} + (C_a + C_c + C_i)^2}} \tag{7-19}$$

因为 $\omega R \gg 1$，故传感器的电压灵敏度近似为 $K_u \approx \dfrac{d}{C_a + C_c + C_i}$，由式(7-19)可以看出，传感器的电压灵敏度 K_u 是与电容成反比的，增加回路的电容势必会使传感器的灵敏度下降。为此，常常通过提高测量回路电阻来增大时间常数。故常制成输入电阻很大的前置放大器，放大器输入电阻越大，测量回路的时间常数越大，传感器的低频响应也就越好。

由式(7-18)可见，当改变连接传感器与前置放大器的电缆长度时，C_c 将改变，U_{im} 也随之变化，从而使前置放大器的输出电压 $U_o = KU_{im}$ 也发生变化（K 为前置放大器增益）。因此，传感器与前置放大器组合系统的输出电压与电缆电容有关。在设计时，常常把电缆长度定为一常值，使用时如果要改变电缆的长度，就必须重新校正灵敏度的值，否则由于电缆电容 C_c 的改变，将会引起测量误差。

随着集成电路技术的发展，超小型阻抗变换器已能直接装进传感器内部，从而组成一体化传感器。由于压电元件到放大器的引线很短，因此，引线电容几乎等于零，这就避免了长电缆对传感器灵敏度的影响。这种内部装有超小型阻抗变换器的石英压电式传感器，能直接输出高电平、低阻抗的信号。一般不需要再附加放大器，并可以用普通的同轴电缆输出信号。另一个优点是，由于采用石英晶片作为压电元件，因此在很宽的温度范围内灵敏度十分稳定，而且经长期使用，性能也几乎不变。

2. 电荷放大器

电荷放大器是一个具有深度电容负反馈的高增益运算放大器。当略去压电式传感器的泄漏电阻 R_a、反馈电容的漏电阻 R_f 以及放大器的输入电阻 R_i 时，它的等效电路如图 7-12 所示。从电路分析角度来看，反馈的加入，将会引起输入电压 U_i 的变化。而电路中电压的变化又可以等效为阻抗的变化（根据补偿定理）。因此，对于前置放大器的输入端来说，反馈的加入相当于改变了输入端的阻

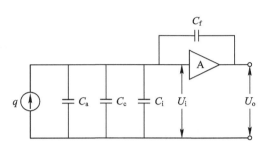

图 7-12　电荷放大器等效电路

抗。根据密勒定理，可将反馈电容 C_f 折算到输入端，其等效电容为 $(1-K)C_f$（K 为运算放大器的开环增益，$K=-A$，"−"表示放大器的输出与输入反相），该等效电容与电容 C_a、C_c 和 C_i 并联，于是放大器的输入电压 U_i 为

$$U_i = \frac{q}{C_a + C_c + C_i + (1-K)C_f} = \frac{q}{C_a + C_c + C_i + (1+A)C_f}$$

输出电压 U_o 为

$$U_o = KU_i = \frac{-Aq}{C_a + C_c + C_i + (1+A)C_f} \tag{7-20}$$

当放大器增益 $A \gg 1$ 时，$(1+A)C_f \gg C_a + C_c + C_i$，上式简化为

$$U_o \approx -\frac{q}{C_f} \tag{7-21}$$

式(7-21)所表示的是电荷放大器理想的情况，它的条件是放大器的输入电阻 R_i 和反馈电容 C_f 的漏电阻 R_f 都趋于无穷大，而且 $(1+A)C_f \gg C_a + C_c + C_i$。

通常，当 $(1+A)C_f$ 大于 $C_a + C_c + C_i$ 十倍以上时，即可以认为传感器的输出灵敏度与电缆电容无关。但由于电缆的分布电容 C_c 随着传输距离的增加而增大，因此在远距离传输时，需要考虑电缆电容 C_c 对测量精度的影响。由此而产生的测量误差可由下式求得：

$$\delta = \frac{-Aq/(1+A)C_f - \{-Aq/[C_a + C_c + (1+A)C_f]\}}{-Aq/(1+A)C_f} = \frac{C_a + C_c}{C_a + C_c + (1+A)C_f}$$

$$\tag{7-22}$$

由式(7-22)可知，增大 A 和 C_f 均可提高测量精度，或者可在精度保持不变的情况下，增加连接电缆的允许长度，反馈电容 C_f 的值也受放大器输出灵敏度的限制。在电荷放大器的实际电路中，考虑被测物理量的不同量程，通常将反馈电容 C_f 的电容量做成可选择的，选择范围一般在 100～10000 pF 之内。选用不同容量的反馈电容，可以改变前置级的输出

大小。

　　实际的电荷放大器电路，通常在反馈电容的两端并联一个大的电阻 R_f（为 $10^8 \sim 10^{10}\ \Omega$），其作用是提供直流反馈，减少放大器的零漂，使电荷放大器工作稳定。

　　电荷放大器的低频特性好，适当选取 C_f 和 R_f，可使电荷放大器的低频截止频率几乎接近于零，这也是电荷放大器的一个显著优点。

　　电荷放大器虽然允许使用长电缆并具有较好的低频响应特性，但与电压放大器相比，它的价格较高，电路也较复杂，调整也困难，这是电荷放大器的不足之处。

7.4　压电式传感器的应用

7.4.1　压电式加速度传感器

　　压电式加速度传感器是一种常用的加速度计。因其固有频率高，高频（几十赫兹至几千赫兹）响应好，如配以电荷放大器，低频特性也很好（可低至 0.3 Hz）。压电式加速度传感器的优点是体积小、质量轻，缺点是要经常校正灵敏度。

　　图 7-13 是一种压缩式压电加速度传感器结构图，压电元件一般由两片压电片组成，采用并联接法。引线一根接至两压电片中间的金属片电极上，另一根直接与基座相连。压电片通常用压电陶瓷材料制成。压电片上放一块比重较大的质量块，然后用一段弹簧和螺栓、螺帽对质量块预加载荷，从而对压电片施加预应力。整个组件装在一个厚基座的金属壳体中，为了隔离试件的任何应变传递到压电元件上去，避免产生虚假信号输出，一般要加厚基座或选用刚度较大的材料来制造。

　　测量时，将传感器基座与试件刚性固定在一起，传感器与试件感受相同的振动。由于弹簧的作用，质量块就有一正比于加速度的交变惯性力作用在压电片上，由于压电效应，压电片的两个表面会产生交变电荷。当振动频率远低于传感器的固有频率时，传感器的输出电荷（电压）与作用力成正比，亦即与试件的加速度成正比。输出电量由传感器的输出端引出，输入前置放大器后就可以用普通的测量仪器测出试件的加速度。如果在放大器中加进适当的积分电路，还可以测出试件的振动速度或位移。

　　这种结构谐振频率高、频响范围宽、灵敏度高，而且结构中敏感元件（质量块和压电元件）不与外壳直接接触，受环境影响小。这种结构是目前应用得最多的结构形式之一。

　　另一种压电式加速度传感器的结构如图 7-14 所示，也称剪切式压电加速度传感器，利用的是压电元件的切变效应。其压电元件是一个压电陶瓷圆筒，在组装前先在与圆筒轴向垂直的平面上涂上预备电极，使圆筒沿轴向极化。极化后磨去预备电极，将套筒套在传感器底座的圆柱上，压电元件的外面再套惯性质量环。当传感器受到振动时，质量环的振动由于惯性有一滞后，这样在压电元件上出现剪切应力，产生剪切形变，从而在压电元件的内外表面上产生电荷，其电场方向垂直于极化方向。这种结构有很高的灵敏度，而且横向灵敏度小，因此其他方向的作用力造成的测量误差也很小。它有很高的固有频率、宽的频率响应范围，受环境的影响也比较小。

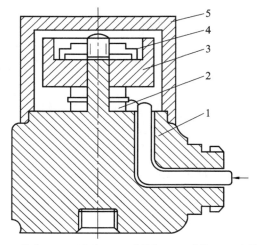 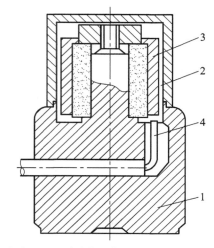

1—基座；2—压电片；3—质量块；4—弹簧；5—壳体　　　　1—基座；2—压电陶瓷圆筒；3—质量块；4—引线

图 7-13　压缩式压电加速度传感器结构图　　　　图 7-14　剪切式压电加速度传感器结构图

　　在冲击测量中，因为加速度很大，应采用质量小的质量块。弯曲型压电式加速度计由特殊的压电悬梁构成，如图 7-15 所示。它有很高的灵敏度和很低的频率响应。它主要用于医学和其他低频响应的领域，如地壳和建筑物的振动等。

　　图 7-16 示出了差动式压电加速度传感器的结构简图，它有效地消除了横向效应。在测量加速度时，两组压电元件组成差动输出，而在横向效应作用时，它们是同相输出，因此相互抵消了，环境的影响也就大大削弱了。

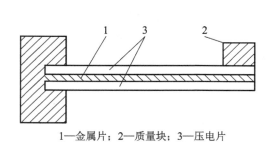 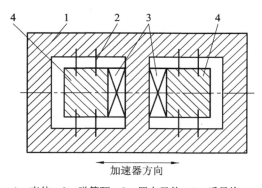

1—金属片；2—质量块；3—压电片　　　　　1—壳体；2—弹簧环；3—压电元件；4—质量块

图 7-15　弯曲型压电式加速度计结构图　　　　图 7-16　差动式压电加速度传感器结构图

7.4.2　压电式力传感器

　　压电式力传感器主要用于发动机内部燃烧压力的测量与真空度的测量。它既可用来测量大的压力，也可以用来测量微小的压力。

　　发动机上的压电式力传感器，其压电元件大都由一对石英晶片或数片石英叠堆组成，如图 7-17 所示。这种传感器实质上是由一刚度为 k_1 的晶片和刚度为 k_2 的预紧力弹簧组成。外力 F 同时作用在晶片叠堆和弹簧上，晶片叠堆上的力为 F_1，弹簧上的预紧力为 F_2。设压缩变形为 Δx，则可得

$$F = F_1 + F_2 = (k_1 + k_2)\Delta x \tag{7-23}$$

力的有效分量为

$$\frac{F_1}{F} = \frac{k_1}{k_1 + k_2} = \frac{1}{1 + \dfrac{k_2}{k_1}} \tag{7-24}$$

式(7-24)表明，$\dfrac{F_1}{F}$ 随着 $\dfrac{k_2}{k_1}$ 的减少而增加，也就是说，在晶片叠堆的刚度 k_1 给定时，灵敏度随预紧力弹簧的变弱而增加。

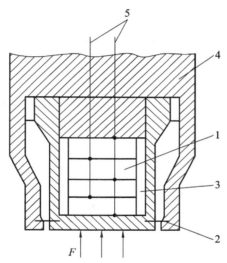

1—压电晶体；2—膜片弹簧；3—薄壁圆筒；4—外壳；5—引线

图 7-17   压电式力传感器

压电式力传感器具有体积小、质量轻、结构简单、工作可靠、测量频率范围宽等优点。合理的设计能使它有较强的抗干扰能力，所以是一种应用较为广泛的力传感器。但不能测量频率太低的被测量，特别是不能测量静态参数，因此多用于测量加速度和动态力或压力。

第8章　半导体式传感器

　　利用半导体材料的各种物理效应，可以把被测物理量的变化转换为便于处理的电信号，从而制成各种半导体式传感器。

　　霍尔传感器是一种基于霍尔效应的半导体磁电传感器。1879 年，美国物理学家霍尔首次在金属材料中发现了霍尔效应，但由于金属材料的霍尔效应太弱而没有得到应用。随着半导体技术的发展，开始用半导体材料制造霍尔元件，由于它的霍尔效应显著因而得到了应用和发展。同时，随着材料科学和固体物理效应的不断发现，新型的半导体敏感元件不断发展，目前已有热敏、光敏、磁敏、气敏、湿敏等多种类型。半导体传感器的特点：① 灵敏度高；② 频率响应宽、响应速度高；③ 结构简单，小型，轻量，价廉，无触点；④ 可靠性高，寿命长；⑤ 便于实现集成和智能化等。由于该类传感器具有以上特点，因此，在检测技术中正得到日益广泛的应用，许多国家在 20 世纪 80 年代就把它列为关键技术之一。

　　制造半导体敏感元件的材料有半导体陶瓷和单晶材料，这两种材料各有所长，互为补充。

8.1　霍尔传感器

8.1.1　霍尔元件的工作原理

1. 霍尔效应

　　图 8-1 给出了霍尔效应原理图，若在金属或半导体薄片的两端通过控制电流 I，并在薄片的垂直方向上施加磁感应强度为 B 的磁场，那么在垂直于电流和磁场的方向（即霍尔输出端之间）将产生电动势 U_H（称霍尔电动势或霍尔电压），这种现象称为霍尔效应。

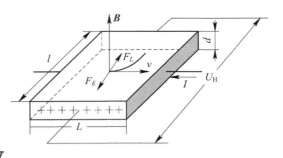

2. 霍尔效应产生的原因及霍尔电场的建立

　　运动电荷受磁场中洛仑兹力的作用，是霍尔效应产生的原因。

图 8-1　霍尔效应原理图

　　假设在 N 型半导体薄片的控制电流端通过电流 I，那么，半导体中的载流子（电子）将沿着和电流方向相反的方向运动，若在垂直于半导体薄片平面的方向上加以磁场 B，则由于洛仑兹力 f_L 的作用，电子向一边偏转，并使该边积累电子，而另一边则积累正电荷，于是产生了电场。

这个电场阻止运动电子的连续偏转。当电场作用在运动电子的电场 F_E 与洛仑兹力 F_L 相等时，电子的积累便达到动态平衡。这时，在薄片两横端面之间建立的电场成为霍尔电场 E_H，相应的电动势就称为霍尔电势 U_H，其大小可用下式表示：

$$U_H = \frac{R_H IB}{d} \tag{8-1}$$

式中，$R_H = 1/(ne)$，称为霍尔常数，其大小取决于导体载流子密度。

令 $K_H = R_H/d$，则

$$U_H = K_H IB \tag{8-2}$$

式中，K_H 称为霍尔元件灵敏度，它表示在单位电流、单位磁场作用下，开路的霍尔电势输出值。它与元件的厚度成反比，减小厚度 d，可以提高灵敏度。但在考虑提高灵敏度的同时，必须兼顾元件的强度和内阻。

3．几点说明

（1）霍尔电动势的大小正比于控制电流 I 和磁感应强度 B 的乘积。

（2）K_H 称为霍尔元件的灵敏度，它是表征在单位磁感应强度和单位控制电流时输出霍尔电压大小的一个重要参数，一般要求越大越好，霍尔元件的灵敏度与元件的性质和几何尺寸有关。

（3）元件的厚度 d 对灵敏度的影响也很大，元件的厚度小，灵敏度越高。所以霍尔元件的厚度一般都比较小。

（4）当控制电流的方向或磁场的方向改变时，输出电动势的方向也将改变。但当磁场与电流同时改变时，霍尔电动势并不改变原来的方向。

（5）由于建立霍尔电势所需的时间极短（为 $10^{-14} \sim 10^{-12}$ s），因此霍尔元件的频率响应甚高（可达 10^9 Hz 以上）。

4．霍尔元件及基本电路

根据霍尔效应制成的元件，称为霍尔元件，如图 8-2 所示。

（1）材料：一般采用 N 型的锗、锑化铟和砷化铟等半导体单晶体材料制成。

（2）结构与组成：霍尔元件结构简单，由霍尔片、引线和壳体三部分组成。

（3）符号与基本电路：图 8-3、图 8-4 分别给出了霍尔元件的符号及基本电路。

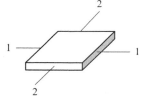

1—激励电极；2—霍尔电极

图 8-2　霍尔元件示意图

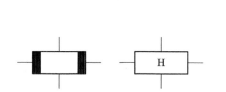

图 8-3　霍尔元件的符号

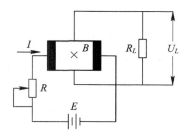

图 8-4　霍尔元件基本电路

8.1.2　霍尔元件的电磁特性

霍尔元件的电磁特性是指控制电流(直流或交流)与输出之间的关系,霍尔输出(恒定或交变)与磁场之间的关系等特性。

1. $U_H - I$ 特性

在磁场 B 和环境温度一定时,霍尔输出电动势 U_H 与控制电流 I 之间呈线性关系,如图8-5所示。直线的斜率称为控制电流灵敏度,用 K_I 表示,按照定义 K_I 可写为

$$K_I = \left(\frac{U_H}{I}\right)_{B恒定} \tag{8-3}$$

由式(8-3)和式(8-2)得到

$$K_I = K_H B \tag{8-4}$$

由式(8-4)知,霍尔元件灵敏度 K_H 越大,控制电流灵敏度 K_I 也就越大。但灵敏度大的元件,其霍尔输出并不一定大。这是因为霍尔电势还与控制电流有关。因此,即使是灵敏度较低的元件,如果在较大控制电流下工作,则同样可以得到较大的霍尔输出。

2. $U_H - B$ 特性

当控制电流一定时,元件的霍尔输出随磁场的增加并不完全呈线性关系,只有当元件工作在 $0.5\ \mathrm{Wb/m^2}$ 以下时,线性度才较好。图8-6给出 $U_H - B$ 特性曲线。

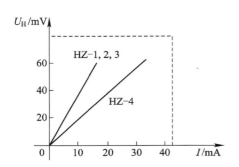

图 8-5　霍尔元件的 $U_H - I$ 特性
曲线($B = 0.3\ \mathrm{Wb/m^2}$)

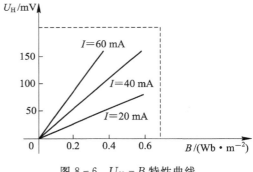

图 8-6　$U_H - B$ 特性曲线

8.1.3　霍尔元件的误差分析及其补偿方法

霍尔传感器输入-输出关系比较简单,而且线性好,但是影响它的性能的因素及造成误差的因素很多,主要有以下几个方面。

1. 元件的几何尺寸、电极大小对性能的影响

1)元件的几何尺寸对性能的影响

在公式 $U_H = K_H I B$ 中,是把霍尔片的长度 L 视为趋向无穷大,实际上霍尔片总有一定的长宽比 L/l,而元件的长宽比是否合适对霍尔电势的大小有着直接的影响。为此,在霍尔输出表达式中应该增加一项与元件几何尺寸有关的系数。这样就可写成

$$U_H = \frac{R_H}{d} IBf_H\left(\frac{L}{l}\right) \tag{8-5}$$

式中，$f_H(L/l)$ 为元件的形状系数。该系数与 L/l 之间的关系如图 8-7 所示。由图 8-7 可以看出，当 $L/l>2$ 时，形状系数 $f_H(L/l)$ 接近于 1。从提高灵敏度的角度，把 L/l 选得越大越好。但在实际设计时，取 $L/l=2$ 已足够，因 L/l 过大反而使输入功耗增加，以致降低元件的效率。

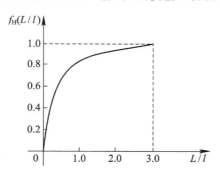

图 8-7　霍尔元件的形状系数曲线

2）电极大小对性能的影响

霍尔电极的大小对霍尔电势的输出影响如图 8-8 所示。图 8-8(a) 为输出电极示意图，图 8-8(b) 为霍尔电极大小对霍尔电势输出的影响。对于理想元件的要求：控制电流端的电极是良好面接触；霍尔电极为点接触。实际上，霍尔电极有一定的宽度 S，S 对灵敏度和线性度有较大的影响。研究表明：当 $S/L<0.1$ 时，电极宽度的影响可忽略。

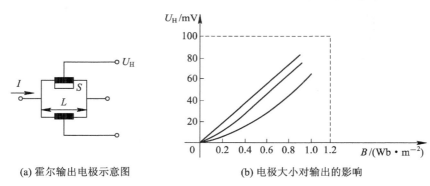

(a) 霍尔输出电极示意图　　　　　　　　(b) 电极大小对输出的影响

图 8-8　霍尔电极的大小对霍尔电势输出的影响

2. 零位误差及补偿

霍尔元件不加控制电流或不加磁场时，输出的霍尔电势称为零位误差。主要存在以下四种：

1）不等位电势 U_0

图 8-9 给出了不等位电势产生示意图。不等位电势是一个主要的零位误差，产生不等位电势的主要原因：一是两个霍尔电势板在制作过程中并非绝对对称；二是电阻率不均匀；三是霍尔元件的厚度不均匀；四是控制电流极的端面接触不良。

分析不等位电势的方法：把霍尔元件等效为一个电桥，电桥的四个电阻分别为 r_1、r_2、r_3、r_4，如图 8-10 所示。当两个霍尔电势极在同一等位面上时，$r_1=r_2=r_3=r_4$，则电桥平

衡 $U_o=0$；当霍尔电势不在同一等位面上时[图 8-9(a)]，因 r_3 减小、r_4 增大，则电桥平衡被破坏，因此，输出电压 U_o 不为 0。恢复电桥平衡办法：增大 r_2 或 r_3。如果确知霍尔电极偏离等位面的方向，就可以采用一些补偿的方法减小不等位电势。图 8-11 给出了不等位电势采用补偿线路进行补偿的方法。

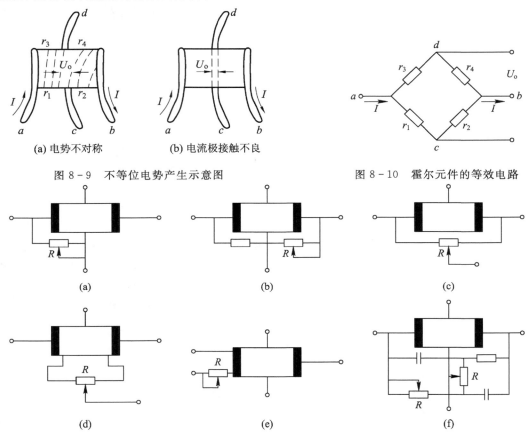

(a) 电势不对称　　　　　(b) 电流极接触不良

图 8-9　不等位电势产生示意图　　　　图 8-10　霍尔元件的等效电路

(a)　　　　　(b)　　　　　(c)

(d)　　　　　(e)　　　　　(f)

图 8-11　不等位电势的几种补偿方法

2）寄生直流电势

由于霍尔元件的电极不可能做到完全的欧姆接触，在控制电极板和霍尔电势板上都可能出现整流效应。因此，当元件通以交流控制电流（不加磁场）时，它的输出除了交流不等位电势外，还有一直流电势分量，此电势分量称为寄生直流电势。

产生寄生直流电势的原因：一是控制电流与霍尔电势极的欧姆接触不良造成的整流效应；二是霍尔电势极的焊点大小不一致，两焊点的热容量不一致产生温差，造成直流附加电势。

减小寄生直流电势的措施：寄生直流电势是霍尔元件零位误差的一个组成部分，它的存在对于霍尔元件在交流情况下使用是有很大障碍的，尤其是当直流附加电势随时间变化时，将会导致输出漂移。为了减少寄生直流电势，在元件的制作和安装时，应尽量改善电极的欧姆接触性能和元件的散热条件。

3）感应零电势 U_{io}

当没有控制电流时，在交流或脉动磁场作用下产生的电势叫感应零电势 U_{io}。其大小与

霍尔电极引线构成的感应面积 A 成正比,如图 8 - 12(a)所示。由电磁感应定律可得

$$U_{io} = -A \frac{dB}{dt} \qquad\qquad (8 - 6)$$

式中,B 为感应强度。磁感应零电势补偿方法如图 8 - 12(b)、(c)所示,使霍尔电势极引线围成的感应面积 A 所产生的感应电势互相抵消。

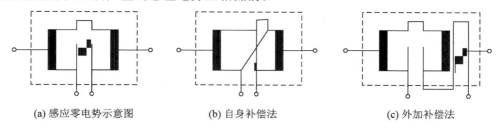

(a) 感应零电势示意图　　　　(b) 自身补偿法　　　　(c) 外加补偿法

图 8 - 12　磁感应零电势及其补偿

4) 自激场零电势

当霍尔元件通以控制电流时,此电流就会产生磁场,这一磁场称为自激场。左右两半场相等,产生的电势因方向相反而抵消,如图 8 - 13(a)所示。

实际应用时并非两半场相等,如图 8 - 13(b)分布量,因而有霍尔电势输出,此电势称为自激场零电势。

克服自激场零电势的措施:在安装过程中,适当安排控制电流引线。

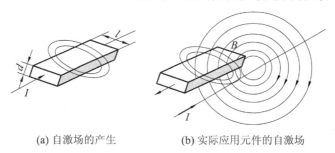

(a) 自激场的产生　　　　　　(b) 实际应用元件的自激场

图 8 - 13　元件自激场电势示意图

3. 霍尔元件的温度特性及补偿方法

霍尔元件与一般半导体器件一样,对温度的变化是很敏感的。这是因为半导体材料的电阻率、迁移率和载流子浓度等随温度变化。因此,霍尔元件的性能参数,如内阻、霍尔电动势等也随温度变化。

1) 温度对内阻的影响

内阻定义:霍尔元件控制电流两端之间的输入电阻和霍尔电势两输入端的输出电阻。霍尔元件的材料不同,内阻与温度的关系不同,内阻与温度的关系如图 8 - 14 所示。

从图 8 - 14(a)中可以看出锑化铟对温度最敏感,其温度系数最大,低温范围内尤其明显,其次是硅,砷化铟的温度系数最小。图 8 - 14(b)中比较了 HZ - 1,2,3 和 HZ - 4 型元件内阻与温度的关系。HZ - 1,2,3 三种元件的温度系数在 80 ℃左右开始由正变负,而 HZ - 4 在 120 ℃左右开始由正变负。

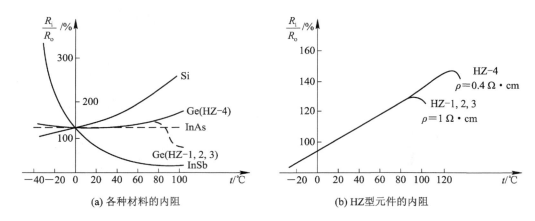

图 8-14　内阻与温度的关系

2）温度对霍尔输出的影响

图 8-15 给出了各种材料的霍尔输出随温度变化的情况。从图 8-15（a）中可以看出锑化铟变化最明显；硅的霍尔电势温度系数最小；其次是砷化铟和锗。HZ 型元件的霍尔输出电势与温度关系如图 8-15（b）所示。当温度在 50 ℃ 左右时，HZ-1，2，3 输出的温度系数由正变负，而 HZ-4 则在 80 ℃ 左右由正变负。此转折点的温度称为元件的临界温度。考虑元件工作时的温升，工作温度还应适当降低。

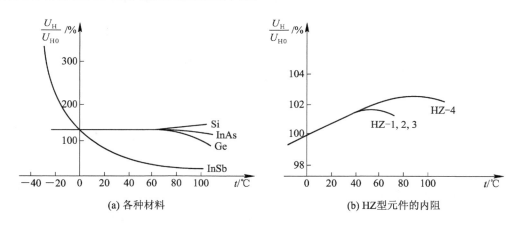

图 8-15　霍尔电势与温度的关系

3）温度补偿

为了减小霍尔元件的温度误差，除选用温度系数较小的元件（如砷化铟）或采用恒温措施外，用恒流源供电往往可以得到明显的效果。恒流源供电的作用是减小元件内阻随温度变化而引起的控制电流的变化。但采用恒流源供电还不能完全解决霍尔电势的稳定问题，因此，还必须结合其他补偿电路。图 8-16 所示是一种既简单，又有较好的补偿效果的温度补偿线路。在该线路中，控制电流

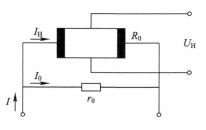

图 8-16　温度补偿线路

极并联一个合适的补偿电阻 r_0，这个电阻起分流作用。当温度升高时，霍尔元件的内阻迅速增加，所以通过元件的电流减小，而通过补偿电阻 r_0 的电流却增加，这样利用元件内阻的温度特性和一个补偿电阻就能自动调节通过霍尔元件的电流的大小，从而起到补偿作用。

8.1.4　霍尔元件的设计要点

1. 霍尔元件尺寸的考虑

1）尺寸 L 和 l 的考虑

如果要使霍尔效应强，必须使霍尔元件 U_H 和传递系数 k 增大（ $k = \dfrac{U_H}{U_I} = \dfrac{\mu B \sin \alpha}{L/l}$，式中 μ 为迁移率），则必须使 L/l 减少，这就要求霍尔片的长度 L 值减小，而宽度 l 值增大。也就是要求提供霍尔电势的两个表面要做成点状，越小越好。而提供控制电流 I 的两个表面尺寸越大越好，但此两个表面增大必对霍尔电势起短路作用，因此在设计和制作霍尔片时，l 值不宜过大。

2）L/l 的确定

经验表明：当取 $L/l \approx 2$ 时，霍尔电势可达最大值。

2. 霍尔元件材料的确定

1）确定材料的依据

由霍尔元件控制极的电阻率 $\rho = k_H/\mu$ 及 $K_H = \rho \mu$ 知，若霍尔电势 U_H 大，霍尔效应常数 K_H 必须大，则必须使材料的电阻率 ρ 和迁移率 μ 均大，但这一要求不是所有材料均能满足的。

对金属材料，电阻率 ρ 低，但迁移率 μ 高；对绝缘体材料，电阻率 ρ 高，但迁移率 μ 低；对半导体材料，电阻率 ρ 和迁移率 μ 均高。因此，只有半导体材料才最适合作为霍尔元件材料。

2）制作霍尔元件的半导体材料

常用的制作霍尔元件的半导体材料有锗、硅、砷化铟、锑化铟等。

3. 霍尔片的结构

（1）霍尔片尺寸：国产霍尔元件尺寸一般为 $L = 4$ mm，$l = 2$ mm，$d = 0.1$ mm。

（2）霍尔电极要求：沿长度 L 方向受力要小；电极两侧要对称，安置于正中位置。

（3）激励电极（控制极）：$L/l = 2$。

（4）垂直磁场的两个表面：均为光滑。

（5）霍尔片封装：霍尔片一般需要用陶瓷或环氧树脂或硬橡胶进行封装。

8.1.5　霍尔传感器的应用

1. 霍尔元件的叠加连接

为获得较大的霍尔电势输出，提高霍尔输出灵敏度，采用输出叠加的连接方式，图 8-17 所示为霍尔元件输出的叠加连接图。

1）直接供电

直流供电时霍尔元件输出的叠加连接控制电流并联，如图 8-17(a)所示，R_1、R_2 为可调电阻，调 R_1、R_2 使两元件输出相等，c、d 为输出端，输出为单元件的 2 倍。

2）交流供电

交流供电时霍尔元件输出的叠加连接控制电流串联，如图 8 - 17(b)所示，各元件输出端接至输出电压器各初级绕组，变压器的次级便得到霍尔输出信号的叠加。

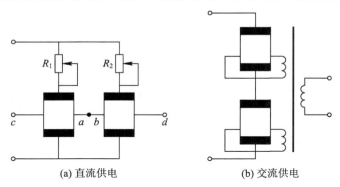

(a) 直流供电　　　　　　　　　　　　　(b) 交流供电

图 8 - 17　霍尔元件输出的叠加连接

2. 霍尔传感器的应用范围

（1）当控制电流不变时，传感器处于非均匀磁场中，传感器的输出值正比于磁感应强度，如测磁场、位移、转速、加速度等。

（2）磁场不变时，传感器输出值正比于控制电流值。所以，凡是转换成电流变化的各量，均能被测量。

（3）传感器输出值正比于磁感应强度和控制电流之积，可用于乘法运算或功率计算等方面。

3. 霍尔传感器的应用举例

1）位移的测量

图 8 - 18(a)是霍尔位移传感器的磁路结构示意图。在极性相反、磁场强度相同的两个磁钢的气隙中放置一块霍尔片，当霍尔片元件的控制电流 I 不变时，霍尔电势 U_H 与磁感应强度成正比。若磁场在一定范围内沿 x 方向的变化梯度 $\dfrac{\mathrm{d}B}{\mathrm{d}x}$ 为一常数，如图 8 - 18(b)所示，则当霍尔元件沿 x 方向移动时，霍尔电势的变化为

$$\frac{\mathrm{d}U_H}{\mathrm{d}x} = K_H I \frac{\mathrm{d}B}{\mathrm{d}x} = K \tag{8-7}$$

式中，K 为位移传感器输出灵敏度。将式(8-7)积分后便得

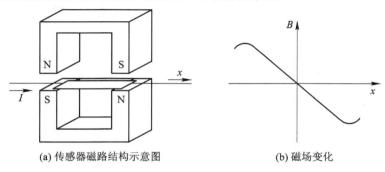

(a) 传感器磁路结构示意图　　　　　　　　(b) 磁场变化

图 8 - 18　霍尔位移传感器的磁路结构示意图和磁场变化

$$U_{\mathrm{H}} = Kx \qquad\qquad (8-8)$$

由式(8-8)可知,霍尔电势与位移量 x 呈线性关系,霍尔电势的极性反映了元件位移的方向。实践证明,磁场梯度越大,灵敏度也就越高;磁场梯度越均匀,则输出线性度就越好。式(8-8)还说明了当霍尔元件位于磁钢中间位置时,即 $x=0$,霍尔电势 $U_{\mathrm{H}}=0$。这是因为在此位置元件受到方向相反、大小相等的磁通作用。基于霍尔效应制成的位移传感器一般可用来测量 $1\sim2$ mm 的小位移,其特点是惯性小,响应速度快。利用这一原理可以测量其他非电量,如压力、压差、液位、流量等。

2) 压力的测量

图 8-19 是霍尔压力传感器的测量原理图。作为压力敏感元件的弹簧管,其一端固定,另一端安装霍尔元件,当输入压力增加时,弹簧管伸长,使处于恒定梯度磁场中的霍尔元件产生相应的位移。霍尔元件的输出信号即可线性地反映出压力的大小。

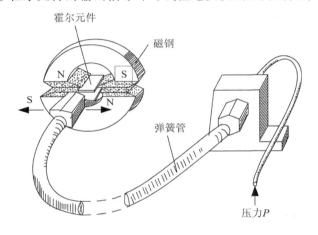

图 8-19　霍尔压力传感器的测量原理图

3) 霍尔转速测量

利用霍尔元件或霍尔集成电路不但可以构成霍尔位移传感器,实现对微小位移的测量,而且可利用霍尔元件或霍尔集成电路构成霍尔转速传感器,实现对转速的测量。

霍尔转速传感器通常由转盘、小磁铁及霍尔元件或霍尔集成传感器构成,有多种结构形式,图 8-20 给出了几种常用的结构形式。当在圆盘上嵌装多块小磁铁时,相邻两块磁铁的极性要相反,如图 8-20(d)所示。

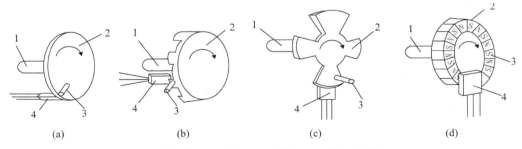

1—输入轴;2—转盘;3—小磁铁;4—霍尔传感器

图 8-20　霍尔转速传感器的常用结构形式

用霍尔转速传感器测量转速时，将输入轴与被测量轴相连。当被测转轴转动时，转盘及安装在上面的小磁铁随之一起转动。当转盘上的小磁铁经过固定在转盘附近的霍尔集成传感器时，便可在霍尔传感器中产生一个电脉冲，经测量电路检测出单位时间内的脉冲数，根据转盘上放置小磁铁的数量，便可计算出被测转速，还可确定出该转速传感器的分辨率。配上适当的电路就可构成数字式转速表，并且是非接触测量。

这种转速表对测量影响小，输出信号的幅值又与转速无关，因此测量精度高，测速范围为 $1 \sim 10^4$ r/s，广泛应用于汽车速度和行车里程的测量显示系统中。

由于霍尔转速传感器具有非接触，体积小，质量轻，耐振动，寿命长，工作温度范围宽，检测不受灰尘、油污、水汽等因素的影响和测量精度高等优点，因此，在出租车计价器上作为车轮转数的检测部件被广泛采用。但为了测量准确、可靠，不是把它直接安装在车轮上，而是把它安装在变速箱的输出轴上，通过测量变速箱输出轴的转数来间接计量汽车的行车里程，进而计算出乘车费用。因为汽车变速箱的输出轴到车轮轴的传动比是一定的，而汽车轮胎的周长也是一定的。测量出变速箱输出轴的转数就可以计算出汽车轮胎的转速，从而计算出汽车的行车里程。

出租车计价器的结构框图如图 8-21 所示。使用时把霍尔转速传感器安装在变速箱输出轴上。按下开始按钮，当汽车行走时，霍尔转速传感器把变速箱输出轴的转数信号送至单片机，通过计算机编程，可使单片机根据变速箱输出轴与车轮轴的传动比和车轮胎的周长，自动计算出汽车的行车里程和乘车费用，并送给显示器进行显示。到达目的地后按下结束按钮，即可将乘车里程数和缴费数打印出来，实现乘车里程和费用的自动结算。

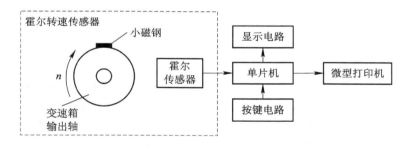

图 8-21　出租车计价器的结构框图

4）计数装置

UGN3501T 具有较高的灵敏度，能感受到很小的磁场变化，利用这一特性可以制成一种钢球计数装置。该装置实际上是通过检测物体的有无来实现计数的。

用霍尔传感器检测有无物体时，要和永久磁铁一起使用。在分析磁系统时，有两种情况，一种是检测无磁性物体时要借助于接近装在被测物体上的磁铁来产生磁场；另一种是检测强磁性物体时将磁铁固定，可检测到因强磁性物体的接近而产生的磁场变化。霍尔传感器检测到磁场或磁场的变化时，便输出霍尔电压，从而实现检测有无物体的目的。

图 8-22 是一个应用霍尔传感器对钢球进行计数的装置及电路。因为钢球为强磁性物体，所以在装置中将永久磁铁固定。当有钢球滚过时，磁场就发生一次变化，传感器输出的

霍尔电压也变化一次，这相当于输出一个脉冲。该脉冲信号经运算放大器 UA741 放大后，送入三极管 2N5812 的基极，三极管便导通一次。如在该三极管的集电极接上一个计数器，即可对滚过传感器的钢球进行计数。

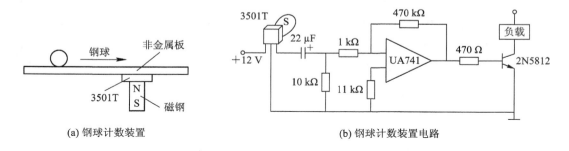

(a) 钢球计数装置　　　　　　　　　　　　　(b) 钢球计数装置电路

图 8 - 22　钢球计数装置及电路图

5）霍尔接近开关

利用开关型霍尔集成电路制作的接近开关具有结构简单、抗干扰能力强的特点，如图 8 - 23 所示。运动部件 3 上装有一块永久磁铁 2，它的轴线与霍尔传感器 1 的轴线处在同一直线上。当磁铁随运动部件 3 移动到距传感器几毫米到十几毫米的距离（此距离由设计确定）时，传感器的输出由高电平变为低电平，经驱动电路使继电器吸合或释放，运动部件停止移动。

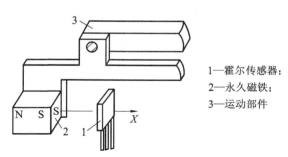

1—霍尔传感器；
2—永久磁铁；
3—运动部件

图 8 - 23　霍尔接近开关结构图

6）角位移测量仪

角位移测量仪结构如图 8 - 24 所示。霍尔器件与被测物联动，而霍尔器件又在一个恒

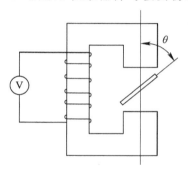

图 8 - 24　角位移测量仪结构图

定的磁场中转动，于是霍尔电动势 U_H 就反映了转角 θ 的变化。不过，这个变化是非线性的（U_H 正比于 $\sin\theta$），若要求 U_H 与 θ 呈线性关系，必须采用特定形状的磁极。

　　7）汽车霍尔电子点火器

　　图 8-25 给出了汽车霍尔电子点火器磁路示意图。将霍尔元件 3 固定在汽车分电器的白金座上，在分火点上装一个隔磁罩 1，罩的竖边根据汽车发动机的缸数开出等间距的缺口 2，当缺口对准霍尔元件时，磁通通过霍尔器件而成闭合回路，所以电路导通，如图 8-25(a) 所示，此时霍尔电路输出低电平小于或等于 0.4 V；当罩边凸出部分挡在霍尔元件和磁体之间时，电路截止，如图 8-25(b) 所示，霍尔电路输出高电平。

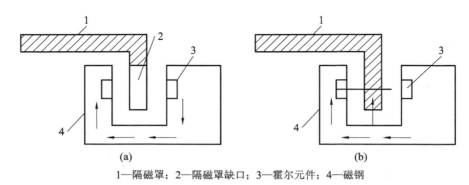

1—隔磁罩；2—隔磁罩缺口；3—霍尔元件；4—磁钢

图 8-25　汽车霍尔电子点火器磁路示意图

　　图 8-26 是汽车霍尔电子点火器原理图。在图 8-26 中，当霍尔传感器输出低电平时，BG_1 截止，BG_2、BG_3 导通，点火线圈的初级有一恒定电流通过。当霍尔传感器输出高电平时，BG_1 导通，BG_2、BG_3 截止，点火器的初级电流截断，此时储存在点火线圈中的能量由次级线圈以高电压放电的形式输出，即放电点火。

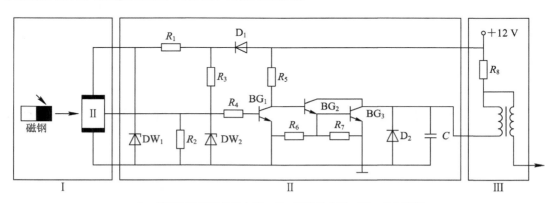

I—带霍尔传感器的分电器；II—开关放大器；III—点火线圈

图 8-26　汽车霍尔电子点火器原理图

　　汽车霍尔电子点火器，由于具有无触点、节油，能适用于恶劣的工作环境和各种车速，冷起动性能好等特点，目前在国外已被广泛采用。

8.2　气 敏 传 感 器

8.2.1　气敏传感器概述

所谓半导体气敏传感器，是利用半导体气敏元件同气体接触，造成半导体性质变化，借此来检测特定气体的成分或测量其浓度的传感器的总称。

早在 20 世纪 30 年代就已经发现氧化亚铜的电导率随水蒸气的吸附而发生变化，其后又发现许多其他金属氧化物也都具有气敏效应。这些金属氧化物简称半导磁。由于半导磁与半导体单晶相比具有工艺简单、价格低廉的优点，因此已经用它制作了多种具有使用价值的敏感元件。

进入 20 世纪 70 年代，SnO_2（氧化锡）半导体气敏元件发展很快。除推进烧结型 SnO_2 气敏元件的应用研究之外，也对薄膜型、厚薄膜型 SnO_2 气敏元件进行了深入研究。尤其是对能够识别检测气体种类和浓度的选择性气敏器件，做了大量研究工作。

SnO_2 半导体气敏元件与其他类型气敏元件相比，具有如下特点：一是气敏元件阻值与检测气体浓度呈指数变化关系。因此，这种器件非常适用于微量低浓度气体的检测。二是 SnO_2 材料的物理或化学稳定性较好，与其他类型气敏元件相比，SnO_2 气敏元件寿命长，稳定性好，耐腐蚀性强。三是 SnO_2 气敏元件对气体检测是可逆的，而且吸附时间短，可连续长时间使用。四是元件结构简单、成本低、可靠性较好，机械性能良好。五是对气体检测不需要复杂的处理设备，待检测气体可通过元件电阻变化直接转变为电信号，且元件电阻率变化大，因此，信号处理可不用高倍数放大电路就可实现。

8.2.2　SnO_2 的基本性质

SnO_2 是一种白色粉末，密度为 $6.16\sim7.02\ g/cm^3$，熔点为 $1127℃$，在更高温度下才能分解，沸点高于 $1900℃$。SnO_2 不溶于水，能溶于热强酸和碱。SnO_2 晶体结构是金红石型结构；具有正方晶系对称，其晶胞为体心正交平行六面体，体心和顶角被锡（Sn）离子占据。其晶胞结构如图 8-27 所示，晶格常数为 $a=0.475\ nm$，$c=0.319\ nm$。

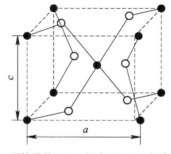

a,c—晶格常数；●—氧离子；○—锡离子

图 8-27　金红石结构的 SnO_2 氧化物晶胞图

SnO₂ 的气敏效应是在多晶 SnO₂ 材料上发现的。经实验发现，SnO₂ 对多种气体具有气敏特性。用烧结法或制模法制备的多孔型 SnO₂ 半导体材料，其电导率随接触气体的种类而变化。一般吸附还原性气体时电导率升高，而吸附氧化性气体时其电导率降低。这种阻值变化情况如图 8-28 所示。

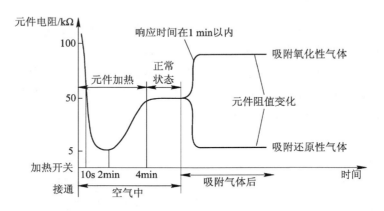

图 8-28　SnO₂ 气敏元件电阻与吸附气体的关系

实验及理论分析表明，SnO₂ 的气敏效应受下列一些主要因素的影响：

(1) SnO₂ 结构组成对气敏效应的影响。SnO₂ 具有金红石型晶体结构，用于制作气敏元件的 SnO₂ 一般都是偏离化学计量比的，在 SnO₂ 中有氧空位或锡间隙原子，这种结构缺陷直接影响气敏器件特征。一般来说，SnO₂ 中氧空位多，气敏效应明显。

(2) SnO₂ 中添加物对气敏效应的影响。实验证明，SnO₂ 的添加物质对其气敏效应有明显影响。

(3) 烧结温度和加热温度对气敏效应的影响。实验证明，制作元件的烧结温度和元件工作时的加热温度，对其气敏性能有明显影响。因此，利用元件这一特性可进行选择性检测。

8.2.3　SnO₂ 气敏元件的结构

SnO₂ 气敏元件主要有三种类型：烧结型、薄膜型和厚膜型。其中烧结型 SnO₂ 气敏元件是目前最成熟、应用最广泛的元件，这里仅介绍其结构。

烧结型 SnO₂ 气敏元件是以多孔质陶瓷 SnO₂ 为基材（精度在 1 μm 以下），添加不同物质，采用传统制陶方法进行烧结。烧结时埋入测量电极和加热丝，制成管芯，最后将电极和加热丝引线焊在管座上，并罩覆于两层不锈钢网中而制作元件。这种元件主要用于检测还原性气体、可燃性气体和液体蒸汽。在元件工作时需加热到 300 ℃ 左右，按其加热方式可分为直热式和旁热式两种。

1. 直热式 SnO₂ 气敏元件

直热式 SnO₂ 气敏元件又称为内热式，这种元件的结构示意及图形符号如图 8-29 所示，元件管芯由三部分组成：SnO_2 基体材料、加热丝、测量丝，它们都埋在 SnO_2 基材内，工作时加热丝通电加热，测量丝用于测量元件的阻值。

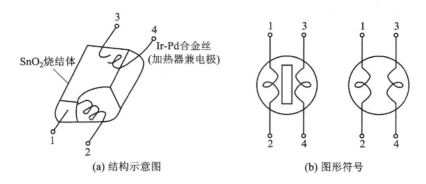

(a) 结构示意图　　　　　　　　　　(b) 图形符号

图 8-29　直热式气敏元件结构示意图及图形符号

这种类型元件的优点：制作工艺简单、成本低、功耗小，可以在高回路电压下使用，可制成价格低廉的可燃气体泄漏报警器。国内 QN 型和 QM 型气敏元件，日本弗加罗 TGS-109 型气敏元件就是这种结构。

直热式气敏元件的缺点：热容量小，易受环境气流的影响；测量回路与加热回路间没有隔离，互相影响；加热丝在加热时和不加热状态下会产生胀缩，易造成与材料的接触不良。

2. 旁热式 SnO_2 气敏元件

旁热式 SnO_2 气敏元件的结构示意如图 8-30 所示。其管芯增加了一个陶瓷管，在管内放进高阻加热丝，管外涂梳状金电极作测量极，在金电极外涂 SnO_2 材料。

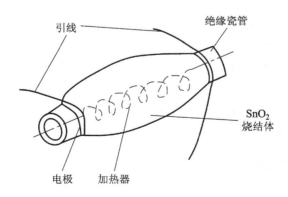

图 8-30　旁热式气敏元件结构示意图

这种结构克服了直热式的缺点，其测量极与加热丝分开，加热丝不与气敏元件接触，避免了回路间的互相影响；元件热容量大，降低了环境气氛对元件加热温度的影响，并保持了材料结构的稳定性。所以，这种元件的稳定性、可靠性较直热式有所改进。目前国产 QM-N5 型气敏元件，日本弗加罗 TGS812、TGS813 型气敏元件均采用这种结构。

8.2.4 SnO$_2$ 气敏元件的工作原理

现以烧结型 SnO$_2$ 气敏元件为例，解释 SnO$_2$ 半导体气敏元件的工作原理。烧结型 SnO$_2$ 气敏元件是表面电阻控制型元件。制作元件的气敏材料是多孔质 SnO$_2$ 烧结体。在晶体组成上，锡或氧往往偏离化学计量比。在晶体中如果氧不足，将出现两种情况：一种是产生氧空位；另一种是产生锡间隙原子。但无论哪种情况，都会在禁带靠近导带的地方形成施主能级。这些施主能级上的电子，很容易激发到导带而参与导电。

烧结型 SnO$_2$ 气敏元件的气敏部分，就是这种 N 型 SnO$_2$ 材料晶粒形成的多孔质烧结体，其结合模型可用图 8-31 表示。

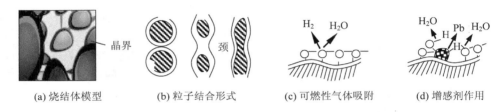

(a) 烧结体模型　　　(b) 粒子结合形式　　　(c) 可燃性气体吸附　　　(d) 增感剂作用

图 8-31　SnO$_2$ 烧结体对气体的敏感机理

这种结构的半导体，其晶粒接触界面存在电子热垒，其接触部（或颈部）电阻对元件电阻起支配作用。显然，这一电阻主要取决于热垒高度和接触部形状，亦即主要受表面状态和晶粒直径大小等的影响。

氧吸附在半导体表面时，吸附的氧分子从半导体表面获得电子，形成受主型表面能级，从而使表面带负电。

$$\frac{1}{2}O_2(\text{气}) + ne \rightarrow O^{n-}_{\text{吸附}} \tag{8-9}$$

式中，$O^{n-}_{\text{吸附}}$ 表示吸附氧；e 为电子电荷；n 为电子个数。因此，SnO$_2$ 气敏元件在空气中放置时，其表面总是会有吸附氧，其吸附状态均是负电荷吸附状态。对 N 型半导体来说，形成电子热垒，使器件阻值升高。当 SnO$_2$ 气敏元件接触还原性气体如 H$_2$、CO 等时，被测气体则同吸附氧发生反应，如图 8-31(c) 所示，减小了 $O^{n-}_{\text{吸附}}$ 密度，降低了热垒高度，从而降低了器件阻值。添加增感剂（如 Pb）时，增感剂可以起催化作用从而促进上述反应，提高了器件的灵敏度。增感剂作用如图 8-31(d) 所示。

8.2.5 SnO$_2$ 主要性能参数

1. 固有电阻 R_0 和 R_S

固有电阻 R_0 表示气敏元件在正常空气条件下（或洁净空气条件下）的阻值，又称正常电阻。工作电阻 R_S 代表气敏元件在一定浓度的检测气体中的阻值。实验发现，元件工作电阻与各种检测气体浓度 C 都遵循共同规律，即具有如下关系

$$\log R_S = m\log C + n \tag{8-10}$$

式中，m、n 为常数，m 代表器件相对于气体浓度变化的敏感性，又称气体分离能，对于可

燃性气体，m 值为 $1/3 \sim 1/2$；n 与检测气体灵敏度有关，随元件材料、气体种类而异，并随测试温度和材料中有无增感剂而有所不同。

2. 灵敏度 K

气敏元件的灵敏度通常用气敏元件在一定浓度的检测气体中的电阻与正常空气中的电阻之比来表示，灵敏度 K 为

$$K = \frac{R_{\mathrm{S}}}{R_0} \qquad\qquad (8-11)$$

由于正常空气条件往往不易获得，所以，常用在两种不同浓度的气体中的元件电阻之比来表示灵敏度，即

$$K = \frac{R_{\mathrm{S}}(C_2)}{R_{\mathrm{S}}(C_1)} \qquad\qquad (8-12)$$

式中，$R_{\mathrm{S}}(C_1)$ 代表在检测气体浓度为 C_1 的气体中的元件电阻；$R_{\mathrm{S}}(C_2)$ 代表在检测气体浓度为 C_2 的气体中的元件电阻。

3. 响应时间 t_{res}

把元件从接触一定浓度的被测气体开始，到其阻值达到该浓度下稳定阻值的时间，称为响应时间，用 t_{res} 表示。

4. 恢复时间 t_{rec}

把气敏元件从脱离检测气体开始，到其阻值恢复到正常空气中阻值的时间，称为恢复时间，用 t_{rec} 表示。

5. 加热电阻 R_{H} 和加热功率 P_{H}

为气敏元件提供工作温度的加热器电阻称为加热电阻，用 R_{H} 表示。气敏元件正常工作所需要的功率称为加热功率，用 P_{H} 表示。

以上介绍了 SnO_2 气敏器件常用的几个主要特性参数。图 8-32 为 SnO_2 气敏元件基本测试电路。

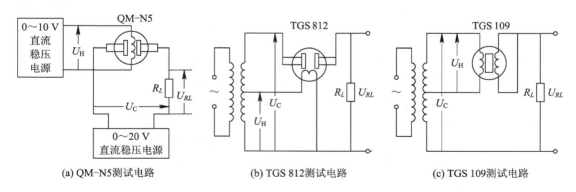

(a) QM-N5测试电路　　　(b) TGS 812测试电路　　　(c) TGS 109测试电路

图 8-32　SnO_2 气敏元件基本测试电路

6. 洁净空气中的电压 U_0

在洁净空气中，气敏元件负载电阻上的电压，称为洁净空气中的电压，用 U_0 表示。U_0 与 R_0 的关系为

$$U_0 = \frac{U_C R_L}{R_0 + R_L} \quad 或 \quad R_0 = \frac{U_C R_L}{U_0} - R_L \qquad (8-13)$$

式中，U_C 为测试回路电压；R_L 为负载电阻。

7. 标定气体中的电压 U_{CS}

SnO$_2$ 气敏元件在不同气体、不同浓度条件下，其阻值将发生相应变化。因此，为了给出元件的特性，一般总是在一定浓度的气体中进行测试标定，把这种气体称为标定气体。例如，QM-N5 气敏元件用 0.1% 丁烷(空气稀释)为标定气体，TGS 813 气敏元件用 0.1% 甲烷(空气稀释)为标定气体等。在标定气体中，气敏元件的负载电阻上电压的稳定值称为标定气体中的电压，用 U_{CS} 表示。显然，U_{CS} 与元件工作电阻 R_S 相关。

$$U_{CS} = \frac{U_C R_L}{R_S + R_L} \quad 或 \quad R_S = \frac{U_C R_L}{U_{CS}} - R_L \qquad (8-14)$$

8. 电压比 K_U

电压比是表示气敏元件对气体的敏感特性，与气敏元件灵敏度相关。它的物理意义可按下式表示：

$$K_U = \frac{U_{C1}}{U_{C2}} \qquad (8-15)$$

式中，U_{C1} 和 U_{C2} 为气敏元件在接触浓度为 C_1 和 C_2 的标定气体时负载电阻上电压的稳定值。

有时用电压比表示气敏元件的灵敏度。实际上，由式(8-12)和式(8-14)可得

$$\frac{U_{C1}}{U_{C2}} = \frac{U_C R_L}{R_S(C_1) + R_L} \Big/ \frac{U_C R_L}{R_S(C_2) + R_L} = \frac{R_S(C_2) + R_L}{R_S(C_1) + R_L}$$

一般 $R_S \gg R_L$，则有 $\frac{U_{C1}}{U_{C2}} \approx \frac{R_S(C_2)}{R_S(C_1)}$，即 $K_U \approx K$。

9. 回路电压 U_C

测试 SnO$_2$ 气敏元件的测试回路所加电压称为回路电压，用 U_C 表示。这个电压对测试和使用气敏器件很有实用价值。根据此电压值，可以选负载电阻，并对气敏元件的输出信号进行调整。对旁热式 SnO$_2$ 气敏元件，一般取 $U_C = 10$ V。

10. 基本测试电路

烧结型 SnO$_2$ 气敏元件基本测试电路如图 8-32 所示。图 8-32(a)为采用直流电压测试旁热式气敏元件电路，图 8-32(b)、(c)采用交流电压测试旁热式和直热式气敏元件电路。无论哪种电路，都必须包括两部分，即气敏元件的加热回路和测试回路。现以图 8-32(a)为例，说明其测试原理。

图 8-32(a)中，0～10 V 直流稳压电流与元件加热器组成加热回路，稳压电源供给器件加热电压 U_H；0～20 V 直流稳压电源与气敏元件及负载电阻组成温度回路，直流稳压电源供给测试回路电压 U_C，负载电阻 R_L 兼作取样电阻。从测量回路可得到

$$I_C = \frac{U_C}{R_S + R_L} \qquad (8-16)$$

式中，I_C 为回路电流。负载电阻上的压降 U_{RL} 为

$$U_{RL} = I_C R_L = \frac{U_C R_L}{R_S + R_L} \quad 或 \quad R_S = \frac{U_C R_L}{U_{RL}} - R_L \qquad (8-17)$$

由式(8-17)可见，U_{RL} 与气敏元件电阻 R_S 具有对应关系，当 R_S 降低时，U_{RL} 增高，反之亦然。因此，测量 R_L 上的电压降，即可测得气敏器件电阻 R_S。

图 8-32(b)、(c)测试原理与图 8-32(a)相同，用直流法还是用交流法测试，不影响测试效果，可根据实际情况选用。

8.2.6　气敏传感器的应用

半导体气敏元件由于具有灵敏度高、响应时间和恢复时间短、使用寿命长和成本低等优点，得到了广泛的应用。目前，应用最广、最成熟的是烧结型气敏元件，主要是 SnO_2、ZnO 和 $\gamma\text{-}Fe_2O_3$ 等气敏元件。

这里以烧结型 SnO_2 半导体气敏元件的应用为主，重点介绍了对可燃性气体、易燃和可燃性液体蒸气泄漏的检测、报警和监控等方面的实际应用。

1. 半导体气敏元件的应用分类

半导体气敏元件的应用，按其用途可分为以下几种类型：

(1) 检漏仪(或称探测器)。它是利用气敏元件的气敏特性，将其作为电路中的气-电转换元件，配以相应的电路、指示仪或声光显示部分而组成的气体探测仪器。这类仪器通常都要求有高灵敏度。

(2) 报警器。这类仪器是对泄漏气体达到危险限值时自动进行报警的仪器。

(3) 自动控制仪器。它是利用气敏元件的气敏特性实现电气设备自动控制的仪器，如电子灶烹调自动控制、换气扇自动换气控制等。

(4) 测试仪器。它是利用气敏元件对不同气体具有不同的元件电阻-气体浓度关系来测量、确定气体种类和浓度的。这种应用对气敏元件的性能要求较高，测试部分也要配以高精度测量电路。

气敏元件的应用，按其检测气体对象还可分为以下几种：

(1) 特定气体的检测。应用气敏元件对某种特定的单一成分的气体如甲烷、一氧化碳、氢气等进行检测。

(2) 混合气体的选择性检测。利用气敏元件对混合气体中的某一种气体进行检测。

(3) 环境气氛的检测。环境气氛经常发生变化，如某种气体含量的变化、温度的变化、湿度的变化等，都会引起环境气氛变化。利用气敏元件来检测每种变化就可测定气氛的状态。

2. 从气敏元件取出信号的种类

气敏元件在电路中是作为气-电转换器件而应用的，各种应用电路，都必须从气敏元件获得信号。取出信号的方法如下：

(1) 利用吸附平衡状态稳定值取出信号。气敏元件接触被检测气体后，气敏元件电阻将随气体种类和浓度而变化，最后达到平衡，元件电阻变为该气体浓度下的稳定值。利用这一特性，设计电路在元件电阻稳定后取出信号。这是一种常用的取出信号的方法。

(2) 利用吸附平衡速度取出信号。气敏元件表面对气体吸附平衡速度，因气体不同而有差异，在不同时刻，元件电阻具有不同值。利用这一特性，在不同时刻取出信号，可以设计检测气体的电路。这也是气敏元件应用电路中常用的信号取出方法。

（3）利用吸附平衡温度依存性取出信号。气敏元件表面对气体吸附强烈地依存于气敏元件的工作温度，每种气体都与特定的工作温度有依存关系。利用这种特性，可以设计元件在不同工作温度下取出信号的应用电路，在混合气体中，对特定气体进行选择性检测。

3. 气敏元件输出信号处理方法

设计气敏元件应用电路时，其输出信号可以采用以下几种处理方法。

（1）利用绝对值。以洁净空气中气敏元件输出作为基准，把气敏元件在检测气体中的输出值作为直接利用的信号。如大部分气体泄漏报警器采用这种方法。

（2）利用相对值。这是将一个气敏元件的某一输出值作为基准，把检测气体的输出值与基准值的比值作为有用输出的处理方法。如电子灶和发酵机的自动控制、漏气探测零位调整等，都采用这种处理方法。

（3）利用微分值。当气敏元件信号输出取决于吸附平衡速度时，可利用对输出值进行微分的方法处理。这也是一种常用的有效处理方法。

（4）利用积分值。这是应用气敏元件输出积分值的一种处理方法。

以上几种处理方法的选用，视应用电路的具体情况而定。

4. 气敏传感器在可燃性气体探测和检漏中的应用

目前，应用较多的是用 SnO_2 气敏元件研制成的探测和检漏仪，其形式多样，广泛地用于天然气、煤气、液化石油气、一氧化碳、氢气、氨气、氟利昂、烷类气体，以及醇类、醚类和酮类溶剂蒸气等的探测和检漏。应用这类仪器可直接探测上述气体的有无，还可以对管道容器和通信电缆进行检漏。

下面简要介绍几种实用电路。

1）袖珍式气体检漏仪

利用半导体气敏元件可以用电池供电，电路简单，可研制出袖珍式气体检漏仪，其特点是体积小、灵敏度高、使用方便。

图 8-33 是采用 QM-N5 型气敏传感元件组成的简易袖珍式气体检漏仪原理图。该电路简单，集成化，仅用四块与非门集成电路，可用镉镍电池供电，用压电蜂鸣器（HA）和发光二极管（VL）进行声光报警。气敏元件安装在探测杆端部探测时，可从机内拉出。

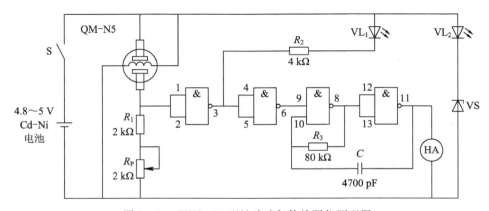

图 8-33　XKJ-48 型袖珍式气体检漏仪原理图

对检漏现场有防爆要求时，必须用防爆气体检漏仪进行检漏。与普通检漏仪不同的是，这种检漏仪壳体结构及有关部件要根据探测气体和防爆等级要求设计。采用 QM - N5 型气敏元件作为气-电转换元件，用电子吸气泵进行气体取样，用指针式仪表指示气体浓度，由蜂鸣器发出报警声响。

　　2）家用气体报警器

　　随着气体、液体燃料在家庭、旅馆等的广泛应用，为防止其泄漏造成灾害事故，用半导体气敏元件设计制造的报警器，给人们带来了安全保障。这种报警器可根据使用气体种类安放于容易检测气体泄漏的地方，如丙烷、丁烷气体报警器，安放于气体源附近地板上方 20 cm 以内；甲烷和一氧化碳报警器，安放于气体源上方靠近天棚处。这样就可随时检测气体是否泄漏，一旦泄漏的气体达到危险浓度，报警器便自动发出报警声响。

　　图 8 - 34 是一种最简单的家用气体报警器电路，气-电转换元件采用测试回路高电压的直热式气敏元件 TGS 109。当室内可燃气体增加时，由于气敏元件接触到可燃性气体而阻值降低，这样流经回路的电流便增加，可直接驱动蜂鸣器报警。

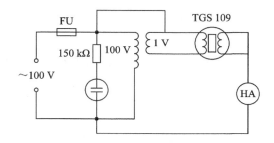

图 8 - 34　简易家用气体报警器电路

　　设计报警器时，很重要的是如何确定开始报警的气体浓度，即设计报警器报警浓度下限。选低了，灵敏度高，容易产生误报；选高了，又容易造成漏报，起不到报警效果。一般情况下，对于丙烷、乙烷、甲烷等气体，都选定报警浓度为其爆炸下限的十分之一。家庭用报警器，考虑温度、湿度和电源电压变化的影响，报警浓度下限应有一变化范围，出厂前按标准条件调整好，以确保环境条件变化时，也不发生误报和漏报。

8.3　湿敏传感器

8.3.1　湿度测量的意义

　　与温度相比，湿度的测量和控制虽然落后得多，然而近代工农业生产甚至人类的生活环境，对湿度测量与控制的要求愈来愈严格，例如，温室作物栽培时的湿度若不加以合理控制，势必影响产量；空调房间不只是温度一个参数控制得好就让人感到舒适，实验表明，只有将相对湿度控制在 40%～70%RH 的状态下，再配合以适当的温度调节才能获得满意的效果。

　　所谓湿度，就是空气中所含水蒸气的量，空气可分为干燥空气和潮湿空气两类。理想状态的干燥空气只含有约 78% 的氮气、21% 的氧和约占 1% 的其他气体成分，而不应含水蒸气。若将潮湿空气看成理想气体与水蒸气的混合气体,那么,它就应当符合道尔顿分压定律,即潮湿空气的全压就等于该混合物中各种气体分压之和。所以,设法测得水蒸气的分压,也就等于测出了空气的湿度。

8.3.2　湿度的表示方法和单位

正确地测知湿度非常困难。首先,现阶段还无法测量空气中的水蒸气,因此,不得不根据物理定律和化学定律测量与湿度有关系的"二次参数";其次,空气中的"杂质成分"对于湿度测量的影响极其复杂,而且水蒸气分压自身的变化也相当宽。

由于存在这些困难,长期以来人们只是从不同侧面,采用多种二次湿度参数来表征湿度的大小。

1. 水蒸气分压

水蒸气分压是将含湿空气看作理想气体混合物时水蒸气压的数值。

水蒸气分压是一个现在还不能直接测出的量,但因换算相对湿度、饱和差等湿度参数时又常常用到它,故人们设计了温度与饱和水蒸气压手册,可直接查出水蒸气分压。

2. 绝对湿度(AH)

绝对湿度表示单位体积所含水蒸气的质量。绝对湿度单位一般采用 g/m^3。温度为 t 时,绝对湿度 AH 与该种含湿空气或气体所含水蒸气分压的关系为

$$e = \frac{22.4 \times 101.3 \times (273 + t)\text{AH}}{18.0 \times 273} \tag{8-18}$$

水蒸气分压的单位是 Pa(1 标准大气压 $=760$ mmHg $=1.01325 \times 10^5$ Pa)。

式(8-18)虽是定义式,但因其分母与分子量纲不同,实用上相当不便,一般用相对湿度混合比或比湿参数表示湿度。

3. 混合比

除去某气体中的水蒸气,形成 1 kg 干燥气体时,所清除的水蒸气量(或此量与 1 kg 干燥气体的比)称为混合比,单位是 kg/kg、g/kg、mg/kg。

4. 比湿

1 kg 干燥气体中所含水蒸气的质量称为比湿,单位一般用 kg/kg、g/kg、mg/kg 表示。

5. 饱和度

1 kg 干燥气体中所含水蒸气量与同温度下 1 kg 气体所含的饱和水蒸气量之比叫作饱和度,一般用百分数表示。

6. 饱和差

气体的水蒸气分压与同温度下饱和水蒸气压的差,或者其绝对湿度与同温度时饱和状态的绝对湿度之差称为饱和差。

7. 相对湿度

气体的水蒸气分压与同温度下饱和水蒸气压的比值,或者其绝对湿度与同温度时饱和状态的绝对湿度的比值,称为相对湿度。相对湿度一般用百分数表示,记作"%RH"。

8. 露点

保持压力一定而降低待测气体温度至某一数值时，待测气体中的水蒸气达到饱和状态开始结露或结霜，此时的湿度称为这种气体的露点或霜点（℃）。

8.3.3　湿度的测量方法及湿敏元件

长期以来，人们积累了许多测量湿度的方法。例如，有设法吸收试样气体所含水蒸气，然后测出水蒸气质量的绝对测湿法；还有利用热力学原理的干湿球湿度计的相对湿度测量法和按毛发伸长量来测量湿度的毛发湿度计以及简易的露点计法，等等。这些方法测湿方便，应用广泛。但它们的共同缺点是体积大，对湿度变化响应缓慢，特别是还需要目测和查表换算等。随着现代科学技术的发展，一方面对湿度的测量提出精度高、速度快的要求；另一方面又要求把湿度转换成电信号，以满足自动检测、自动控制的要求。于是，相继开发出基于不同工作原理的湿敏元件。

湿敏元件可分为两类：一类是水分子亲和力型湿敏元件，它是利用水分子有较大的偶极矩，因而易于附着并渗入固体表面内的现象而制成的湿敏元件；另一类与水分子亲和力毫无关系，称为非水分子亲和力型湿敏元件，到目前为止，前者应用多于后者。

在湿度敏感元件发展的过程中，金属氧化物半导体陶瓷材料由于具有较好的热稳定性及抗脏污的特点，因而相继出现了各种各样的烧结型半导体陶瓷湿度敏感元件。本节主要介绍这种湿敏元件。

8.3.4　烧结型半导体陶瓷湿敏元件

烧结型半导体陶瓷湿敏元件，由于具有使用寿命长、可在恶劣的条件下工作、可检测到 1%RH 的低湿状态、响应时间短、测量精度高、使用温度范围宽（低于 150 ℃）以及湿滞环差较小等优点，所以在当前湿敏元件的生产和应用中，占有很重要的位置。

1. 工作原理

烧结型半导体陶瓷材料，一般为多孔结构的多晶体，而且在其形成过程中伴随有半导化过程。半导体陶瓷多系金属氧化物材料，其半导化过程通常是通过调整配方，进行掺杂，或通过控制烧结气氛有意造成氧元素过剩或不足而得以实现的。半导化过程的结果，使晶粒中产生了大量的载流子——电子或空穴。这样一方面使晶粒体内的电阻率降低；另一方面又使晶粒之间的界面处形成界面势垒，致使界面处的载流子耗尽而出现耗尽层。因此，晶粒界面的电阻率将远大于晶粒体内的电阻率，而成为半导体陶瓷材料在通电状态下电阻的主要部分，湿敏半导体陶瓷材料正是由于水分子在其表面和晶粒界面间的吸收所引起的表面和晶粒界面处电阻率的变化，才具有湿敏特性的。大多数半导体陶瓷属于负感湿特性的半导体陶瓷，其阻体随环境（空气）湿度的增加而减小。

湿敏金属氧化物半导体陶瓷之所以具有负感湿特性，是由于水分子在陶瓷晶粒间界的吸附，可离解出大量导电的离子，这些离子在水吸附层中就如同电解质溶液中的电离子一样担负着电荷的运输，也就是说，电荷的载流子是离子。

在完全脱水的金属氧化物半导体陶瓷的晶粒表面上，裸露着正金属离子和负氧离子。

水分子电离后，离解为正氢离子和负氢氧根离子。于是，在陶瓷晶粒的表面就形成了负氢氧根离子和正金属离子以及氢离子与氧离子之间的第一层吸附——化学吸附。

在上面已形成的化学吸附层中，吸附的水分子和由氢氧根离解出来的正氢离子，就以水合质子 H_3O^+ 的形式成为导电的载流子。水分子在已完成第一层化学吸附之后，随之形成第二层、第三层的物理吸附，同时使导电载流子 H_3O^+ 的浓度进一步增大。这些 H_3O^+ 在吸附水层中的导电行为，将同导电的电解质溶液中的导电离子的行为一样。在这种情况下，必将导致金属氧化物半导体陶瓷总阻值的下降，从而具有感湿特性。

金属氧化物半导体陶瓷材料，结构不甚致密，各晶粒之间带有一定的间隙，呈多孔毛细管状。因此，水分子可以通过陶瓷材料中的细孔，在各晶粒表面和晶粒间界上吸附，并在晶粒间界处凝聚。材料的细孔孔径越小，则水分子越容易凝聚，因此，这种凝聚现象就容易发生在各晶粒间界的颈部。晶粒间界的颈部接触电阻是陶瓷体整体电阻的主要部分，水分子在该部位的凝聚，其结果必将引起晶粒间界面处接触电阻明显地下降。当环境湿度增加时，水分子将在整个晶粒表面上由于物理吸附而形成多层水分子层，从而在测量电极之间将存在一个均匀的电解质层，使材料的电阻率明显地降低。

2. $MgCr_2O_4 - TiO_2$ 半导体陶瓷湿度敏感元件

在众多的金属氧化物半导体陶瓷湿度敏感元件中，由日本松下公司于1978年研制成功的用 $MgCr_2O_4 - TiO_2$ 固溶体组成的多孔性半导体陶瓷，是一种较好的感湿材料。利用它制得的湿敏元件，具有使用范围宽、湿度和温度系数小、响应时间短，特别是在对其进行多次加热清洗之后性能仍较稳定等诸多优点。目前，国内也有此类产品，如 SM-1 型半导体湿敏元件。

$MgCr_2O_4 - TiO_2$ 半导体陶瓷具有多孔性结构，气孔量较大（其气孔率为 25%～40%），气孔平均直径在 100～300 nm 范围内。因此，它具有良好的吸湿和脱湿特性，并能经得住热冲击。

由金属氧化物的晶体结构可知，$MgCr_2O_4 - TiO_2$ 属于立方尖晶石型结构，按其导电机构分类，属于 P 型半导体。TiO_2 属于金红石型结构，属于 N 型半导体，因此，$MgCr_2O_4 - TiO_2$ 属于复合型半导体陶瓷。只要适当选择二者成分的配比，完全可以获得感湿特性和温度特性均较理想的感湿材料。

$MgCr_2O_4 - TiO_2$ 半导体陶瓷湿敏元件的结构如图 8-35 所示。

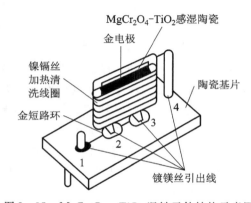

图 8-35　$MgCr_2O_4 - TiO_2$ 湿敏元件结构示意图

在 4 mm×5 mm×0.3 mm 的 $MgCr_2O_4$ - TiO_2 陶瓷片的两面，设置多孔金电极，并用掺金玻璃粉将引出线与金电极烧结在一起。在半导体陶瓷片的外面，安放一个由镍铬丝烧制而成的加热清洗线圈，以便对元件经常进行加热清洗，排除有害气氛对元件的污染。元件安装在一种高度致密的、疏水性的陶瓷底片上。为消除底座上测量电极 2 和 3 之间由于吸湿和沾污而引起的漏电。在电极 2 和 3 的四周设置了金短路环。图 8-35 中 1 和 4 为加热清洗线圈的引出线。

元件的生产，系采用一般的陶瓷器件生产工艺。首先用天然的 $MgCr_2O_4$ - TiO_2（或者用 MgO 和 Cr_2O_3 人工制备）和 TiO_2 按适当的配比进行配料，放入球磨机中加水研磨约 24 h，待其粒度符合要求后取出干燥。经压模成型再放入烧结炉中，在空气中用 1250～1300 ℃的高温烧结 2 h 左右。将烧结后所得的半导体陶瓷块，用金刚石切割机切割成 4 mm×5 mm×0.3 mm 的薄片。在此元件芯片上用屏蔽印制技术涂敷金浆，将镍引线用掺金玻璃粉黏结在电极引出端上，在 850 ℃的温度下烧结。然后，把已有电极及电极引出线的芯片，通过焊接工艺与底座组装起来。配置上加热清洗线圈，经老化、检测、定标后，即可使用。

加热清洗圈在 350～450 ℃的温度下工作。作用时，通电 30 s～1 min，对芯片表面进行热处理，以消除由于诸如油及各种有机蒸气等的污染。这也是此类湿敏器件所具有的特点之一。

3. $MgCr_2O_4$ - TiO_2 湿敏元件的性能

1）元件的感湿特性曲线

$MgCr_2O_4$ - TiO_2 半导体陶瓷湿敏元件的感湿特性曲线如图 8-36 所示。为了比较，在同一图中给出了 SM - I 型和松下-I 型、松下-II 型的感湿特性曲线。由图 8-36 可知，SM - I 型和松下-II 型湿敏元件的值与环境相对湿度之间呈现较理想的指数函数关系，即

$$R = R_0 \exp(\beta RH) \tag{8-19}$$

式中，β 是与材料有关的常数。

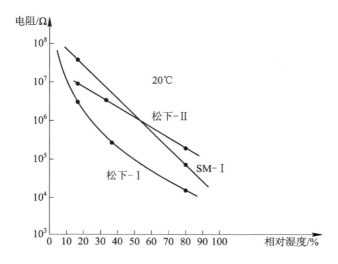

图 8-36　$MgCr_2O_4$ - TiO_2 半导体陶瓷湿敏元件的感湿特性曲线

元件的阻值变化，在环境湿度 1%～100%RH 的范围内为 10^4～10^8 Ω。

2）元件的加热清洗特性

湿敏元件大都要在较恶劣的气氛中工作，环境中的油雾、粉尘以及各种有害气体在元件上的吸附，必将导致器件有效感湿面积减小，使元件感湿性能退化、精度下降。为此，在使用过程中，通过对元件进行加热清洗来恢复其对水汽的吸附能力。SM-Ⅰ型湿敏元件配置的加热器，其加热清洗电压为 9 V，加热时间为 10 s，加热温度为 400～500 ℃。加热后，器件的阻值在 240 s 后即恢复到初始值，其阻值在加热清洗时的瞬态变化如图 8-37 所示。

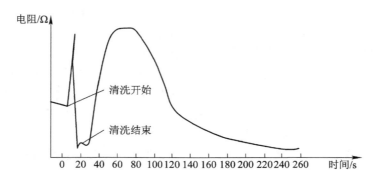

图 8-37　加热清洁时 SM-Ⅰ型湿敏元件阻值的瞬态变化

8.3.5　湿敏传感器的应用

湿敏传感器广泛应用于各种场合的湿度检测、控制与报警。在军事、气象、农业、工业（特别是纺织、电子、食品工业）、医疗、建筑以及家用电器等方面，湿敏传感器的应用必将日益扩大。

作为应用实例，湿敏传感器广泛用于自动气象站的遥测装置上，采用耗电量很小的湿敏元件，可以由蓄电池供电，长期自动工作，几乎不需要维护。

湿敏传感器还广泛用于仓库管理。为防止仓库中的食品、被服、金属材料以及仪器仪表等物品霉烂、生锈，必须设有自动去湿装置。有些物品，如水果、种子、肉类等还需要保证它们所处的环境具有一定的湿度，这些都需要自动湿度控制。一般自动湿度控制都利用湿度传感器的输出信号与一事先设定的标定值比较，实行有差调节。

第 9 章　光电式传感器

光电式传感器是利用光敏元件将光信号转换为电信号的装置。使用它测量非电量时，首先将这些非电物理量的变化转换成光信号的变化，再由光电传感器将光信号的变化转变为电信号的变化。光电式传感器的这种测量方法具有结构简单、非接触、高可靠、高精度和反应速度快等特点。光电式传感器是目前产量最多、应用最广的一种传感器，在自动控制和非电量测试中占有非常重要的地位。光电式传感器的物理基础是光电效应。

9.1　光 电 效 应

光电式传感器的工作原理是基于不同形式的光电效应。根据光的波粒二象性，我们可以认为光是一种以光速运动的粒子流，这种粒子称为光子。

每个光子的能量为

$$E = h v$$

式中，h 为普朗克常数，$h = 6.626 \times 10^{-34} \mathrm{J \cdot s}$；$v$ 为光的频率（s^{-1}）。

由此可见，对不同频率的光，其光子能量是不相同的，频率越高，光子能量越大。用光照射某一物体，可以看作物体受到一连串能量为 $h v$ 的光子所袭击，组成这种物体的材料吸收光子能量而发生相应电效应的物理现象称为光电效应。光电效应通常分为三类。

1. 外光电效应

在光线作用下能使电子逸出物体表面的现象称为外光电效应。当物体在光线照射作用下，一个电子吸收了一个光子的能量后，其中的一部分能量消耗于电子由物体内逸出表面时所做的溢出功，另一部分则转化为逸出电子的动能。根据能量守恒定律可得：

$$h v = \frac{m v_0{}^2}{2} + A_0$$

式中，m 为电子质量；v_0 为逸出电子的初速度；A_0 为电子溢出物体表面所需的功（或物体表面束缚能）。

这也是著名的爱因斯坦光电方程式，它阐明了光电效应的基本规律。由上式可以得出如下结论：

（1）光电子能否产生，取决于光电子的能量是否大于该物体的表面电子溢出功 A_0。不同的物质具有不同的逸出功，即每一个物体都有一个对应的光频阈值，称为红线频率或波长限。光线频率低于红线频率，光电子能量不足以使物体内的电子逸出，因而小于红线频率的入射光，光强再大也不会产生光电子发射；反之，入射光频率高于红线频率，即使光线微弱，也会有光电子射出。

（2）如果产生了光电发射，在入射光频率不变的情况下，逸出的电子数目与光强成正比。光强愈强意味着入射的光子数目愈多，受轰击逸出的电子数目也愈多。基于外光电效应的光电元件有光电管、光电倍增管等。

2. 内光电效应

在光线作用下能使物体的电阻率改变的现象称为内光电效应。用光照射半导体时，若光子能量大于半导体材料的禁带宽度 E_g，则禁带中的电子吸收一个光子就足以跃迁到导带，使被激发出来的电子成为一个自由电子，同时也产生一个空穴，从而增强了材料的导电性能，使材料的电阻值降低。一般来说，照射的光线愈强，阻值变得愈低，半导体材料的导电能力愈强。光照停止后，自由电子与空穴逐渐复合，电阻值又恢复到原值。基于内光电效应的光电元件有光敏电阻、光敏二极管、光敏三极管、光敏晶闸管等。

3. 光生伏特效应

在光线作用下，物体产生一定方向电动势的现象称为光生伏特效应。光生伏特效应可分为两类。

（1）势垒光电效应。以 PN 结为例，当光照射 PN 结时，若光子能量大于半导体材料的禁带宽度 E_g，则使价带的电子跃迁为导带，产生自由电子-空穴对。在 PN 结阻挡层内电场的作用下，被激发的电子移向 N 区的外侧，被激发的空穴移向 P 区的外侧，从而使 P 区带正电，N 区带负电，形成光电动势。

（2）侧向光电效应。当半导体光电器件受光照不均匀时，有载流子浓度梯度将会产生侧向光电效应。当光照部分吸收入射光子的能量产生电子-空穴对时，光照部分载流子浓度比未受光照部分的载流子浓度大，就出现了载流子浓度梯度，因而载流子就要扩散。如果电子迁移率比空穴大，那么空穴的扩散不明显，则电子向未被光照部分扩散，就造成光照射的部分带正电，未被光照射的部分带负电，光照部分与未被光照部分产生光电动势。基于光生伏特效应的光电元件有光电池。

9.2　光 电 器 件

9.2.1　光电管

1. 结构与工作原理

光电管的结构如图 9-1 所示。光电管有真空光电管和充气光电管两类，二者结构相似，它们由一个涂有光电材料的阴极 K 和一个阳极 A 封装在玻璃壳内，当入射光照射在阴极时，阴极就会发射电子，由于阳极的电位高于阴极，在电场力的作用下，阳极便收集到由阴极发射出来的电子。因此，在光电管组成的回路中形成了光电流，并在负载电阻上输出电压。在入射光的频谱成分和光电管电压不变的条件下，输出电压与入射光通量成正比。

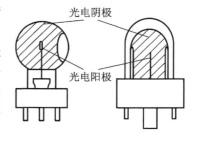

图 9-1　光电管的结构

2. 光电管特性

光电管的性能指标主要有伏安特性、光电特性、光谱特性、响应特性、响应时间、峰值探测率、温度特性等。下面仅对其中的主要性能指标作简单介绍。

　1）光电特性

光电特性表示当阳极电压一定时，阳极电流 I 与入射在光电管阴极上光通量之间的关系，光电特性的斜率称为光电管的灵敏度。

　2）伏安特性

当入射光的频谱及光通量一定时，阳极电流与阳极电压之间的关系叫伏安特性，当阳极电压比较低时，阴极所发射的电子只有一部分到达阳极，其余部分受光电子在真空中运动时所形成的负电场作用回到光电阴极。随着阳极电压的增高，光电流随之增大。当阴极发射的电子全部到达阳极时，阳极电流便很稳定，称为饱和状态。当达到饱和时，阳极电压再升高，光电流也不会增加。

图 9-2 所示为真空光电管的伏安特性曲线。光电管的工作点应选在光电流与阳极电压无关的区域内，即曲线平坦部分。

充气光电管的构造与真空光电管基本相同。不同之处在于在玻璃泡内充以少量的惰性气体，如氩、氖等。当光电极被光照射而发射电子时，光电子在趋向阳极的途中撞击惰性气体的原子，使其电离而使阳极电流急速增加，提高了光电管的灵敏度，图 9-3 所示为充气光电管的伏安特性曲线。

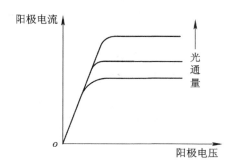
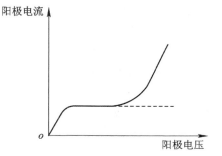

图 9-2　真空光电管的伏安特性曲线　　　图 9-3　充气光电管的伏安特性曲线

　3）光谱特性

光电管的光谱特性通常是指阳极和阴极之间所加电压不变时，入射光的波长与其绝对灵敏度的关系。它主要取决于阴极材料，不同阴极材料的光电管适用于不同的光谱范围。同时，不同光电管对于不同频率的入射光，其灵敏度也不同。此外，光电管还有温度特性、疲劳特性、惯性特性、暗电流、衰老特性等，使用时应根据产品说明书和有关手册合理选用。

充气光电管：灵敏度高，但灵敏度随电压显著变化的稳定性、频率特性都比真空光电管要差。

9.2.2　光电倍增管

1. 光电倍增管的构成

光电倍增管是把微弱的光输入转换成电子，并使电子获得倍增的光电真空器件，如图

9-4 所示。它有放大光电流的作用，灵敏度非常高，信噪比大，线性好，多用于微光测量。光电倍增管是一个阴极室和若干光电倍增级组成的二次发射倍增系统，光电倍增管也有一个阴极 K、一个阳极 A。与光电管不同的是，在它的阴极与阳极之间设置有许多二次倍增级 D_1、D_2、D_3……它们又称为第一倍增级、第二倍增级…… 相邻电极之间通常加上 100 V 伏左右的电压，其电位逐级提高，阴极电位最低，阳极电位最高，两者之差一般为 600～1200 V。

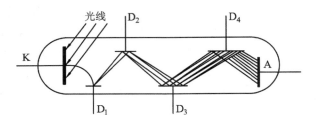

图 9-4　光电倍增管

当微光照射阴极 K 时，从阴极 K 上逸出的光电子在 D_1 的电场作用下，以高速向倍增极 D_1 射去，产生二次发射，于是更多的二次发射的电子又在 D_2 电场作用下，射向第二倍增极，激发更多的二次发射电子，如此下去，一个光电子将激发更多的二次发射电子，最后被阳极所收集。若每级的二次发射倍增率为 m，共有 n 级（通常可达 9～11 级），则光电倍增管阳极得到的光电流比普通光电管大 m^n 倍，因此光电倍增管的灵敏度极高。

图 9-5 给出了光电倍增管的基本电路。各倍增级的电压是使用分压电阻获得的。当用于测量稳定的辐射通量时，电路将电源正端接地，并且输出可以直接与放大器输入端连接。当入射光通量为脉冲量时，则应将电源的负端接地，因为光电倍增管的阴极接地比阳极接地有更低的噪声，此时输出端应接入隔离电容，同时各倍增极的并联电容亦应接入，以稳定脉冲工作时的各级工作电压，稳定增益并防止饱和。

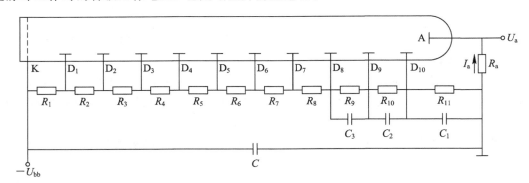

图 9-5　光电倍增管的供电电路

2. 光电倍增管的应用

光电倍增管是一种将微弱信号转换为电信号的光电转换器件，因此，它主要应用于微弱光照的场合。目前已广泛用于微弱荧光光谱探测、大气污染监测、生物及医学病理检测、地球地理分析、宇宙观测与航空航天工程等领域，并发挥着越来越大的作用。

9.2.3　光敏电阻

1. 光敏电阻的结构及工作原理

光敏电阻是纯电阻器件，具有很高的光电灵敏度，常作为光电控制用。光敏电阻的结构如图 9-6 所示，在坚固的金属外壳上安置绝缘陶瓷基板，基板上蒸镀或烧结上 CdS 光电导体材料，为了增大受光面积，将光电导体做成梳状。这种梳状电极，由于在很近的电极之间有可能采用大的极板面积，所以提高了光敏电阻的灵敏度。

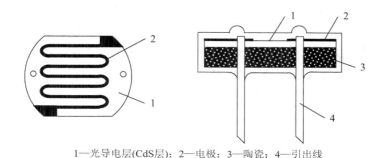

1—光导电层(CdS层)；2—电极；3—陶瓷；4—引出线

图 9-6　光敏电阻的结构图

构成光敏电阻的材料有金属的硫化物、硒化物、锑化物等半导体。光敏电阻的工作原理如图 9-7 所示，当光照射到光电导体上时，若这个光电导体为本征半导体材料，而且光辐射能量又足够强，光电导材料价带上的电子将激发到导带上去，从而使导带的电子和价带的空穴增加，致使光电导体的电导率变大。为实现能级的跃迁，入射光的能量必须大于光导材料的禁带宽度。光照愈强，阻值愈低。入射光消失，电子-空穴对逐渐复合，电阻也逐渐恢复原值。为了避免外来干扰，光敏电阻壳的入射孔用一种能透过所要求光谱范围的透明保护窗，有时用专门的滤光片作保护窗。为了避免光敏电阻受潮，需将电导体严密封装在壳体中。

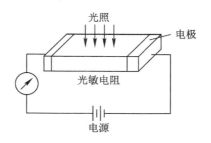

图 9-7　光敏电阻的工作原理

2. 光敏电阻的主要参数

暗电阻：光敏电阻在室温条件下，无光照时具有的电阻值称为暗电阻（>1 MΩ）。此时流过的电流称为暗电流。

亮电阻：光敏电阻在一定光照下所具有的电阻称为在该光照下的亮电阻（<1 kΩ）。此

时流过的电流称为亮电流。

光电流＝亮电流－暗电流

对于光敏电阻，暗电阻愈大愈好，而亮电阻越小越好。实际光敏电阻暗阻值一般为兆欧数量级，亮阻值一般在几千欧以下。

3. 光敏电阻的基本特性

1）伏安特性

在一定光照度下，光敏电阻两端所加的电压与其光电流之间的关系，称为伏安特性。图9-8是硫化镉光敏电阻的伏安特性曲线。光敏电阻是线性电阻，服从欧姆定律，但不同照度下具有不同的斜率。注意光敏电阻的功耗，使用时保持适当的工作电压和工作电流。

由图9-8可知：光敏电阻的伏安特性近似直线，但使用时应限制光敏电阻两端的电压，以免超过虚线所示的功耗区。因为光敏电阻都有最大额定功率、最高工作电压和最大额定电流，超过额定值可能会导致光敏电阻的永久性破坏。

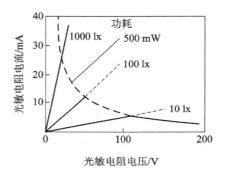

图9-8　硫化镉光敏电阻的伏安特性曲线

2）光照特性

光电流 I 和光通量 F 的关系曲线，称光照特性。图9-9给出了光敏电阻的光照特性曲线。不同的光敏电阻的光照特性是不同的。但在大多数情况下，曲线的形状类似。

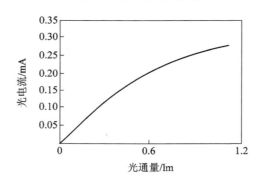

图9-9　光敏电阻的光照特性曲线

光敏电阻的光照特性是非线性的，因而光敏电阻不适宜做成线性的敏感器件。

3）光谱特性

光敏电阻对不同波长的入射光，其相对灵敏度不同，图 9 - 10 给出了光敏电阻的光谱特性曲线。各种不同材料的光谱特性曲线相同。因为不同材料的峰值不同，所以在焊光敏电阻时，就应当把元件和光源电路结合起来考虑，才能得到比较满意的效果。

4）响应时间和频率特性

光敏电阻受光照后，光电流并不立刻升到最大值，而要经过一段时间（上升时间）才能达到最大值。同样，光照停止后，光电流也需要经过一段时间（下降时间）才能恢复到暗电流值，这段时间称为响应时间。光敏电阻的上升响应时间和下降响应时间为 $10^{-3} \sim 10^{-1}$ s，故光敏电阻不能用于要求快速响应的场合。图 9 - 11 给出了光敏电阻的时间响应曲线。

对于不同材料光敏电阻，其频率特性不一样。相对灵敏度 K_r 与光强度变化、频率 f 之间的关系曲线如图 9 - 12、图 9 - 13 所示。

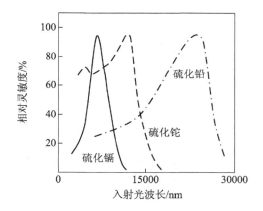

图 9 - 10　光敏电阻的光谱特性曲线

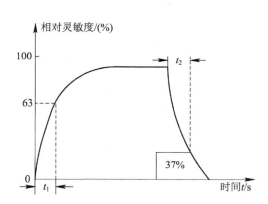

图 9 - 11　光敏电阻的时间响应曲线

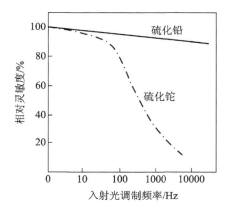

图 9 - 12　光敏电阻的频率特性曲线

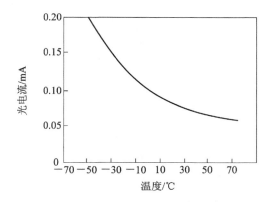

图 9 - 13　硫化镉光敏电阻的光谱温度特性曲线

5）温度特性

光敏电阻和其他半导体器件一样，受温度影响较大。随着温度上升，它的暗电阻和灵敏度都下降。图 9-14 给出了硫化铅光敏电阻的光谱温度特性曲线。

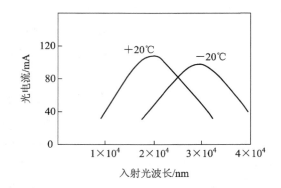

图 9-14　硫化铅光敏电阻的光谱温度特性曲线

9.2.4　光敏晶体管

　　光敏晶体管包括光敏二极管、光敏三极管、光敏晶闸管，它们的工作原理基于内光电效应。光敏三极管的灵敏度比光敏二极管高，但频率特性较差，目前广泛应用于光纤通信、红外线遥控器、光电耦合器控制伺服电动机转速的检测、光电读出装置等场合。光敏晶闸管主要应用于光控开关电路。

　　1.　光敏二极管

　　光敏二极管的结构和普通二极管结构相似，都有一个 PN 结，两根电极引线，而且都是非线性器件，具有单向导电性。不同之处在于光敏二极管的 PN 结装在管的顶部，可以直接受到光照射，如图 9-15 所示。

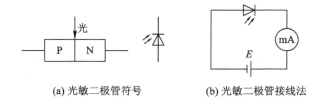

(a) 光敏二极管符号　　　　　　　　(b) 光敏二极管接线法

图 9-15　光敏二极管

　　光敏二极管在电路中一般处于反向偏置状态，在无光照射时，反向电阻很大，反向电流(也叫暗电流)很小。当光照射光敏二极管时，光子打在 PN 结附近，使 PN 结附近产生光生电子-空穴时，它们在 PN 结处的内电场作用下作定向运动，形成光电流。可见，光敏二极管能将光信号转换为电信号输出。

　　2.　光敏三极管

　　光敏三极管有两个 PN 结，从而可以获得电流增益，有 PNP、NPN 两种类型，与一般三极管很相似，不同之处是光敏晶体管的基极往往不接引线，图 9-16 所示为光敏三极管的结构与符号。实际上许多光敏晶体管仅集电极和发射机两端有引线，尤其是硅平面光敏晶体管，因为其泄漏电流很小，因此一般不备基极外接点。

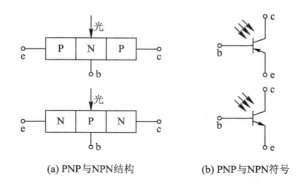

(a) PNP 与 NPN 结构　　　　　　(b) PNP 与 NPN 符号

图 9 - 16　光敏三极管的结构与符号

当入射光使集电结附近产生光生电子-空穴对时，它们在 PN 结处于内电场的作用下做定向运动形成光电流。因此，PN 结的反向电流大大增加，由于光照射集电结，产生的光电流相当于三极管的基极电流，因此集电极电流是光电流的 β 倍。因此，光敏三极管比光敏二极管具有更高的灵敏度。

3. 光敏晶体管的基本特性

1）光谱特性

光敏晶体管的光谱特性是指在一定照度下，光敏晶体管输出的相对灵敏度与入射波长之间的关系曲线。硅和锗光敏晶体管的光谱特性曲线如图 9 - 17 所示。一种晶体管只对一定波长的入射光敏感，这就是它的光谱特性。从图 9 - 17 可以看出：不管是硅管还是锗管，当入射光波长超过一定值时，波长增加，相对灵敏度下降。不同材料的光敏晶体管，其光谱响应峰值波长也不相同，硅管峰值波长为 $1.0~\mu m$ 左右，锗管峰值波长为 $1.5~\mu m$ 左右。由于锗管的暗电流大于硅管的暗电流，所以锗管的性能比硅管性能差。故在探测可见光或赤热物体时，都用硅管；而在探测红外光时，采用锗管较为合适。

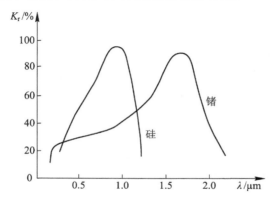

图 9 - 17　光敏晶体管的光谱特性曲线

2）伏安特性

图 9-18 所示为硅光敏晶体管在不同照度下的伏安特性曲线。就像普通三极管在不同基极电流下的输出特性一样，改变光照就相当于改变普通三极管的基极电流，从而得到这样一簇曲线。由图可见，光敏晶体管的光电流比相同管型的二极管大上百倍。

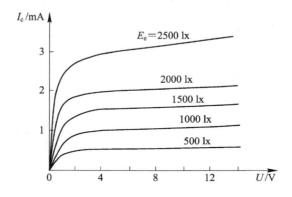

图 9-18　光敏晶体管的伏安特性曲线

3）光照特性

图 9-19 给出了光敏晶体管的光照特性曲线。光照特性曲线是指输出电流与照度之间的关系曲线。从图 9-19 中可以看出输出电流与照度近似为线性关系。

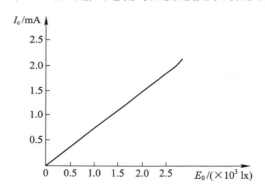

图 9-19　光敏晶体管的光照特性曲线

4）温度特性

光敏晶体管的温度特性是指其暗电流及光电流与温度的关系，图 9-20 所示为锗光敏晶体管的温度特性曲线。由曲线可知：温度变化对亮电流影响较小；对暗电流的影响很大，所以应用时在线路上应采取相应措施进行温度补偿，如果采用调制光信号放大，由于隔直电容的作用，可使暗电流隔断，消除温度影响。

5）频率特性

光敏晶体管的频率响应是指具有一定频率的调制光照射时，光敏晶体管输出的光电流随频率的变化情况，如图 9-21 所示。减少负载电阻能提高响应频率，但输出降低。一般来说，光敏三极管的频率响应要比光敏二极管差很多，锗光敏三极管的频率响应比硅管小一个数量级。

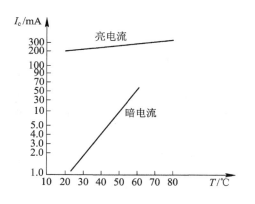

图 9-20　锗光敏晶体管的温度特性曲线

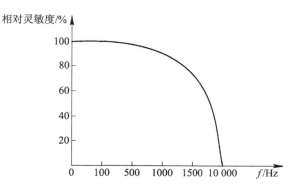

图 9-21　光敏晶体管频率响应曲线

6）响应时间

工业用的硅光敏二极管的响应时间为 $10^{-7} \sim 10^{-5}$ s。光敏三极管的频率响应比光敏二极管的频率响应慢一个数量级。由此可知，要求快速响应或入射光调制频率比较高的时候，应选择时间常数较小的光敏二极管。

9.2.5　光电池

光电池的种类很多，如硅光电池、硒光电池、硫化镉光电池、砷化镓光电池等。其中硅光电池最受重视，因为它有一系列优点，如性能稳定、光谱范围宽、频率特性好、换能效率高、能耐高能辐射等。硒光电池比硅光电池价廉，它的光谱峰值位置在人的视觉范围内，因而也应用在不少测量仪器上。下面着重介绍硅光电池和硒光电池。

1. 光电池的结构及工作原理

图 9-22 为光电池的结构示意图。它通常是在 N 型衬底上制造一薄层 P 型层作为光照敏感面。光电池的工作原理基于光生伏特效应，当光照射到光电池上时，可以直接输出光电流。当入射光子的能量足够大时，P 型区每吸收一个光子就产生一对光生电子-空穴对，光生电子-空穴对的浓度从表面向内部迅速下降，形成由表及里扩散的自然趋势。PN 结又称空间电荷区，它的内电场（N 型区带正电、P 型区带负电）使扩散到 PN 结附近的电子-空穴对分离，电子通过漂移运动被拉到 N 型区，空穴留在 P 型区，所以 N 型区带负电，P 型区带正电。如果光照是连续的，经短暂的时间（μs 数量级），新的平衡状态建立后，PN 结两侧就有一个稳定的光生电动势输出。光电池的连接电路及等效电路如图 9-23 所示。

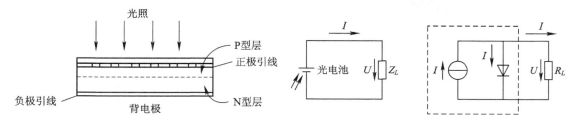

图 9-22　光电池的结构示意图　　　　　图 9-23　光电池的连接电路及等效电路

2. 光电池的基本特性

1) 光照特性

图 9-24(a)、(b)分别表示硅光电池和硒光电池的光照特性曲线，曲线指出了光生电势和光生电流与光照度之间的关系。由图可以看出，光电势即开路电压 U_{oc} 与照度 E 呈非线性关系，在照度为 2000 lx 的照射下就趋向饱和了。光电池的短路电流 I_{sc} 与照度 E 呈线性关系，而且受照面积越大，短路电流也越大（可把光电池看成由许多小光电池组成）。当光电池作为探测元件时，应以电流源的形式来使用。

光电池的所谓短路电流，是指外接负载电阻相对于光电池的内阻来讲很小。而光电池在不同照度时，其内阻也不同，所以在不同的照度时可用不同大小的外接负载近似地满足"短路"条件。

图 9-24(c)示出了硅光电池的光照特性与负载电阻的关系。硒光电池也有相似类型的关系。从图 9-24(c)可看出，负载电阻 R_L 越小，光电流与照度的线性关系越好，线性范围越广。所以光电池作为探测元件时，所用负载电阻的大小，应根据照度或光强而定，当照度较大时，为保证测量数据之间有线性关系，负载电阻应较小。

2) 光谱特性

光电池的光谱特性取决于所用的材料。图 9-24(d)的曲线 1 和 2 分别表示硒和硅光电池的光谱特性。从曲线可以看出，硒光电池在可见光谱范围内有较高的灵敏度，峰值波长在 540 nm 附近，适宜于探测可见光。如果硒光电池与适当的滤光片配合，它的光谱灵敏度与人的眼睛很接近，可用它客观地决定照度。硅光电池可以应用的范围为 400~1100 nm，峰值波长在 850 nm 附近，因此，对色温为 2854K 的钨丝灯光源，能得到很好的光谱响应。光电池的光谱峰值位置不仅与制造光电池的材料有关，并且随使用温度的不同而有所移动。

3) 伏安特性

受光面积为 1 cm² 的硅光电池的伏安特性见图 9-24(e)。图中还画出负载电阻 R_L 为 0.5 kΩ、1 kΩ、3 kΩ 的负载线。

图 9-24(c)的光照特性与负载电阻的关系亦可用图 9-24(e)解释。负载电阻短接或很小时，负载线垂直或接近于垂直，它与伏安特性的交点为等距离，电流正比于照度，数值也较大。负载电阻增大时，交点的距离不等，例如 3 kΩ。这条负载线与伏安特性的交点相互间距离不等，即电流不与照度成正比。

光电池的灵敏度由光通量为 1 m 时所能产生的短路电流决定。硅光电池的灵敏度为 6~8 mA/m，硒光电池的灵敏度为 0.5 mA/m，因而硅光电池的灵敏度比硒光电池高。硅光电池的开路电压在 0.45~0.6 V 之间，硒光电池比硅光电池略微高一些。

4) 频率特性

频率特性反映输出电流和入射光的调制频率之间的关系，如图 9-24(f)所示。当光电池受到入射光照射时，产生电子-空穴对需要一定的时间，入射光消失，电子-空穴对的复合也需要一定的时间，因此，当入射光的调制频率太高时，光电池的输出光电流将下降。硅光电池的频率特性要好一些，工作调制频率可达数十千赫兹至数兆赫兹。而硒光电池的频率特性较差，目前已经很少使用。

5) 温度特性

图 9 - 24(g)示出了硅光电池的开路电压 U_{oc} 和短路电流 I_{sc} 与温度 T 的关系。由图可以看出，光电池的光电压随温度有较大的变化，温度越高，电压越低，温度每升高 1 ℃，电压下降 2~3 mV，而光电流随温度变化很小。当仪器设备中的光电池作为检测元件时，应该考虑温度漂移的影响，要采用各种温度补偿措施。

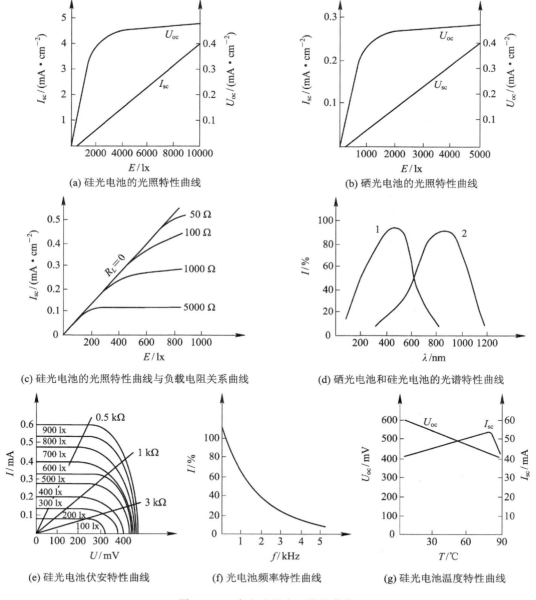

(a) 硅光电池的光照特性曲线

(b) 硒光电池的光照特性曲线

(c) 硅光电池的光照特性曲线与负载电阻关系曲线

(d) 硒光电池和硅光电池的光谱特性曲线

(e) 硅光电池伏安特性曲线

(f) 光电池频率特性曲线

(g) 硅光电池温度特性曲线

图 9 - 24　光电池的光照特性曲线

光电池在强光光照下性能比较稳定，但还与使用情况有关，应该考虑光电池的工作温度和散热措施。如果硒光电池的结温超过 50 ℃，硅光电池的结温超过 200 ℃，它们的晶体结构就会被破坏。通常硅光电池使用的结温不允许超过 125 ℃。

系列光电池的开路电压、短路电流、输出电流以及转换效率等参数，由表 9 - 1 给出。

表 9 - 1　系列光电池的参数

型号	开路电压/mV	短路电流/mA	输出电流/mA	转换效率/%	面积/mm²
IRC11	450～600	2～4		＞6	205×5
IRC21	450～600	4～8		＞6	5×5
IRC31	450～600	9～15	6.5～8.5	6～8	5×10
IRC32	450～600	9～15	8.6～11.3	8～10	5×10
IRC33	450～600	12～15	11.4～15	10～12	5×10
IRC34	450～600	12～15	15～17.5	12 以上	5×10
IRC41	450～600	18～30	17.6～22.5	6～8	10×10
IRC42	500～600	18～30	22.5～27	8～10	10×10
IRC43	550～600	23～30	27～30	10～12	10×10
IRC44	550～600	27～30	27～35	12 以上	10×10
IRC51	450～600	36～60	35～45	6～8	10×20
IRC52	500～600	36～60	45～54	8～10	10×20
IRC53	550～600	45～60	54～60	10～12	10×20
IRC54	550～600	54～60	54～60	12 以上	10×20
IRC61	450～600	40～65	30～40	6～8	$\phi17$
IRC62	500～600	40～65	40～51	8～10	$\phi17$
IRC63	550～600	51～65	51～61	10～12	$\phi17$
IRC64	550～600	61～65	61～65	12 以上	$\phi17$
IRC76	450～600	72～120	54～120	＞6	20×20
IRC81	450～600	88～140	66～85	6～8	$\phi25$
IRC82	500～600	88～140	86～110	8～10	$\phi25$
IRC83	550～600	110～140	110～132	10～12	$\phi25$
IRC84	550～600	132～140	132～140	12 以上	$\phi25$
IRC91	450～600	18～30	13.5～40	＞6	5×20
IRC101	450～600	173～188	130～288	＞6	$\phi35$

注：① 测试条件：在室温 30 ℃下，入射辐照度 $E_e = 100$ mW/cm²，输出电压为 400 mV 下测得。

　　② 范围：$0.4～1.1\ \mu m$；峰值波长：$0.8～0.9\ \mu m$；响应时间：$10^{-6}～10^{-3}$ s；使用温度 $-55～125$ ℃。

　　③ 2DR 型参量分类均与 ICR 型相同。

9.2.6　半导体光电位置敏感器件

半导体光电位置敏感器件（position sensitive detector，简称 PSD）是一种对其感光平面上入射点位置敏感的器件，即当入射光点落在器件感光面的不同位置时，将对应输出不同的电信号，通过对此输出信号的处理，即可确定入射光点在器件感光面上的位置。PSD 可分为一维 PSD 和二维 PSD。一维 PSD 可以测定光电的一维位置坐标，而二维 PSD 可以检测出光点的平面二维位置坐标。

1．PSD 的构造及工作原理

PSD 的基本结构仍为一 PN 结结构，其工作原理是基于横向光电效应，横向光电效应是由肯特基（Schottky）在 1930 年首先发现的。

若有一轻掺杂的 N 型半导体和一重掺杂的 P^+ 型半导体构成 P^+N 结，当内部载流子扩散和漂移达到平衡位置时，就建立了一个方向由 N 区指向 P 区的结电场。当有光照射 PN 结时，半导体吸收光子后激发出电子-空穴对，在结电场的作用下使空穴进入 P^+ 区，而使电子进入 N 区，从而产生了结电容，就是一般说的内光电效应。但是，如果入射光仅集中照射在 PN 结光敏面上的某一点 A，如图 9 - 25 所示，则光生电子和空穴亦将集中在 A 点。由于 P^+ 区的掺杂浓度远大于 N 区，因此，进入 P^+ 区的空穴由 A 点迅速扩散到整个 P^+ 区，即 P^+ 区可以近似地视为等电位。而由于 N 区的电导率较低，进入 N 区的电子将仍集中在 A 点，从而在 PN 结的横向形成不平衡电势，该不平衡电势将空穴拉回了 N 区，从而在 PN 结横向建立了一个横向电场，这就是横向光电效应。

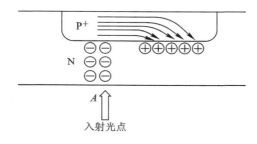

图 9 - 25　PSD 的横向光电效应

实用的 PSD 为 PIN 三层结构，其截面如图 9 - 26(a) 所示。表面 P 层为感光层，两边各有一信号输出。底层的公共电极是用来加反偏电压的。当入射点照射到 PSD 光敏面上的某一点时，假设产生了光生电流 I_0。由于在入射点到信号电极间存在横向电势，若在两个信号电极上接上负载电阻，则光电流将分别流向两个信号电极，从而从信号电极上分别得到光电流 I_1 和 I_2。显然，I_1 和 I_2 之和等于总的光生电流 I_0，而 I_1 和 I_2 的分流关系取决于入射光点位置到两个信号电极间的等效电阻 R_1 和 R_2，如果 PSD 表面层的电阻是均匀的，则 PSD 的等效电阻为图 9 - 26(b) 所示的电路，由于 R_{sh} 很大，而 C_1 很小，故等效电路可简化为图 9 - 26(c) 的形式，其中 R_1 和 R_2 的值取决于入射光点的位置，假设负载电阻 R_L 的阻值相当于 R_1、R_2，可以忽略，则

$$\frac{I_1}{I_2} = \frac{R_2}{R_1} = \frac{L-x}{L+x} \qquad (9-1)$$

式中，L 为 PSD 中点到信号电极间的距离；x 为入射光点距 PSD 中点的距离。式(9-1)表明，两个信号电极的输出光电流之比为入射光点到该电极间距离之比的倒数。将 $I_0 = I_1 + I_2$ 与式(9-1)联立得

$$I_1 = I_0 \frac{L-x}{2L} \qquad (9-2)$$

$$I_2 = I_0 \frac{L+x}{2L} \qquad (9-3)$$

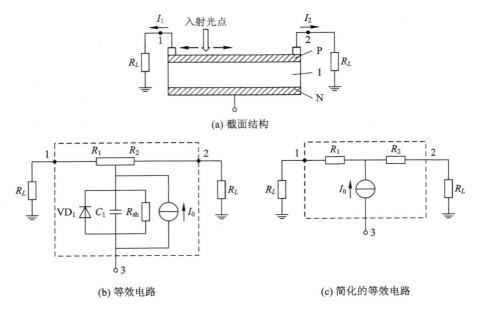

(a) 截面结构

(b) 等效电路   (c) 简化的等效电路

图 9 - 26   PSD 的结构及等效电路

从上两式可看出，当入射光点位置固定时，PSD 的单个电极输出电流与入射光强度成正比。而当入射光强度不变时，单个电极的输出电流与入射光点距 PSD 中心的距离 x 呈线性关系，若将两个信号电极的输出电流检出后作如下处理

$$P_x = \frac{I_2 - I_1}{I_2 + I_1} = \frac{x}{L} \qquad (9-4)$$

则得到的结果只与光点的位置坐标 x 有关，而与入射光强度无关，此时，PSD 就成为仅对入射光点位置敏感的器件。P_x 称为一维 PSD 的位置输出信号。

2. PSD 的种类及特性

PSD 可以分为一维 PSD 和二维 PSD 两类。

1）一维 PSD

一维 PSD 的结构及等效电路如图 9 - 27 所示，其中 VD$_1$ 为理想的二极管，C_1 为结电容、R_{sh} 为并联电阻，R_P 为感光层（P 层）的等效电阻。一维 PSD 的输出与入射光点位置之间的关系如图 9 - 28 所示，其中 x_1、x_2 分别表示信号电极的输出信号（光电流），x 为入射光点的位置坐标。

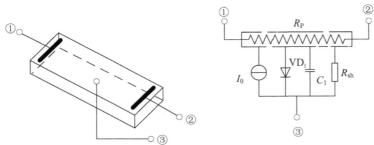

图 9 - 27   一维 PSD 的结构及等效电路

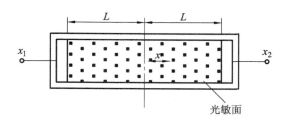

图 9 - 28　一维 PSD 输出与入射光点位置之间的关系

2）二维 PSD

二维 PSD 根据其电极结构的不同又可以分为表面分流型 PSD 和两面分流型 PSD。表面分流型二维 PSD 在感光层表面四周有两对相互垂直的电极，这两对电极在同一平面上，其结构及等效电路如图 9 - 29 所示。

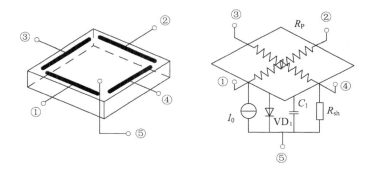

图 9 - 29　表面分流型二维 PSD 的结构及等效电路

两面分流型 PSD 的两对相互垂直的电极分布在 PSD 的上下两侧，光电流分别在两侧分流流向两对信号电极，其结构及等效电路如图 9 - 30 所示。

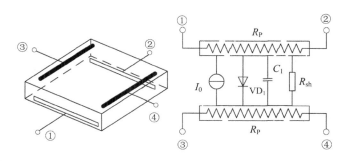

图 9 - 30　两面分流型二维 PSD 的结构及等效电路

图 9 - 31 给出了表面分流型和两面分流型二维 PSD 的输出信号与入射光点位置之间的关系。其中，x_1、x_2、y_1、y_2 为各信号电极的输出信号（光电流），x、y 为入射光点的位置坐标。

$$P_x = \frac{x_2 - x_1}{x_2 + x_1} = \frac{x}{L} \tag{9 - 5}$$

$$P_y = \frac{y_2 - y_1}{y_2 + y_1} = \frac{y}{L} \tag{9 - 6}$$

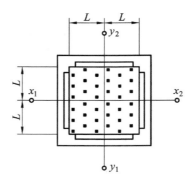

图 9-31　表面分流型和两面分流型二维 PSD 输出与入射光点位置间的关系

　　表面分流型 PSD 与两面分流型 PSD 相比，前者暗电流小，但位置输出非线性误差大；而后者线性好，但暗电流较大。另外，两面分流型 PSD 无法引出公共电极而较难加上反偏电压，而在很多情况下，PSD 工作时加反偏电压是很重要的。

　　表面分流型 PSD 和两面分流型 PSD 各有缺点，另一种改进的表面分流型 PSD 的综合性能比这两种有很大的提高。改进的表面分流型 PSD 采用了弧形电极，信号在对角线上引出。这样不仅可以减少位置输出非线性误差，同时保留了表面分流型 PSD 暗电流小、加反偏电压容易的优点。改进的表面分流型二维 PSD 结构等效电路如图 9-32 所示，其输出信号与入射光点位置之间的关系如图 9-33 所示。

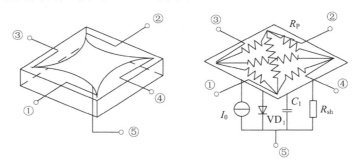

图 9-32　改进的表面分流型二维 PSD 的结构及等效电路

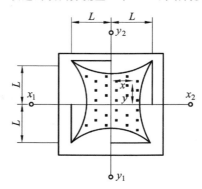

图 9-33　改进的表面分流型二维 PSD 输出信号与入射光点位置之间的关系

3. 使用情况对 PSD 性能的影响

PSD 除了固有的特性以外，使用情况及外加参数亦对其性能有所影响，下面对这些因素作一简单的分析。

（1）入射光对 PSD 性能的影响。从理论上讲，入射光点的强度和尺寸大小对位置输出均无影响。但当入射光点强度增大时，信号电极的输出光电流亦增大，有利于提高信噪比，从而提高器件的位置分辨率。当然，入射光点强度也不能太大，以免引起器件饱和。此外，在选择光源时，应尽量选用与 PSD 光谱响应有良好匹配的光源，以充分利用光源发出的光能。

根据 PSD 的工作原理，PSD 的位置输出只与入射光点的"重心"位置有关，而与光点尺寸的大小无关，这给 PSD 的使用提供了很大的方便。但当光点位置接近有效感光面边缘时，一部分光就要落到感光面之外，使落在有效感光面内的光点的"重心"位置偏离实际光点的"重心"位置，从而使输出产生误差。光点越靠近边缘，误差就越大。显然，入射光点的尺寸越大，边缘效应就越严重，从而缩小了器件实际可使用的感光面范围。因此，尽管当入射光点全部落在器件有效感光面内时，位置输出与光点大小无关，但为了减少边缘效应，入射光点的直径应尽量小一些，尤其当 PSD 的有效感光尺寸较小时，更应注意。

（2）反偏电压对 PSD 性能的影响。与 PIN 光电二极管类似，加上反偏电压后，PSD 的感光灵敏度略有提高，并且结电容降低，这对提高 PSD 的动态频响是有利的。因此，PSD 在使用时均加上 10 V 左右的反偏电压。

（3）背景光对 PSD 性能的影响。通常，PSD 在使用时总存在一定强度的背景光，背景光的存在将会影响器件的性能。假设背景光在两个信号电极上产生了光电流 I'，则式(9-2)、式(9-3)变为

$$I_1 = I_0 \frac{L-x}{2L} + I' \tag{9-7}$$

$$I_2 = I_0 \frac{L+x}{2L} + I' \tag{9-8}$$

式(9-4)经处理后得到的位置输出信号为

$$P_x = \frac{I_2 - I_1}{I_2 + I_1} = \frac{I_0}{2I' + I_0} \frac{x}{L} \tag{9-9}$$

显然，当背景光强变化时，将引起位置输出的误差。并且，当背景光较强时，信号光电强度的变化也将影响位置输出。因此，背景光的存在对 PSD 的使用是很不利的。消除背景光影响的方法有两种：光学法和电学法。光学法是在 PSD 感光面上加上一透过波长与信号电源匹配的干涉滤波片，滤掉大部分的背景光。电学法可以检测出信号光源灯灭时的背景光强的大小，然后点亮光源，将检测到的输出信号减去背景光的成分。或者可以将光源以某一固定的频率调制成脉冲光，对输出信号用锁相放大器进行同步检波，滤去背景光成分，再对式(9-4)进行处理，得到位置输出信号。

（4）使用环境温度对 PSD 性能的影响。温度上升会引起器件的暗电流增大，温度每上升 1 ℃，暗电流就要增加 1.15 倍。暗电流的存在不仅会带来误差和噪声，而且具有类似背景光产生的不利效应。采用光源调制，锁相放大解调的方式同样可以滤去暗电流的影响。

此外，温度变化对 PSD 的光谱响应灵敏度在长波长时亦有所影响，图 9-34 给出了光谱灵敏度随温度变化的曲线。

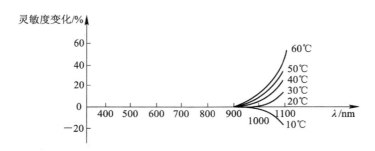

图 9-34　PSD 光谱灵敏度随温度变化曲线

4. PSD 的处理电路设计

图 9-35～图 9-38 给出了一维 PSD 及二维 PSD 的实用信号处理电路。其中每个电路都主要包括前置放大（光电流-电压转换）器、加法器、减法器、除法器等几个部分。其中，对于两面分流型二维 PSD，由于没有公共电极引出，反偏电压是通过底面信号电极加上去的。同时，由于两面分流型二维 PSD 暗电流较大，所以在处理电路中加入了调零电路。

如果采用脉冲调制光源，则在前置放大电路之后还需加入滤波、检波等电路。

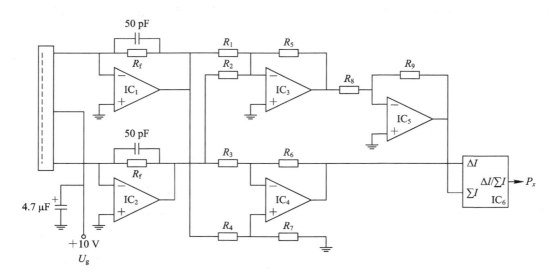

图 9-35　一维 PSD 的信号处理电路

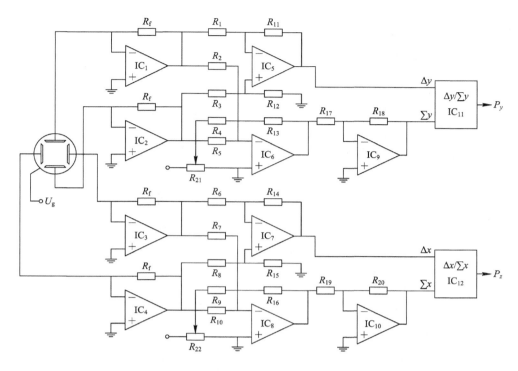

图 9 - 36　表面分流型二维 PSD 的信号处理电路

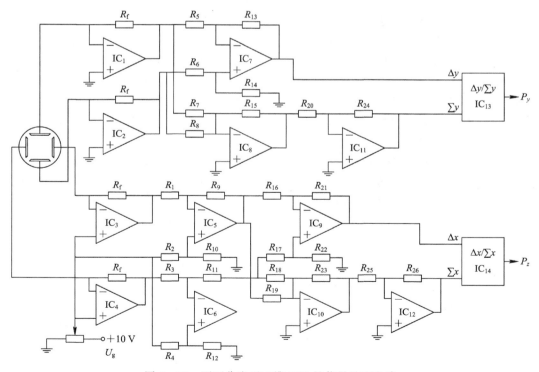

图 9 - 37　两面分流型二维 PSD 的信号处理电路

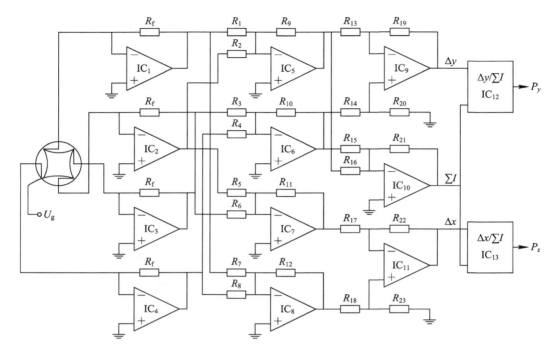

图 9-38　改进的表面分流型二维 PSD 的信号处理电路

5. PSD 的应用

　　由于 PSD 可以检测入射光点的位置,再加上光学成像镜头后可以构成 PSD 摄像机,用于检测距离、角度等参数。尽管几乎所有的 PSD 应用场合均可由扫描型阵列光电器件如 CCD 光敏二极管阵列等取代,但与阵列光电器件相比较,PSD 具有以下特点:① 响应速度快。PSD 的响应速度一般只有几微秒到几十微秒,比扫描型光电器件的响应速度要快得多。② 位置分辨率高。扫描光电阵列器件的分辨率受到像元尺寸的限制,而 PSD 为模拟输出,显然分辨率更高。③ 位置输出与光点强度及尺寸无关,只与其重心位置有关。这一特点使得在 PSD 使用时无须苛求复杂的光学聚焦系统。④ 可同时检测入射光点的强度及位置。将输出信号进行一定的运算处理后可获得位置输出信号,而将所有信号电极的输出相加后得到与入射光强度成正比的输出。当然光电阵列器件也可以同时完成这两个参数的检测。⑤ 信号检测方便,价格相对比光电阵列器件要便宜得多。

　　由于 PSD 具有上述特点,因此,在许多场合应用,PSD 比光电阵列器件更有生命力,主要应用于如下几个方面。

　　1) 距离的检测

　　应用 PSD 进行距离的检测是利用了光学三角测距的原理。如图 9-39 所示,光源发出的光经透镜 L_1 聚焦后投射向待测体,反射光由透镜 L_2 聚焦到一维 PSD 上。若透镜 L_1 和 L_2 的中心距离为 b,透镜 L_2 到 PSD 表面之间的距离(即透镜 L_2 的焦距)为 f,聚焦在 PSD 表面的光点距离透镜 L_2 中心的距离为 x,则根据相似三角形的性质,待测距离 D 为

$$D = \frac{bf}{x} \qquad\qquad (9-10)$$

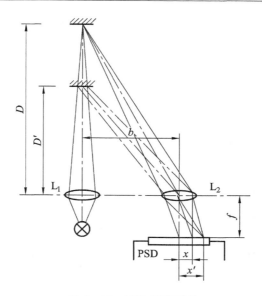

图 9-39　PSD 测距原理

　　因此，只要由 PSD 测出光点位置坐标 x 值，即可测出待测物体的距离。

　　通常，为了减小待测体表面倾斜等因素引起的误差，实际的 PSD 测距系统往往在光源的两边对称放置两个一维 PSD。但这样的系统有一个缺点，即当待测体距离变化范围很小时，x 的变化亦很小。为了保证系统的检测灵敏度和分辨率，必须加大 PSD 和光源之间的距离 b，这样会使探头结构尺寸加大。为了缩小探头的体积，可采用图 9-40 所示的结构。在透镜前加一圆筒形反射镜面。从待测体表面反射回来的光经圆筒反射镜反射后仍由透镜成像到光源两侧的两个 PSD 上。如果没有圆筒反射镜，则反射光将成像在虚线所示的 PSD$'_2$ 处。显然，加上圆筒形反射镜后，探头的尺寸大为减小。但这种结构有一个缺点，光源发出的光有一部分经反射镜面和透镜散射后会直接射向 PSD，从而造成较大的背景光，影响了检测精度。

　　另一种小型化的探头结构是采用组合透镜系统，如图 9-41 所示。这种结构在尺寸上比图 9-40 的结构要大一些，但检测精度较之提高。

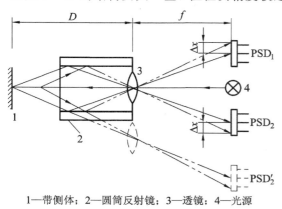

1—带侧体；2—圆筒反射镜；3—透镜；4—光源

图 9-40　加上圆筒反射镜的小型 PSD 距离传感器

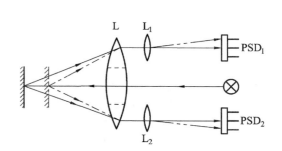

图 9-41　利用组合透镜的 PSD 距离传感器

PSD距离测量系统具有非接触、测量范围较大、响应速度较快、精度高等优点，它可以广泛地应用于物体表面移动、物体厚度等参数的检测。图9-42示出了几个典型的应用例子。

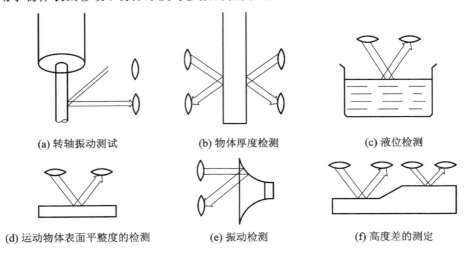

(a) 转轴振动测试　　　　　(b) 物体厚度检测　　　　　(c) 液位检测

(d) 运动物体表面平整度的检测　　　(e) 振动检测　　　(f) 高度差的测定

图9-42　PSD测距仪的应用

2）角位移的检测

利用一维PSD可以制成角位移传感器，图9-43示出了PSD角位移传感器的结构。感受角位移的转轴与一不透光的圆柱形套筒相连，套筒内部装有垂直放置的长条形光源。套筒壁上开有螺旋形的狭槽，套筒外面装有垂直装置的PSD。套筒内的光透过狭槽成为光点照射到PSD上。当转轴带动套筒旋转时，透过狭槽缝口射到PSD上的光点沿垂直方向移动。由PSD检测出光点的移动距离及方向即可检测出角位移的大小和方向。PSD角位移传感器具有结构简单、响应速度快等优点。

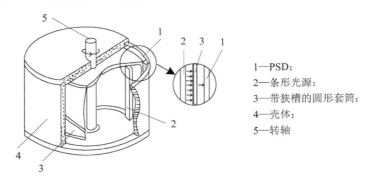

1—PSD；
2—条形光源；
3—带狭槽的圆形套筒；
4—壳体；
5—转轴

图9-43　PSD角位移传感器的结构

3）液体浓度的测量

不同浓度的液体具有不同的折射率，利用该原理可以制成液体浓度的测量系统。图9-44示出了采用PSD的海水盐分含量的检测系统。光源发出的 $0.85~\mu m$ 的红外线经光纤导向观察室，再经过盛有标准参比溶液的光室后由反射镜、物镜聚焦到PSD表面。当待测海水盐分含量发生变化时，其折射率与标准参比溶液的折射率差发生变化，从而使透过光室的光线发生偏转，用PSD测出这一偏移量，便可测出海水盐分的含量。该系统测量范围为 0~0.4%，精度±0.2%。

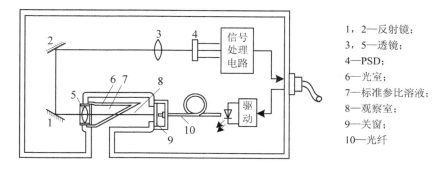

1，2—反射镜；
3，5—透镜；
4—PSD；
6—光室；
7—标准参比溶液；
8—观察室；
9—关窗；
10—光纤

图 9-44　海水盐分含量的检测系统

9.2.7　红外传感器

凡是存在于自然界的物体，例如人体、火焰，甚至冰都会放射出红外线，只是其放射出的红外线的波长不同而已。人体的温度为 36~37 ℃，所放射出的红外线波长为 9~10 μm（属于远红外线区）；加热到 400~700 ℃的物体，其放射出的红外线波长为 3~5 μm（属于中红外线区）。红外线传感器可以检测到这些物体放射出的红外线，用于测量、成像或控制。

1. 红外辐射概述

任何物体在开氏温度零度以上都能产生热辐射。温度较低时，辐射的是不可见的红外光，随着温度的升高，波长短的光开始丰富起来。温度升高到 500 ℃时，开始辐射一部分暗红色的光。从 500 ℃到 1500 ℃，辐射光颜色逐次为红色→橙色→黄色→蓝色→白色。也就是说，在 1500 ℃时的热辐射中已包含了从几十微米到 0.4 μm 甚至更短波长的连续光谱。如果温度再升高，如达到 5500 ℃时，辐射光谱的上限已超过蓝色、紫色，进入紫外线区域。因此，通过测量光的颜色以及辐射强度，便可粗略判定物体的温度。

红外辐射是比可见光波段中最长的红光的波长还要长，介于红光与无线电波微波之间的电磁波，其波长范围在 7×10^{-7}~1 mm 之间。太阳光和物体的热辐射都包括红外辐射。红外光的最大特点就是具有光热效应，能辐射热量，它是光谱中的最大光热效应区。红外光与所有电磁波一样，具有反射、折射、干涉、吸收等性质。红外光在介质中传播会产生衰减，红外光在金属中传播衰减很大，但红外辐射能透过大部分半导体和一些塑料，大部分液体对红外辐射吸收非常大。气体对它的吸收程度各不相同，大气层对不同波长的红外光存在不同的吸收带。

2. 红外传感器应用

红外自动干手器是一个用六个反相器 CD4096 组成的红外控制电路，如图 9-45 所示。反相器 F_1、F_2，晶体管 VT_1 及红外发射二极管 VL_1 等组成红外光脉冲信号发射电路。红外光敏二极管 VD_2 及后续电路组成红外光脉冲的接收、放大、整形、滤波及开关电路。当将手放在干手器的下方 10~15 cm 处时，由红外发射二极管 VL_1 发射的红外光线经人手反射后被红外光敏二极管 VD_2 接收并转换成脉冲电压信号，经 VT_2、VT_3 放大，再经反相器 F_3、F_4 整形，并通过 VD_3 向 C_6 充电变为高电平，经反相器 F_5 变为低电平，使 VT_4 导通，

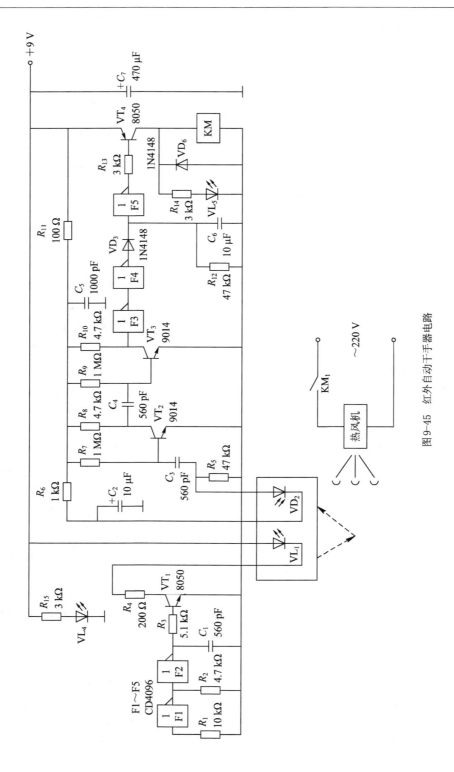

图 9-45　红外自动干手器电路

继电器 KM 得电工作，触点 KM$_1$ 闭合接通电热风机，任风吹向手部。与此同时，红外发射二极管 VL$_5$ 也点亮，作为工作显示。为防止人手晃动偏离红外光线而使电路不能连续工作，由 VD$_3$、R$_{12}$、C$_6$ 组成延时关机电路。C$_6$ 通过 R$_{12}$ 放电需一段时间，在手晃动时仍保持高电平，使吹热风工作状态不变，延迟时间为 3 s。

9.3　光源及光学元件

1. 白炽灯

白炽灯是利用电能将灯丝加热至白炽而发光，其辐射的光谱是连续的，除可见光外，同时辐射大量的红外线和少量的紫外线。

2. 发光二极管

发光二极管(Light Emitting Diode，LED)是一种由半导体 PN 结构成，能将电能转换成光能的半导体器件。

特点：工作电压低(1～3 V)，工作电流小(小于 40 mA)，响应快(一般为 10^{-9}～10^{-6} s)，体积小，质量轻，坚固，耐振，寿命长，比普通光源单色性好等，广泛用来作为微型光源和显示器件。

发光机理：由于载流子的扩散作用，在半导体 PN 结处形成势垒，从而抑制空穴和电子的继续扩散。当 PN 结上加正向电压时，势垒降低，电子由 N 型区注入 P 型区，空穴由 P 型区注入 N 型区，称为少数载流子注入。注入 P 型区的电子与 P 型区的空穴复合，注入 N 型区的空穴与 N 型区的电子复合，这种复合同时伴随着以光子的形式释放能量，因而在 PN 结有发光现象。

除以上两种光源外，还有气体放电灯、激光器等光源。

在光电式传感器中，必须使用一定的光学元件，并按照一些光学定律和原理构成各种各样的光路。常用的光学元件有各种反射镜、透镜等。

9.4　光电式传感器的应用

光电式传感器由光源、光学元件和光电元件组成。在设计应用中，要特别注意光电元件与光源的光谱特性匹配。

1. 模拟式光电传感器

模拟式光电传感器将被测量转换成连续变化的电信号，与被测量间呈单值对应关系。主要有四种基本形式，如图 9 - 46 所示。

(1) 吸收式。被测物体置于光路中，恒光源发出的光穿过被测物，部分被吸收后透射光投射到光电元件上，如图 9 - 46(a)所示。透射光强度决定被测物对光的吸收程度，而吸收的光通量与被测物透明度有关，如用来测量液体、气体的透明度、浑浊度的光电比色计。

(2) 反射式。恒光源发出的光投射到被测物上，再从被测物体表面反射后投射到光电元件上，如图 9 - 46(b)所示。反射光通量取决于反射表面的性质、状态及其与光源间的距离。利用此原理可制成表面光洁度、粗糙度和位移测试仪等。

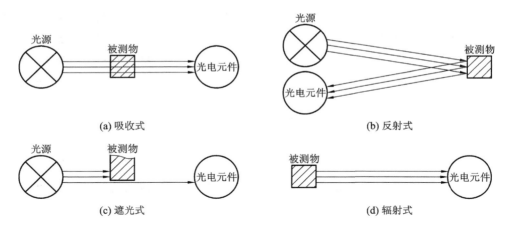

图 9 - 46　光电元件的应用方式

（3）遮光式。光源发出的光经被测物被遮去其中一部分，使投射到光电元件上的光通量改变，其变化程度与被测物在光路中的位置有关，如图 9 - 46(c)所示。这种形式可用于测量物体的尺寸、位置、振动、位移等。

（4）辐射式。被测物本身就是光辐射源，所发射的光通量射向光电元件，如图 9 - 46(d)所示，也可经过一定光路后作用到光电元件上。这种形式可用于光电比色高温计中。

2．脉冲式光电传感器

脉冲式光电传感器的作用方式是光电元件的输出仅有两种稳定状态，即"通"和"断"的开关状态，称为光电元件的开关应用状态。这种形式的光电传感器主要用于光电式转速表、光电计数器、光电继电器等。

3．应用实例

1）光电式带材跑偏仪

图 9 - 47 是光电式带材跑偏仪的原理图，其主要由边缘位置传感器、测量电路和放大器等组成。它是用于冷轧带钢生产过程中控制带钢运动途径的一种自动控制装置。

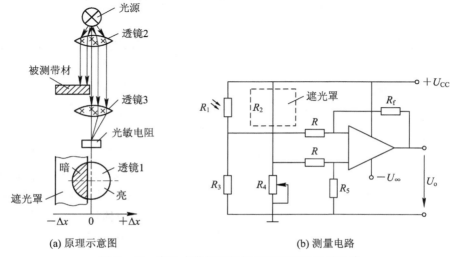

(a) 原理示意图　　　　　　　　　　(b) 测量电路

图 9 - 47　光电式带材跑偏仪的原理图及测量电路

从图 9-47 可以看出,光源发出的光经过透镜 2 汇聚成平行光束后,再经透镜 3 汇聚入射到光敏电阻 R_1 上,透镜 2、3 分别安置在带材相关位置的上、下方,在平行光束到达透镜 3 的途中,将有部分光线被带材遮挡,从而使光敏电阻受照的光通量减少。R_1 和 R_2 是同型号的光敏电阻,R_1 作为测量元件安置在带材下方,R_2 作为温度补偿元件,将其用遮光罩覆盖,$R_1 \sim R_4$ 组成一个电桥电路,当带材处于中间位置时,通过预调电桥平衡,使放大器输出电压 U_o 为零。如果带材在运送过程中左偏,则遮光面积减小,光敏电阻的光照增加,阻值变小,电桥失衡,放大器输出电压 U_o 为负值;若带材在运送过程中右偏,则遮光面积增大,光敏电阻的光照减弱,阻值变大,电桥失衡,放大器输出电压 U_o 为正值。输出电压 U_o 的正负及大小反映了带材走偏的方向及大小。一方面,输出电压 U_o 由显示器显示出来;另一方面,由纠偏控制系统作为驱动执行机构,产生纠偏动作的控制信号。

带材边缘位置检测选用遮光式光电传感器,如图 9-48 所示,光电三极管(3DU12)接在测量电桥的一个桥臂上。带材跑偏引起的光通量变化如图 9-49 所示。采用角矩阵反射器能满足安装精度不高、工作环境有振动的场合中使用,原理如图 9-50 所示。

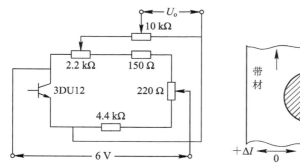 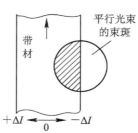 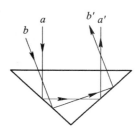

图 9-48　测量电路　　图 9-49　带材跑偏引起光通量变化　图 9-50　角矩阵反射器原理

2) 光电式转速计

光电式转速计主要有反射型和直射型两种基本类型,如图 9-51 所示。

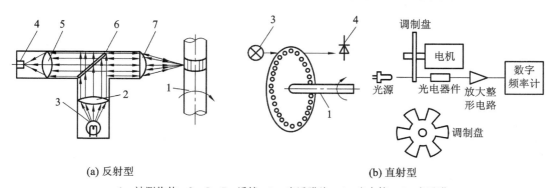

(a) 反射型　　　　　　　　　　　　　　(b) 直射型

1—被测物体;2,5,7—透镜;3—半透膜片;4—光电管;6—半透膜

图 9-51　光电式转速计

为了提高转速测量的分辨率,采用机械细分技术,使转动体每转动一周有多个(Z)反射

光信号或透射光信号。

若直射型调制盘上的孔(或齿)数为 Z(或反射型转轴上的反射体数为 Z),测量电路计数时间为 $T(s)$,被测转速为 $n(r/min)$,则计数值为 $N=nZT/60$。

光电脉冲转换电路如图 9-52 所示。

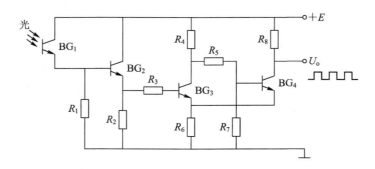

图 9-52　光电脉冲转换电路

3) 光电池

利用光电池的光电特性、光谱特性、频率特性和温度特性等,通过基本光电转换电路与其他电子线路组合,可实现光电检测和自动控制的目的。光电池应用的几种基本电路及路灯自动控制器如图 9-53、图 9-54 所示。

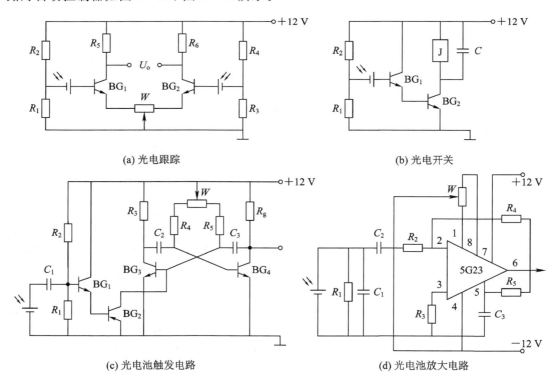

(a) 光电跟踪　　　　　　　　　　　　　　　　(b) 光电开关

(c) 光电池触发电路　　　　　　　　　　　　　(d) 光电池放大电路

图 9-53　光电池应用的几种基本电路

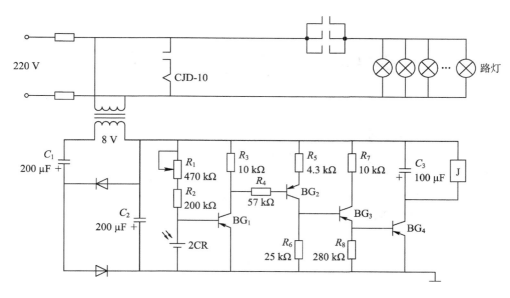

图 9-54　路灯自动控制器

4. 光电耦合器

将发光器件与光电元件集成在一起便构成光电耦合器，如图 9-55 所示。

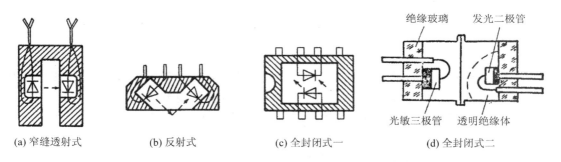

(a) 窄缝透射式　　　　(b) 反射式　　　　(c) 全封闭式一　　　　(d) 全封闭式二

图 9-55　光电耦合器典型结构

目前，常用的光电耦合器的发光元件多为发光二极管（LED），光敏元件以光敏二极管和光敏三极管为主，少数采用光敏达林顿管或光控晶闸管。发光元件和光敏元件之间具有相同的光谱特性，以保证其灵敏度最高；若要防止环境光干扰，透射式和反射式光电耦合器都可选用红外波段发光元件和光敏元件。

第 10 章　图像传感器

随着光电子技术的发展，近年来又涌现了许多新型光电器件。常规的光电器件通常只能检测辐射光功率的大小，而特种光电器件还具有空间分辨的能力，即不仅可以检测入射光的强度，还可以检测入射光点的位置、空间明暗分布等。这些器件在工程检测、机器人视觉、摄像等方面具有重要的用途。本章将着重介绍光电二极管阵列、光电三极管阵列、电荷耦合器件(CCD)的工作原理、CCD 图像及应用。

10.1　光电二极管及光电三极管阵列

10.1.1　光电二极管阵列的结构和工作原理

光电二极管阵列是重要的图像传感器之一，可以用于自动控制、非接触尺寸检测和传真摄像等方面。所谓光电二极管阵列，就是将许多光电二极管以线列或面阵的形式集成在一个芯片上，用来同时检测入射光在各点的光强度，并将其转变成电信号。为了取出这些光电信号，需要配上扫描输出和放大等电路，或者用混合集成的方法，将它们组成完整的摄像器件。

光电二极管阵列的工作方式与单个二极管有所不同，因为阵列中每个光电二极管的有效面积很小，通常小于 $100~\mu m \times 100~\mu m$。因此，为了提高探测灵敏度，需要采用所谓的积分方式。电荷的积分是利用光电二极管自身的结电容，光电信号的取出是通过图 10-1 所示的几步实现的。作为准备，首先闭合开关 S，如图 10-1(a)所示，光电二极管处于反偏，电荷储存在耗尽层的结电容上，相当于对结电容反向充电。由于光电流 I_L 及暗电流 I_d 很小，充电过程达到稳定时，PN 结上的电压接近电源电压 U_C。然后打开开关 S，如图 10-1(b)所示，此时，由于光照产生电子-空穴对而使结电容缓慢放电。电子-空穴对产生的速率与入射光强度成正比，故结电容亦以相同的速率放电。因此，在固定的时间 τ 内，储存电荷移走的数量 Q_τ 与入射光强度成正比，这段时间称为光积分时间。光积分结束时，结电容上的电压降为 $U_{C\tau}$，其值为

$$U_{C\tau} = U_C - \frac{Q_\tau}{C_J} \qquad\qquad (10-1)$$

式中，C_J 为结电容。

光积分结束后，再次合上开关 S，如图 10-1(c)所示，二极管再次被充电至 U_C，再充电电流流经负载电阻所产生的压降即为光电信号。这种提取光电信号的方法实际上是监视结电容经光照放电后恢复初始条件时所补充的电荷量，故称之为再充电取样法。重复图 10-1(b)、(c)两步，即可不断地从负载电阻上得到光电输出信号，从而使阵列中的每一

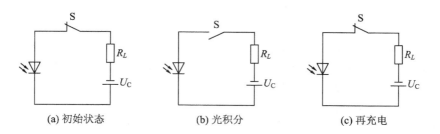

图 10-1　光电二极管阵列的工作原理

个光电二极管能连续地进行摄像。图 10-2 给出了结电容上的电压和负载上的输出信号电压随时间变化的曲线。显然，输出信号脉冲峰值为

$$U_{Rmax} = U_C - U_{Cr} = \frac{Q_r}{C_J} \tag{10-2}$$

当积分时间固定时，Q_r 与入射光通量成正比，故输出脉冲峰值亦与入射光通量成正比。

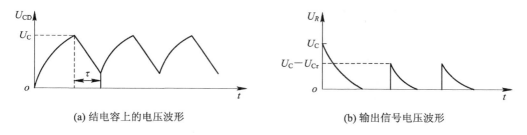

图 10-2　光电二极管阵列的输出信号

在实际的光电二极管阵列中，开关采用 MOS 场效应晶体管，在其栅极加上时钟脉冲，就可以控制其导通或截止。由于受 MOS 场效应晶体管的结电容和导通电阻的影响，实际的输出脉冲信号峰值电压比式(10-2)给出的值略小。

再充电提取光电信号的另一种方法是直接检测光电二极管结电容上的电压，其单元电路如图 10-3 所示。这里，采用与反馈电容 C_f 相并联的电荷积分放大器代替负载电阻。当 MOS 管 V 导通时，输出端通过放大器对光电二极管再充电，根据反相放大器的原理，放大器的输出电压为

$$U_o = \frac{Q_r}{C_f} = U_{CD} \tag{10-3}$$

式中，U_{CD} 为光电二极管结电容上的电压。

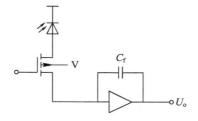

图 10-3　光电二极管阵列的信号检测单元电路

　　当然，这里忽略了 MOS 管的内阻和放大器输入端的分布电容的影响。一个光电二极管阵列中包含多到数千个光电二极管，因此，在应用中，必须以一定次序将各个光电二极管的光电信号逐一取出来，这就是扫描输出。图 10-4 示出了面阵器件扫描输出结构的一个例子。以一定的时序分别在各 X 线和 Y 线上加上低脉冲，分别选通 X 线和 Y 线上的 MOS 管开关，就可以逐一将各光电二极管的信号取出。例如，要对 X_m 行、Y_n 列上的光电二极管进行信号读取，可先在 X_m 行线上加上低脉冲，使该行的 MOS 管 V_2 导通，再在 Y_n 线列上加上低脉冲，使 Y_n 列上的 MOS 管 V_1 导通，读取信号后将 Y_n 列上的低脉冲移至 Y_{n+1} 列。这样，依次可读取 X_m 行上所有光电二极管的信号，随后将 X_m 行线上的低脉冲移至 X_{m+1} 行，继续读取下一行的信号，直至将整个阵列中的光电二极管信号均读取出来，完成一帧图像的输出。从输出端得到的信号类似于电视摄像机输出的视频信号。光电二极管的光积分在 X 线上的 MOS 管关断时进行。反复进行上述扫描过程，即可以完成连续的摄像或检测。

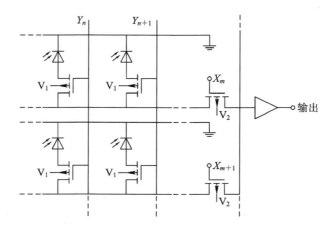

图 10-4　二维面阵光电二极管的扫描输出结构

　　用于驱动 MOS 管的行脉冲和列脉冲时序如图 10-5 所示，这些时钟脉冲通常由移位寄存器提供。

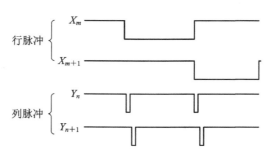

图 10-5　行线和列线上的扫描脉冲波形

　　光电二极管阵列的图像分辨率取决于光敏单元的尺寸和间距，光敏单元之间的间距一般在 $2.5 \sim 12.5 \ \mu m$ 之间。面阵中的光电二极管形状通常接近方阵，而在线列中，为了增大光敏面积，光电二极管的形状做成长方形，因而增加宽度并不影响线阵的分辨率。

　　光电二极管以电荷存储方式工作，因此具有较宽的动态范围，在低光强度照射时，可以通过延长曝光时间（即光积分时间）来提高灵敏度。其最小可测光强主要受到光电二极管阵列噪声的限制。光电二极管阵列噪声除了固有的光子散粒噪声外，在信号取出过程中也会引入噪声，如时钟脉冲会通过 MOS 管开关上的结电容耦合到输出端。但限制器件可测光强下限的主要原因是暗电流噪声。光电二极管在光积分期内，即使没有入射光照射，由于热效应产生的空穴-电子对与储存的电荷复合，从而使结电容缓慢地放电，这种电流称为暗电流。显然，暗电流随积分时间的增加而增大。因此，当入射光很微弱时，如果积分时间过长，信号将会被暗电流所淹没。

　　暗电流与光电二极管的尺寸、偏压、硅的体内特性和生产工艺有关。暗电流随光电二极管周长的变化比随光电二极管面积的变化强烈得多，而信号光电流与面积成正比，所以随着光电二极管面积的缩小，信号电流比暗电流减小得更快，即信号电流与暗电流之比随着光电二极管的面积缩小而变差，因而尺寸小的光电二极管阵列的低光强检测能力也相应降低。另外，降低温度是降低电流的一种有效的办法，温度每降低 10 ℃，暗电流大约可降低一半。

　　光电二极管阵列的可测光强上限取决于器件允许使用的最高时钟频率。最高时钟频率也决定了器件的最短积分时间。如果在器件最短可用积分时间内，由于入射光照过强，使光电二极管的结电容完全放电，就称为绝对饱和。

　　对于固定的积分时间来说，光电二极管阵列的动态范围取决于噪声和饱和电平之比。充电取样的典型的范围为 10^2 数量级，即 40 dB。如果积分时间随入射光强度不同而改变，则达到极限值之间的动态范围可达 $10^3 \sim 10^6$ 数量级，即 60～120 dB。

10.1.2　光电三极管阵列的结构及工作原理

　　光电三极管亦可工作于电荷储存模式，并像光电二极管一样，可集成在一起组成阵列。与光电二极管类似，光电三极管阵列也需要有驱动取样电路来读取光电信号。

　　普通光电三极管工作于积分模式时的工作电路及电压波形如图 10-6 所示，其工作原理为：当取样脉冲加到集电极时，对 BC 结势垒电容 C_{BC} 充电。当脉冲过去时，集电极为低电平，充在 C_{BC} 上的电荷将与 C_{BE} 分摊，使两个 PN 结均处于反偏。当电荷在此再分布时，将有电流流过负载 R_L，故在输出端出现了一个小的负脉冲。此时，如果有光照射，因两个 PN 结都处于反偏，BC 结上的光电二极管产生的光生载流子，将使两个电容放电，所放的电量正比于光生电流对时间的积分。这段时间称为积分时间。当下一个取样脉冲到来，给 C_{BC} 再充电时，在 R_L 两端将输出一脉冲信号，信号的幅度正比于 C_{BC} 上所放掉的电荷总量，该电荷总量包括由光生电流 C_{BC} 放掉的电荷量、C_{BC} 分摊给 C_{BE} 的电荷量及反向 PN 结的漏电流（或称暗电流）引起的放电电荷。

　　与一般的晶体管集成电路的工艺一样，但发射极光电三极管阵列需作隔离扩散，工序较多，成品率及集成均受限制。另一种结构的光电三极管阵列称为双发射光电三极管阵列，这种阵列的特点在于不需要隔离扩散，工艺简单，因而集成度和成品率可以进一步提高。此外，这种结构还减少了寄生电容。

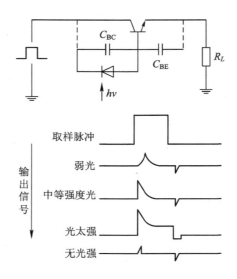

图 10-6　光电三极管的积分工作模式

　　双发射极光电三极管的单元电路及工作原理示于图 10-7 中，当 E_2 加上读出斜脉冲时，可以在 E_1 上将信号读出。在分析时，把 E_2B 结看成一个电容，当 U_{E2} 电位发生瞬变时，B 的电位随之增减，E_2B 结的电容起着耦合电容的作用。

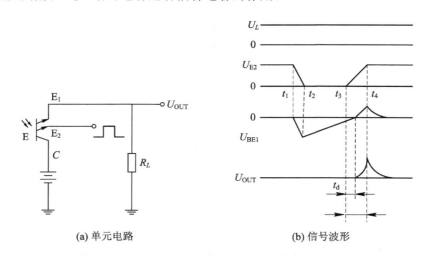

(a) 单元电路　　　　　　　　　　　(b) 信号波形

图 10-7　双发射极光电三极管阵列单元电路及工作原理

　　当 U_{E2} 从 t_1 对应的值降到 t_2 对应的零值时，E_2B 结的电容使 B 的电位也随之下降同样的幅度。此时，B 的电位变成负值，在 t_2 到 t_3 这段时间，由于光照，产生的光电载流子将使基区（P 区）的电位升高。换言之，在读出终了时已对各结电容进行了充电，在 t_2 时均为反偏。在 $t_2 \sim t_3$ 期间内光照产生的电流不断使结电容放电，这段时间即为积分时间。从 t_3 起又开始读出，B 的电位随 U_{E2} 上升而上升。从 t_3 到电位上升到零的时间称为延时时间 t_d，当 BE 结变为正向偏压时，便有一信号输出。到 t_4 时，B 的电位最高，输出信号达到峰值，此后随电流的输出，B 电位下降，最后当电流降到零时，B 电位也降到零，同时完成再充电。

当照射光很强或积分时间太长时,使 B 电位在 t_3 之前升到零,这种情况称为饱和状态,此时 t_d 等于零,输出信号也达到了饱和值。BE_2 结所储存的电荷 Q_P,其饱和值为 Q_{PS},则 Q_{PS} 为

$$Q_{PS} = C_{E2}U_{E2} \tag{10-4}$$

当 $Q_P < Q_{PS}$ 时,输出信号的峰值可近似表示为

$$U_P = \frac{Q_P}{C_{E2} + C_C} - U_d \tag{10-5}$$

式中,U_d 约等于 0.7 V。

输出信号的大小主要由 E_2 上所充的电荷量决定,图 10-8 所示为饱和输出信号峰值电压 U_{PS} 与激励斜脉冲上升时间 t 的关系曲线,它以光电三极管的放大倍数 β_0 为变量。由图可见,在陡的阶跃脉冲驱动下,U_{PS} 随 β_0 的增加而增加,但很快趋于饱和。由此可知,工作在积分模式的阵列与普通的光电三极管不一样,它并不需大的 β_0 来增加灵敏度,而是靠提高量子效率来增加灵敏度。显然,E_2 面积大,C_{E2} 也大,Q_{PS} 就大,输出信号的饱和值就大。因此,若需求光电三极管阵列有大的动态范围,应将 E_2 的面积做大一些。

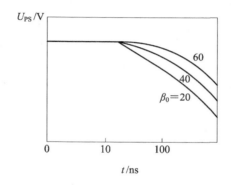

图 10-8　饱和输出信号峰值电压 U_{PS} 与激励斜脉冲上升时间 t 的关系

10.2　电荷耦合器件及图像传感器

电荷耦合器件(简称 CCD)的发明始于 1969 年,在其后几年发展迅速,并得到了广泛的应用。CCD 并不是一种新发明的器件,它可以说是 MOS 电容器的一种新的说法。在适当次序的时钟控制下,CCD 能够使电荷有控制地穿过半导体的衬底而实现电荷的转移。利用这个机理便可实现多种电子功能,在作为光敏器件时可用于图像的传感,即成为固体摄像器件。此外,CCD 还可作为信息处理和信息存储器件。

10.2.1　电荷耦合器件的结构及工作原理

1. 金属-氧化物-半导体制材料(MOS)电容

CCD 是由按照一定规律排列的 MOS 电容阵列组成的。其中金属为 MOS 结构上的电极,称为"栅极"(此栅极材料不使用金属而使用能够透过一定波长范围的光的多晶硅薄膜)。半导体作为底电极,俗称"衬底"。两电极之间夹一层绝缘体,构成电容,如图 10-9

所示，这种电容器具有一般电容器所没有的一些特性，MOS 的工作原理就是基于这些特性。因此，在介绍 MOS 的工作原理之前，先简单介绍一下 MOS 电容的特性。

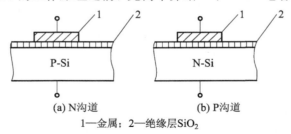

(a) N沟道　　　　　　　　　　(b) P沟道

1—金属；2—绝缘层SiO₂

图 10-9　MOS 电容的结构

当 MOS 电容的极板上无外加电压时，在理想情况下，半导体从体内到表面处处是电中性的，因而能带（代表电子的能量）从表面到内部是平的，这就是平带条件。所谓理想情况，主要是忽略氧化层中的电荷及界面态电荷（一般均为正电荷），且三层之间没有电荷交换。图 10-10(a) 为平带条件下的能带图。

若在金属电极上相对于半导体加上正电压 U_G，当 U_G 较小时，P 型半导体表面的多数载流子空穴受到金属中正电荷的排斥，从而离开表面留下电离的受主杂质离子，在半导体表面层中形成带负电荷的耗尽层。此时，称 MOS 电容器处于耗尽状态。由于半导体内电位相对于金属为负，在半导体内部的电子能量高。因此，在耗尽层中电子的能量从体内到表面是从高到低变化的，能量呈弯曲形状，如图 10-10(b) 所示。由于此时半导体表面处的电势（称表面势或界面势）比内部高，故若附近有电子存在，将移向表面处。栅压 U_G 增加，表面势也增加，表面积聚的电子浓度也增加。但在耗尽状态，耗尽区中电子浓度与体内空穴浓度相比是可以忽略不计的。

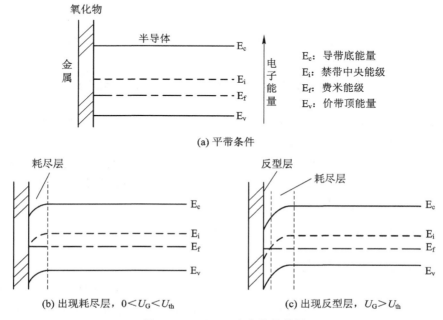

(a) 平带条件

E_c：导带底能量
E_i：禁带中央能级
E_f：费米能级
E_v：价带顶能量

(b) 出现耗尽层，$0<U_G<U_{th}$　　　　(c) 出现反型层，$U_G>U_{th}$

图 10-10　MOS 电容的能带图

当栅压 U_G 增大到超过某个特定电压 U_{th} 时，表面势进一步增加，能带进一步向下弯曲，使半导体表面处的费米能级高于禁带中央能级，见图 10-10(c)。此时，半导体表面聚焦的电子浓度将大大增加。我们把界面上的电子层称为反型层。特定电压 U_{th} 是指半导体表面积累的电子浓度等于体内空穴浓度时的栅压，通常把 U_{th} 称为 MOS 管的开启电压。

从上面的分析可知，当 MOS 电容器栅压 U_G 大于开启电压 U_{th} 时，由于表面势升高，如果周围存在电子，将迅速地积聚到电极下的半导体表面处。由于电子在那里的势能较低，我们可以形象地说，半导体表面形成了对于电子的势阱。习惯上，可以把势阱想象成为一个容器，把聚焦在里面的电子想象成容器中的液体，如图 10-11 所示。势阱积累电子的容量取决于势阱的"深度"，而表面势的大小近似于与外加栅压 U_G 成正比。

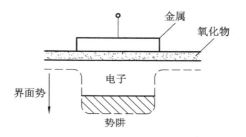

图 10-11　有信号电荷的势阱

如果在形成势阱时，没有外来的信号电荷，则势阱中或势阱附近由于热效应产生的电子将积聚到势阱中，逐渐填满势阱。通常，这个过程是非常缓慢的。因此，加上阶跃的栅压 $U_G>U_{th}$，在短期内，如果没有外来的电子充填，半导体就处于非平衡状态。此时称为深耗尽。上面提到的势阱就是指深耗尽条件下的表面势。所谓的势阱填满，是指电子在半导体表面堆积后使表面势下降。

2. 电荷耦合器件的工作原理

1) 电荷的定向移动

CCD 的基本功能是具有存储与转移信号电荷的能力，故又称为动态移位寄存器。为了实现信号电荷的位移，首先，必须使 MOS 电容阵列的排列足够紧密，以使相邻 MOS 电容的势阱相互沟通，即相互耦合。通常相邻的 MOS 电容电极间隙必须小于 3 μm，甚至在 0.2 μm 以下。其次，根据加在 MOS 电容上的电压愈高，产生的势阱愈深的原理，通过控制相邻 MOS 电容栅极电压高低来调节势阱深浅，使信号电荷由势阱浅处流向势阱深处。在 CCD 中电荷的转移必须按照确定的方向。为此，在 MOS 阵列上所加的各路电压脉冲、时钟脉冲，必须严格满足相位要求，使得在任何时刻势阱的变化总是朝着一个方向。例如，电荷是向右转移，则任何时刻，当存在信号的势阱抬起时，在它右边的势阱总比它左边的深，这样就保证了电荷始终朝向右边转移。

为了实现这种定向转移，在 CCD 的 MOS 阵列上划分以几个相邻的 MOS 电荷为一单元的无限循环结构。每一单元为一位，将每一位中对应位置上的电容栅极分别连到各自共同电极上，此共同电极称为相线。例如把 MOS 线列电容划分为相邻的三个为一单位，其中第 1、4、7 等电容的栅极连接到同一根相线上，第 2、5、8 等连接到第二根共同相线，第 3、6、9 则连接到第三根共同相线。显然，一位 CCD 中包含的电容个数即为 CCD 的相数。每相电极连接的电容个数一般来说即为 CCD 的位数。通常 CCD 有二相、三相、四相等几种结构，它们所施加的时钟脉冲的相位差分别为 120°及 90°。当这种时序脉冲加到 CCD 的无限循环结构上时，将实现信号电荷的定向转移。

图 10-12 所示为三相 CCD 中的两位。如果在每一位的三个电极都加上图 10-12(a)所示的脉冲电压，则可以实现电荷的转移。其工作过程如图 10-12(b)所示。图中取表面势增加的方向向下，虚线代表表面势的大小，斜线部分表示电荷包。在 $t=t_1$ 时，ϕ_1 处于高电平，而 ϕ_2、ϕ_3 处于低电平，由于 ϕ_1 电极上的栅压大于开启电压，故在 ϕ_1 电极上形成势阱，假设此时有外来电荷注入，则电荷将积聚到 ϕ_1 电极下。当 $t=t_2$ 时，ϕ_1、ϕ_2 同时为高电平，ϕ_3 为低电平，故 ϕ_1、ϕ_2 电极下都形成势阱，由于两个电极靠得很近，电荷就从 ϕ_1 电极下耦合到 ϕ_2 电极下。当 $t=t_3$ 时，ϕ_1 上的栅压小于 ϕ_2 上的栅压，故 ϕ_1 电极下的势阱变"浅"，电荷更多地流向 ϕ_2 电极下。当 $t=t_4$ 时，ϕ_1、ϕ_3 都为低电平，只有 ϕ_2 处于高电平，故电荷全部聚集到 ϕ_2 的电极下，实现了电荷从电极 ϕ_1 到 ϕ_2 的转移。经过同样的过程，当 $t=t_5$ 时，电荷又耦合到 ϕ_3 电极下，以此类推。因此，在 CCD 时钟脉冲的控制下，势阱的位置可以定向移动，信号电荷也就随之转移。

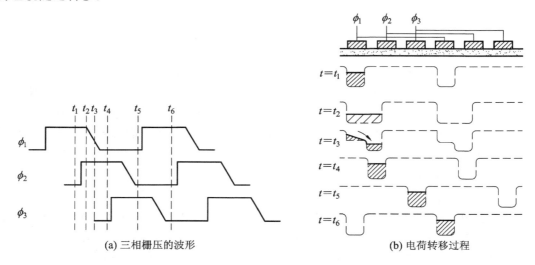

(a) 三相栅压的波形　　　　　　　　(b) 电荷转移过程

图 10-12　CCD 的工作原理

在 CCD 中电荷的转移，除了有上述的确定方向外，还必须沿着确定的路线。电荷转移的通道称为沟道，有 N 沟道和 P 沟道。N 沟道的信号电荷为电子，P 沟道的信号为空穴；前者的时钟脉冲为正极性，后者为负极性。由于空穴的迁徙率低，所以 P 沟道 CCD 不大被采用。

2）电荷的注入

CCD 中的信号电荷可以通过光柱入和电注入两种方式得到。CCD 在用作图像传感时，信号电荷由光生载流子得到，即光注入。当光照射半导体时，如果光子的能量大于半导体的禁带宽度，则光子被吸收后会产生电子-空穴对，当 CCD 的电极加有栅压时，由光照产生的电子被收集在电极下的势阱中，而空穴被赶出衬底。电极下收集的电荷多少取决于照射光的强度和照射的时间。CCD 在用作信号处理或存储器件时，电荷输入采用电注入。所谓电注入就是 CCD 通过输入结构对信号电压或电流进行采样，将信号电压或电流转换为信号电荷。常用的输入结构是采用一个输入二极管、一个或几个控制输入栅来实现电输入。

3）电荷的检测-信号输出结构

CCD 的输出结构的作用是将 CCD 中的信号电荷变成电流或电压输出，以检测信号电荷的大小。图 10 - 13（a）所示为一种简单的输出结构，它由输出栅 G_0、输出反偏二极管、复位管 V_1 和输出跟随器 V_2 组成，这些元器件均集成在 CCD 芯片上。V_1、V_2 为 MOS 场效应晶体管。其中，MOS 管的栅电容起到对电荷积分的作用。该电容的工作原理：当在复位管栅极上加一正脉冲时，V_1 导通，其漏极直流偏压 U_{RD} 点。当 V_1 截止后，ϕ_3 变为低电平时，信号电荷被送到 A 点的电容上，使 A 点的电位降低。输出栅 G_0 上可以加上直流偏压，以使电荷通过。A 点的电压变化可以从跟随器 V_2 的源极测出。A 点的电压变化量 ΔU_A 与 CCD 输出的电荷量的关系为

$$\Delta U_A = \frac{Q}{C_A} \tag{10 - 6}$$

式中，C_A 为 A 点的等效电容，为 MOS 管电容和输出二极管电容之和；Q 为输出电荷量。

由于 MOS 管 V_2 为源极跟随器，其电压增益为

$$A_U = \frac{g_m R_S}{1 - g_m R_S} \tag{10 - 7}$$

式中，g_m 为 MOS 场效应晶体管 V_2 的跨导。故输出信号与电荷量的关系为

$$\Delta U = \frac{Q}{C_A} \cdot \frac{g_m R_S}{1 + g_m R_S} \tag{10 - 8}$$

若要检测下一个电荷包，则必须在复位管 V_1 的栅极加一正脉冲，使 A 点的电位恢复。因此，检测一个电荷包，在输出端就得到一个负脉冲，该负脉冲的幅度正比于电荷包的大小，这相当于信号电荷对输出脉冲幅度进行调制，所以，在连续检测从 CCD 中转移来的信号电荷包时，输出为脉冲调幅信号。

图 10 - 13（b）给出的输出波形中还包含与复位脉冲同步的正脉冲，这是复位脉冲通过寄生电容 C_1、C_2 耦合到输出端的结果。为消除复位脉冲引入的干扰，可采用图 10 - 14 所示的相关双取样检测方法。其中 S_1 为钳位开关，S_2 为采样开关，控制 S_1、S_2 分别在 t_1、t_3、t_5 和 t_2、t_4、t_6 时刻接通，则可以得到与电荷成正比的输出波形，而滤去了复位脉冲的噪声。

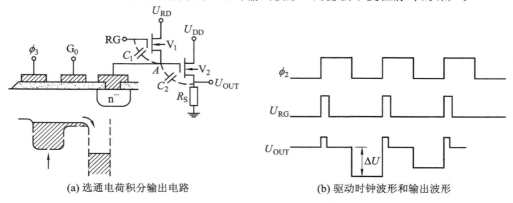

(a) 选通电荷积分输出电路　　　　　　　　　(b) 驱动时钟波形和输出波形

图 10 - 13　CCD 的信号输出结构

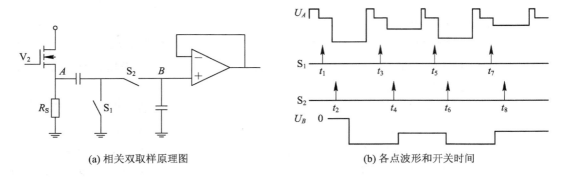

(a) 相关双取样原理图　　　　　　　　　　　(b) 各点波形和开关时间

图 10-14　相关双取样原理图

10.2.2　CCD 图像传感器概述

1. CCD 图像传感器的原理

CCD 图像传感器是利用 CCD 的光电转换和电荷转移的双重功能。当一定波长的入射光照射 CCD 时，若 CCD 的电极下形成势阱，则光生少数载流子就积聚到势阱中，其数目与光照时间和光照强度成正比。利用时钟控制将 CCD 的每一位下的光生电荷依次转移出来，分别从同一个输出电路上检测出，则可以得到幅度与各光生电荷成正比的电脉冲序列，从而将照射在 CCD 上的光学图像转换成电信号"图像"。由于 CCD 能实现低噪声的电荷转移，并且所有的光生电荷都通过一个输出电路检测，具有良好的一致性，因此，对图像的传感性能较为优良。

CCD 图像传感器可以分为线列和面阵两大类，它们各具有不同的结构和用途。

2. CCD 线性图像器件

CCD 线性图像器件由光敏区、转移栅、模拟移位寄存器（即 CCD）、胖零（即偏置）电荷注入电路、信号读出电路等几部分组成。图 10-15 所示是一个有 N 个光敏单元的线列 CCD 图像传感器，器件中各部分的功能及器件的工作过程分述如下。

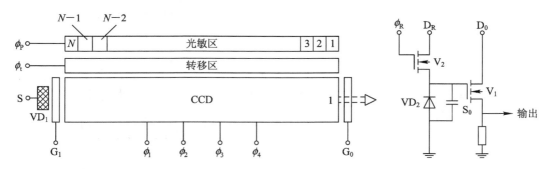

图 10-15　线列 CCD 图像器件

1）器件中各部分的结构和功能

光敏区：N 个光敏单元排成一列。如图 10-16 所示，光敏单元为 MOS 电容结构（目前普遍采用 PN 结构）。透明的低阻多晶硅薄条作为 N 个 MOS 电容（即光敏单元）的共同电极，称为光栅 ϕ_P。MOS 电容的低电极为半导体 P 型单晶硅，在硅表面，相邻两光敏元件之间都用沟阻隔开，以保证 N 个 MOS 电容相互独立。

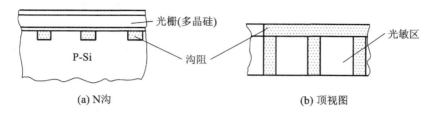

(a) N沟   (b) 顶视图

图 10-16　MOS 型光敏单元结构图

器件其余部分的栅极也为多晶硅栅，但为避免非光敏区"感光"，除光栅外，器件的所有栅区均以铝层覆盖，以实现光屏蔽。

转移栅 ϕ_t：转移栅 ϕ_t 与光栅 ϕ_P 一样，也是狭长的一条，位于光栅和 CCD 之间，它是用来控制光敏单元势阱中的信号电荷向 CCD 转移。

电荷耦合器件（即 CCD）：前面已提到过，CCD 有两相、三相、四相几种结构，现以四相结构为例进行讨论。一、三相为转移和；二、四相为存储相。在排列上，N 位 CCD 与 N 个光敏单元一一对齐，最靠近输出端的那位 CCD 称为第一位，对应的光敏单元为第一光敏单元，依次类推。各光敏单元通向的 CCD 各转移沟道之间由沟阻隔开，而且只能通向每位 CCD 中的某一个相，如图 10-17 所示。只能通向每位 CCD 的第二相，这样可防止各信号电荷包转移时可能引起的混淆。

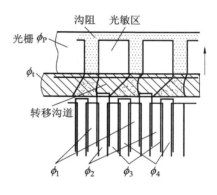

图 10-17　转移沟道

偏置电荷电路：由输入二极管 VD_1（通称为源）和输入栅 G_i 组的偏置电荷注入回路。用来注入"胖零"信号，以减少界面态的影响，提高转移效率。

输出栅 G_0：输出栅工作在直流偏置电压状态，起着交流旁路作用，用来屏蔽时钟脉冲对输出信号的干扰。

输出电路：CCD 输出电路由放大管 V_1、复位管 V_2、输出二极管 VD_2 组成，它的功能是将信号电荷转换为信号电压，然后输出。

2）器件的工作过程

器件的工作过程可归纳为如图 10-18 所示的五个环节。这五个环节按一定时序工作，相互有严格要求的同步关系，并且是个无限循环的过程。图 10-19 给出了 CCD 的工作波形图，各个环节分述如下：

图 10-18　器件工作过程图

积分：如图 10-19 所示，在有效积分时间里，光栅ϕ_P 处于高电平，每个光敏单元下形成势阱。入射在光敏区的光子在硅表面一定深度范围激发电子-空穴对。空穴在光栅电场作用下，被驱赶到半导体体内；光生电子被积累在光敏单元势阱中。积累在各光敏单元势阱中电子的多少，即电荷包的多少，与入射在该光敏单元上的光强成正比，与积分时间也成正比。所以，经过一定时间积分后，光敏区就因"感光"而形成一个电信号"图像"，它与"景物"相对应。

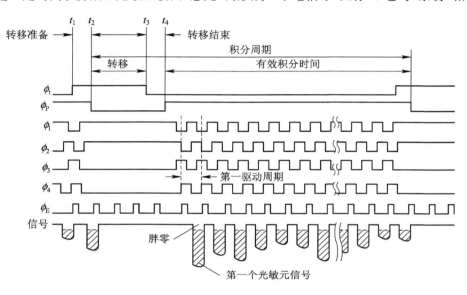

图 10-19 器件工作波形

转移：转移就是将 N 个光信号电荷包并行移到所对应的那位 CCD 中。为了避免转移中可能引起的信号损失或混淆，光栅ϕ_P、转移栅ϕ_t 及 CCD 四相驱动脉冲电压的变化应遵照一定的时序。

转移过程可分解为如图 10-19 所示的三个阶段：转移准备—转移—转移结束。转移准备阶段是从时间 t_1 开始，当计数器达到预置值时，计数器的回零脉冲转移栅由ϕ_t 低电平已形成势垒，等待光信号电荷包到来；ϕ_3、ϕ_4 停在低电平，以隔开相邻的 CCD。转移阶段到时间 t_2，随光栅ϕ_P 电压下降，光敏单元势阱抬升时，N 个信号电荷同时转移到对应位 CCD 的第二相中。转移结束到时间 t_3，转移栅ϕ_t 电压由高变低，关闭转移沟道。转移结束后到 t_4，光栅ϕ_P 电压由低变高重新开始新一行的积分，与此同时，CCD 开始传送刚刚转移过来的信号。

传输：信号的传输是在 t_4 之后开始的。N 个信号电荷依次沿着 CCD 串行传输。每驱动一个周期，各信号电荷包输出端方向转移一位。第一个驱动周期输出的为第一个光敏单元信号电荷包；第二个驱动周期传输的为第二个光敏单元信号电荷包；依次类推，第 N 个驱动周期输出的为第 N 个光敏信号电荷包。

计数：计数器用来记录驱动周期的个数。由于每一个驱动周期读出一个信号电荷包，所以只要驱动 N 个周期就完成了全部信号的传输和读出。但考虑"行回扫"时间的需要，应该过驱动几次。所以，计数器的值不是定位为 N，而是定位为 $N+m$。m 为过驱动次数，通常取 10 以上，也可按需要而定。每当计数到预置值时，表示前一行的 N 个信号已经全部读完，新一行的信号已经准备就绪，计数器产生一个脉冲，触发产生转移栅ϕ_t、光栅ϕ_P 脉冲，从而开始新的一行的"转移""传输"。计数器重新从零开始计数。

输出：输出电路的功能在于将信号电荷转换为信号电压，并进行输出。

以上介绍的是单边传输结构的 CCD 线性图像器件。此外，还有双边传输结构的 CCD 线列图像器件，如图 10-20 所示。它与单边传输结构的工作原理相仿，但性能略有差别。在同样光敏单元数情况下，双边转移次数为单边的一半，故总的转移效率比单边高；光敏单元之间的最小中心距

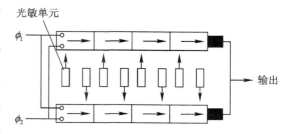

图 10-20　双边传输的 CCD 线列图像器件

也可比单边的小一半，双边传输唯一的缺点是两边输出总有一定的不对称。

3. CCD 面阵图像器件

面阵图像器件的感光单元呈二维矩阵排列，组成感光区。面阵图像器件能够检测二维的平面图像。由于传输和读出的结构方式不同，面阵图像器件有许多种类型。常见的传输方式有行传输、帧传输和行间传输三种。

行传输(LT)面阵 CCD 的结构如图 10-21(a)所示，它由行选址电路、感光区、输出寄存器(即普通结构的 CCD)组成。当感光区光积分结束后，由行选址电路一行一行地将信号电荷通过输出寄存器转移到输出端，行输出的缺点是需要的时钟电路(即行选址电路)比较复杂，并且在电荷转移过程中，光积分还在进行，会产生"托影"，因此，这种结构采用较少。

帧传输(FT)的结构如图 10-21(b)所示，它由感光区、暂存区、输出寄存器组成。工作时，在感光区光积分结束后，先将信号电荷从感光区迅速转移到暂存区，暂存区表面具有不透光的覆盖层。然后从暂存区一行一行地将信号电荷通过输出寄存器转移到输出端，这种结构的时钟要求比较简单，它对"拖影"问题的解决比行传输有所改善，但同样是存在的。

行间传输(ILT)的结构如图 10-21(c)所示，感光区和暂存区行行排列。在感光区结束光积分后，将每列信号电荷逐列通过输出寄存器转移到输出端。行间传输结构有良好的图像抗混淆性能，即图像不存在"拖影"，但不透光的暂存转移区降低了器件的收光效率，并且这种结构不适宜光从背面照射。

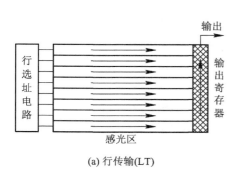

(a) 行传输(LT)

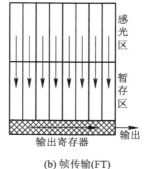

(b) 帧传输(FT)

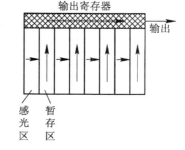

(c) 行间传输(ILT)

图 10-21　CCD 面阵图像器件的结构

10.2.3　CCD 图像传感器的特性参数

为了全面评价 CCD 图像传感器的性能，设定了下列特征参数：转移效率、暗电流、响应率、光谱响应、噪声、调制传递函数、功耗、分辨能力、动态范围与线性度、均匀性等，不同的应用场合，对特性参数的要求也各不相同。其主要特征参数分述如下。

1. 转移效率

CCD 中电荷包从一个势阱转移到另一个势阱时会产生损耗。假设原始电荷量为 Q_0，在一次转移中，有 Q_1 的电荷正确转移到下一个势阱，则转移效率定义为

$$\eta = \frac{Q_1}{Q_0} \tag{10-9}$$

并定义转移损耗（或称失效率）ε 为

$$\varepsilon = 1 - \eta \tag{10-10}$$

当信号电荷转移 N 个电极后的电荷量为 Q_N 时，总效率为

$$\frac{Q_N}{Q_0} = \eta^N = (1-\varepsilon)^N \tag{10-11}$$

转移效率对 CCD 的各种应用都十分重要。假设转移效率为 99%，则经过 100 个电极传递后，将仅剩下 37% 的电荷，而在实际 CCD 应用中，信号电荷往往需要成百上千的转移，因此要求转移效率必须达到 99.99%～99.999%。

转移效率与表面态有关，表面沟道 CCD 的信号电荷沿表面传输，受界面态的俘获，转移效率最多能达到 99.99%。而体内沟道 CCD 的信号电荷沿体内传输，避开了界面态的影响，最高转移效率可达 99.999%。为了减少俘获损耗，CCD 可以采用所谓"胖零"的工作方式，即在信号外注入一定的背景电荷，让它填充陷阱能级，以减少信号电荷的转移损失。一般"胖零"背景电荷为满阱电荷的 10%～15% 时可获得较好的效果。当然采用"胖零"工作方式时，信号处理能力就下降了。

还必须指出，转移损失，并不是部分信号电荷的消失，而是损失的那部分信号在时间上的滞后。因此，转移损失所带来的结果，不仅仅是信号的衰减，还对滞后的那部分电荷不利，叠加到后面的信号包中，引起信号的失真。

2. 暗电流

CCD 图像传感器在既无光注入又无电注入情况下的输出信号称为暗电流。

暗电流的起因在于半导体的热激发，首先，是耗尽层内产生负荷中心的热激发，此为主要因素；其次，是耗尽层边缘的少数载流子（电子）热扩散；最后，是 SiO_2/Si 界面上所产生的热激发。

由于工艺过程不完善及材料不均匀等因素的影响，CCD 中暗电流密度的分布是不均匀的。所以，通常以平均暗电流的密度来表征暗电流的大小。一般 CCD 的平均暗电流密度为每平方厘米几纳安到几十纳安。

3. 噪声

CCD 的噪声源可归纳为三类，它们是散粒噪声、转移噪声及热噪声。

（1）散粒噪声。光子的散粒噪声是 CCD 图像所固有的。它起源于光子流的随机性，决定了器件的噪声极限值。

（2）转移噪声。转移损失及界面态俘获是引起转移噪声的根本原因。转移噪声具有积累性和相关性两个特点。所谓积累性是指转移噪声是在转移过程中逐渐积累起来的，转移噪声的均方值与转移次数成正比。所谓相关性，是指相邻电荷的转移噪声是相关的。

（3）热噪声。它是在信号电荷注入及检出时产生的。信号电荷注入回路及信号电荷检出时的复位回路均可等效为 RC 回路，从而造成热噪声。

4. 分辨能力

分辨能力是指图像传感器分辨图像细节的能力，它是图像传感器的重要参数。任何图像的光强在空间的明暗变化都可以通过傅立叶变换分解成周期性的明暗变化成分，其明暗变化的频率（即每毫米中"线对"）称为空间频率。CCD 的分辨能力取决于其感光单元之间的间距。如果把 CCD 在某一方向上每毫米中的感光单元称为空间采样频率，则根据奈奎斯特采样定理，一个图像传感器能够分辨的最高空间频率 f_m 等于它的空间采样频率 f_0 的一半，即

$$f_m = \frac{1}{2}f_0 \tag{10-12}$$

一个确定空间频率的物像投射在成像器上，其输出将是随时间变化的波形，它的振幅称为调制深度，如图 10-22(a)、(b)所示。在光强振幅恒定的条件下，可以测出调制深度与空间频率之间的关系曲线，如图 10-22(c)所示。调制深度用它在零空间频率下的值进行归一化后得到的无量纲的关系式为调制传递函数（MTF）。从图 10-22(c)中可以看出，CCD 的调制传递函数在高频时发生衰减。

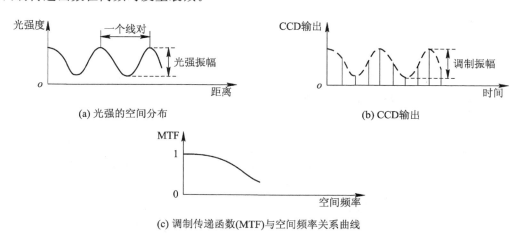

(a) 光强的空间分布　　　　　　　　　(b) CCD输出

(c) 调制传递函数(MTF)与空间频率关系曲线

图 10-22　分辨能力分析曲线

5. 动态范围与线性度

CCD 图像传感器动态范围的上限取决于光敏单元满势阱信号容量，下限取决于图像传感器能分辨的最小信号，即等效噪声信号。故 CCD 图像传感器的动态范围的定义为

$$动态范围 = \frac{光敏单元满阱信号}{等效噪声信号} \tag{10-13}$$

等效噪声信号是指在 CCD 正常工作条件下，无光信号时的总噪声。等效噪声信号可用噪声的峰-峰值表示，也可用方均根值表示。通常噪声的峰-峰值为方均根值的 6 倍，故用两种数值算得的动态范围也相差 6 倍。通常 CCD 图像传感器光敏信号的满阱容量为 $10^6 \sim 10^7$ 个电子，方均根总噪声约为 10^3 电子数量级，故动态范围为 $10^3 \sim 10^4$ 数量级，即 $60 \sim 80$ dB。

线性度是指照射光强与产生的信号电荷之间的线性程度。CCD 在用作光探测器时，线性度是一个很重要的性能指标。通常在弱信号及接近满阱信号时，线性度比较差。在弱信号时，器件噪声影响很大，信噪比低，引起一定的离散性；在接近满阱时，由于光敏单元下耗尽区变窄，使量子效率下降，所以线性度变差。而在动态范围的中间区域，非线性度基本为零。

6. 均匀性

均匀性是指 CCD 各感光单元对强度响应的一致性。在 CCD 图像传感器用于测量领域时，均匀性是决定测量精度的一个重要参数。CCD 图像传感器的均匀性主要取决于硅材料的质量、加工工艺、感光单元有效面积的一致性等因素。

10.3　CCD 应用举例

光电阵列器件包括光电二极管阵列、光电三极管阵列和 CCD 成像器件。它们都具有图像传感功能，可广泛地应用于摄像、信号检测等领域。对于光敏阵列器件有线阵列和面阵列两种，线阵列能传感一维的图像，面阵列则能感受二维的平面图像，它们各具有不同的用途，下面举例说明其应用。

10.3.1　尺寸检测

在自动化生产线上，经常需要进行物体尺寸的在线检测，如零件的尺寸检验、轧钢厂钢板宽度的在线检测和控制等。利用光电阵列器件，可实现物体尺寸的高精度非接触检测。

1. 微小尺寸的检测

微小尺寸的检测通常用于微隙、细丝或小孔的尺寸检测。如在游丝轧制的精密器械加工中，要求对游丝的厚度进行精密的在线检测和控制，游丝的厚度通常只有 $10 \sim 200\ \mu m$。

对微小尺寸的检测一般采用激光衍射的方法。当激光照射细丝或小孔时，会产生衍射图像，阵列光电器件可接收衍射图像，测出暗纹的间距，从而计算出细丝或小孔的尺寸。

细丝尺寸检测的结构如图 10 - 23 所示。由于 He - Ne 激光器具有良好的单色性和方向性，当激光照射细丝时，满足远场条件，在 $L \ll a^2/\lambda$ 时，就会得到夫琅禾费衍射图像，由夫琅禾费衍射理论及互补定理可推导出衍射图像暗纹的间距 d 为

$$d = \frac{L\lambda}{a} \tag{10-14}$$

式中，L 为细丝到接收光敏阵列器件的距离；λ 为入射激光波长；a 为被测细丝直径。用线阵列光电器件将衍射光强信号转换为脉冲信号，根据两个幅值为极小值之间的脉冲数 N 和线阵列光电器件单元的间距 l，即可算出 d 为

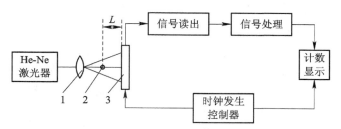

1—透镜；2—细丝截面；3—线阵列光敏器件

图 10-23　细丝直径检测系统结构

$$d = Nl \tag{10-15}$$

由式(10-14)可知，被测细丝的直径 a 为

$$a = \frac{L\lambda}{d} = \frac{L\lambda}{Nl} \tag{10-16}$$

由于各种光电阵列器件都存在噪声，在噪声的影响下，输出信号在衍射图像暗纹峰值附近有一定的失真，从而影响检测精度。

利用上述原理也可以检测到小孔的直径，所不同的是激光在透过小孔时，得到的夫琅禾费衍射图像为环状条纹，用线阵列光电器件检测出衍射图像暗纹的间距，即可求出小孔的直径。CCD 线阵列成像器件的测量范围一般为 $10\sim500\ \mu m$，精度可达几百纳米量级。

2. 小尺寸的检测

所谓小尺寸的检测是指待测物体尺寸可与光电阵列器件的尺寸相比拟的场合。小尺寸物体检测系统的结构如图 10-24 所示。宽度为 W 的待测物体被放在左边，由图示以简单透镜代表的光学系统将物体成像在线阵列光电器件上。光电阵列中被物像遮住部分和受到光照部分的光敏单元输出应有显著的区别，可以把它们的输出看成"0""1"信号。通过对输出为"0"的信号进行计数，即可检测出物像的宽度。假设物像覆盖的光敏单元有 N 个，光敏单元的间距为 l，则物像宽度为

$$W' = Nl \tag{10-17}$$

如果光学成像系统的放大率为 K，则被测物体的实际宽度为

$$W = \frac{W'}{K} = \frac{Nl}{K} \tag{10-18}$$

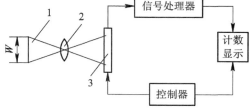

1—待测物体；2—成像透镜；3—线阵列器件

图 10-24　小尺寸物体检测系统的结构

当成像比 $K>1$ 时，可以减小由于阵列器件分辨率带来的误差，但此时，光电阵列器件能够测量的物体最大尺寸将要减小。

在实际应用时，信号的检测并没有这样方便，因为在物像边缘明暗交界处，实际光强是连续变化的，而不是理想的阶跃跳跃。加上光电阵列器件的调制传递函数在高频（图像的空间频率）处要衰减。因此，阵列器件输出信号的包络线有一定的梯度，而不是一阶跃信号，如图 10-25(b)所示。要求出物像的正确边沿位置，必须对输出信号进行适当的处理，处理方法如图 10-25(a)所示。先将输出的脉冲调幅信号经低通滤波后得到信号的包络线，再将滤波器的输出送入比较器与适当的参考电平相比较，输出标准的"0""1"信号。将该信号作为计数器的控制信号，通过低电平器件对计数脉冲进行计数，便可由计数脉冲当量和所计数值计算出被测物像的宽度 W'。这种测量方法的信号处理可全部用硬件实现。

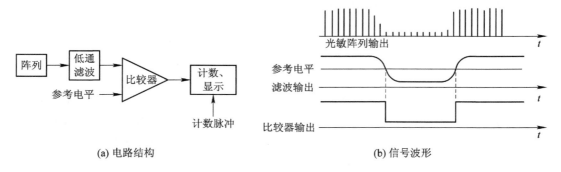

图 10-25　比较整形法测量原理

信号处理的另一种方法是微分法，其原理如图 10-26 所示。因为在被测对象的真实边沿处，器件输出脉冲的幅度具有最大的变化斜率，因此，若对低通滤波的输出进行微分处理，则得到的微分脉冲峰值点坐标即为物象的边沿点，如图 10-26(b)所示。用这两个微分脉冲作为计数器的控制信号，在两个脉冲峰值期间对计数脉冲进行计数即可测出物象的宽度。以上过程可以由硬件模拟电路完成，也可以用数字信号处理的方法完成。将阵列的输出经采样保持后，由微型计算机控制 A/D 转换器进行同步采样，将采得的数据由计算机处理后得到结果。采用数字处理的方法可以省去滤波、微分等模拟环节，使检测精度和可靠性得到提高，并且还可以方便地实现控制功能，但采用数字处理后，实时性要受到一定的影响。

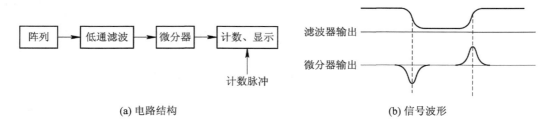

图 10-26　微分法测量原理

3. 大尺寸的检测

所谓大尺寸的检测，是指被检测宽度比阵列器件大得多的情况。对于大尺寸物体的检测，可采用两线列光电器件，其结构见图 10-27。两个线列光电器件以固定的距离分开放

置，被测物体通过两个透镜代表的光学系统分别成像在两个线列的内侧，线列的外侧将有
一部分光敏单元被物像遮住。根据两个线列中被遮住的光敏单元的总数、两线列的尺寸及
放置位置、光学系统的放大倍数即可求得被测物体的尺寸。采用两个线列器件进行检测还
有一个优点，即被检测物体的位置在垂直方向上有所变化时不会影响测量精度。因此只要
光边缘未达到阵列末端，物像遮住光敏单元的总数是不变的。

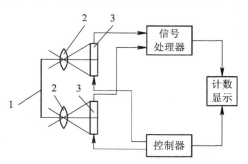

1—被测物体；2—透镜；3—线列光敏器件

图 10 - 27　大尺寸物体检测系统的结构

　　图 10 - 28 示出了基本检测系统结构。测量时同时对两个线列光电器件进行扫描，将输出
信号进行滤波整形后，控制计数器在比较器输出为低电平时对脉冲计数，根据两个计数器的
计数之和便可确定被测物体的尺寸。该系统可广泛地应用于许多场合，例如轧钢厂钢板的宽
度、锯木厂原木的长度或直径、钢铁厂钢管的直径等在线检测或其他物体的定位等。

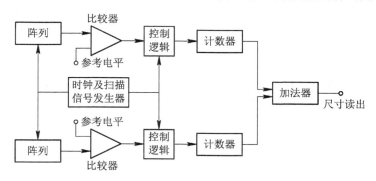

图 10 - 28　基本检测系统结构

4. 物体轮廓尺寸的检测

　　阵列器件除了可以测量物体的一维尺寸外，还可以用于检测物体的形状、面积等参数，
以实现对物体形状的识别或轮廓尺寸的校验。轮廓尺寸的校验方法有两种：一种是投影法，
如图 10 - 29(a)所示。光源发出的平行光透过透明的传送带照射所测物体，将物体轮廓投影
在光电阵列器件上，对阵列器件的输出信号进行处理后即可得到被测物体的形状和尺寸。
另一种检测方法是成像法，如图 10 - 29(b)所示。通过成像系统将被测工件成像在光电阵列
上，同样可以检测出物体的尺寸和形状。投影法的特点是图像清晰，信噪比高，但需要设计
一个能产生平行光的光源；成像法不需要专门光源，但被测物要有一定的辉度，并且需要
设计成像光学系统。

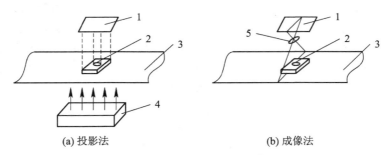

(a) 投影法　　　　　　　　　　　　(b) 成像法

1—光电阵列器件；2—被测物体；3—传送带；4—照明光源；5—成像系统

图 10 - 29　物体轮廓尺寸检测原理图

用于轮廓尺寸检测的光电阵列器件可以是线列，也可以用面阵。在用线列器件时，传送带必须以恒定速度传送工件，并向阵列器件提供同步检测信号，由线列器件一行一行地扫描到物体完全经过后得到一幅完整的输出图像。采用面阵器件时，只需进行一次"曝光"。并且，只要物像不超出面阵的边缘，则检测精度不受物体与阵列器件之间相对位置的影响。因此，采用面阵器件时不仅可以提高检测速度，而且检测精度也比用线列器件高得多。

10.3.2　表面缺陷检测

在自动化生产线上，经常需要对产品的表面质量进行检测。采用光电阵列器件进行物体表面检测时，根据不同的检测对象，可以采用不同的方法。

1. 透射法检测

透明体的缺陷检测常用于透明胶、玻璃等控制生产线中。检测方法可用透射法，如图 10 - 30 所示。它类似于物体轮廓尺寸的检测，用一平行光源照射被测物体，透射光由带成像系统的线列光电器件接收，当被测物体以一定速度经过时，线列进行连续的扫描。若被测物体中存在气泡、针孔等夹杂物时，线列的输出将会出现"毛刺"或尖峰信号，采用微型计算机对数据进行适当的处理即可进行质量检测或发出控制信号。该方法可以应用于非透明体，如磁带上的针孔检测。

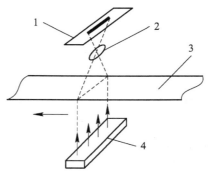

1—线列光电器件；2—成像透镜；3—被测物体；4—光源

图 10 - 30　透明体的缺陷检测

2. 反射法检测

反射法进行表面缺陷检测的结构如图 10-31 所示。光源发出的光照射到被测表面,反射光经成像系统成像到光敏器件上。被测体表面若存在划痕或疵点,则将由阵列器件检出。若检测环境有足够的亮度,则也可不用光源照明,直接用成像系统将被测物体表面的划痕或疵点成像在光点阵列上。图 10-32 示出了用成像法检测零件表面质量的系统结构,用两个线列器件同时检测一对零件。假设在两个零件表面的同样位置不可能出现相同的疵点,则可以将两个输出的阵列进行比较,若两个阵列的输出出现明显的不同,则说明这两个零件中至少有一个零件表面存在疵点。实际应用中,可将两个阵列的输出用比较器进行比较,若比较器的输出超过某一阈值,则说明被检测的一对零件中至少有一表面质量不符合要求。

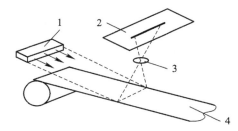

1—光源; 2—线列光敏器件; 3—成像系统; 4—被测物体

图 10-31　表面缺陷的反射检测光

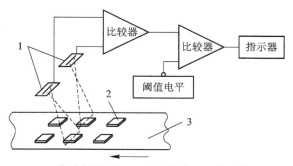

1—线列光敏器件; 2—被测物体; 3—传送带

图 10-32　零件表面的质量检测

在需要照明的检测场合,理想的光源是发光均匀的直流光源,但直流光源需要大功率的直流电源。因此也可采用交流供电的钨光源来代替直流光源,应在阵列的输出信号后加上滤波器,以滤掉 50 Hz 的光强变化。

表面缺陷检测系统的分辨率取决于缺陷与背景之间的反差及成像系统的分辨率和阵列像元的间距。假设缺陷周围图像间有明显的反差,则一般要求缺陷图像应至少覆盖两个光敏单元。例如,要检出铝带上的划痕或疤痕,能否检出取决于划痕与周围金属的镜面反射特性的差异程度。如果要检出的最小宽度为 0.4 mm,成像系统放大率为 2 倍,则要求阵列器件的光敏单元间距应小于 0.1 mm。

10.3.3　光学文字识别

　　图像传感器还可用作光学文字识别装置的"读取头"。光学文字识别装置（OCR）的光源可用卤素灯。光源与透镜间设置红外滤光片以消除红外光的影响。每次扫描时间为 300 ns，因此，可做到高速文字识别。图 10 - 33 所示是 OCR 的原理图。经 A/D 变换后的二进制信号通过特别滤光片后，文字更加清晰。下一步骤是把文字逐个断切出来。这些称为前处理。前处理后，以固定方式对各个文字进行特征抽取。最后将抽取所得特征与预先置入的诸文字特征相比较，以判断与识别输入的文字。

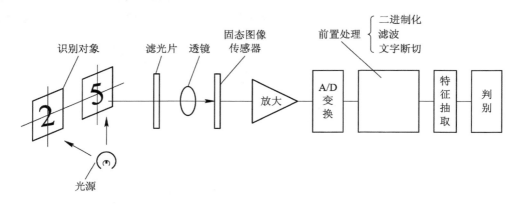

图 10 - 33　OCR 原理图

第 11 章　数字式传感器

在测量连续变化参量时，传感器的输出信号可分为模拟信号和数字信号两大类。能够将被测模拟量转换为数字信号输出的传感器称为数字式传感器。由于数字信号便于处理和存储，便于和计算机连接实现智能化，电路便于集成化，而且数字化测量可以达到较高的分辨率和测量精度，因此数字式传感器是传感器的发展方向之一。

数字式传感器的特点：具有高的测量精度和分辨率，测量范围大；抗干扰能力强，稳定性好；信号便于处理、传送和自动控制；便于和计算机连接，便于集成化；便于动态及多路测量；直观；安装方便，维护简单，工作可靠性高。

目前在测量和控制系统中广泛应用三类数字式传感器：一是直接以数字量形式输出的传感器，如绝对编码器；二是以脉冲形式输出的传感器，如增量编码器、感应同步器、光栅式传感器和磁栅传感器；三是以频率形式输出的传感器。

本章主要介绍角度-数字编码器、光栅式传感器、感应同步器。

11.1　角度-数字编码器

角度-数字编码器结构最为简单，这种结构的传感器主要用于数控机械系统中，按工作原理可以分为脉冲盘式和码盘式两种。

11.1.1　脉冲盘式角度-数字编码器

1. 结构

脉冲盘式角度-数字编码器又称增量式编码器，它由检测头、脉冲编码器以及发光二极管的驱动电路和光敏三极管的光电检测电路组成。在一个圆盘的边缘上开有相等角度的细缝（分透明和不透明两种），在开缝圆盘两边安装光源及光敏元件。其结构如图 11-1 所示。

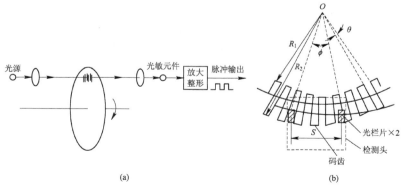

图 11-1　脉冲编码盘的结构图

2．工作原理

在圆盘随工作轴一起转动时，每转过一个缝隙就发生一次光线的明暗变化，经过光敏元件就产生一次电信号的变化，再经过整形放大，可以得到一定幅度和功率的电脉冲输出信号(脉冲数＝转过的细缝数)。将脉冲信号送到计数器中进行计数，则计数码就能反映圆盘转过的转角。

3．旋转方向判断

1）辨向环节框图

图 11-2 给出了辨向环节的逻辑电路框图。它采用两套光电转换装置，这两套光电转换装置在空间上的相对位置有一定的关系，保证它们产生的信号在相同位置上相差(1/4 周期)，将得到的两路信号(相位相差 90°)经放大整形后，脉冲编码器输出两路方波信号。

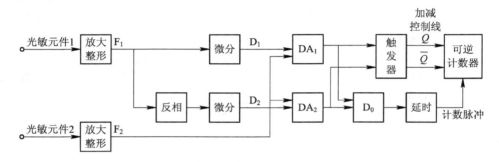

图 11-2　辨向环节的逻辑电路框图

2）辨向原理

正转时，光敏元件 2 比光敏元件 1 先感光，此时与门 DA_1 有输出，将触发器置于 $Q=1$，$\bar{Q}=0$，使可逆计数器的加减母线为高电位。同时，DA_1 的输出脉冲又经或门送到可逆计数器的输入端，计数器进行加法计数。

反转时，光敏元件 1 比光敏元件 2 先感光，计数器进行减法计数。这样就可以区别旋转方向，自动进行加法、减法计数，它每次反映的都是相对于上次角度的增量。波形如图 11-3 所示。

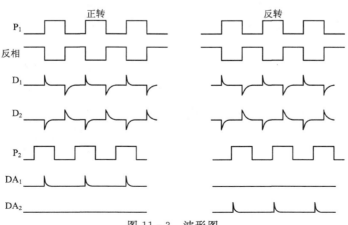

图 11-3　波形图

11.1.2　码盘式角度-数字编码器

1. 码盘式编码器

码盘式角度-数字编码器是按角度直接进行编码的传感器。这种传感器是把码盘装在检测轴上，按结构可把它分接触式、充电式、电磁式等几种。它们的工作原理相同，差别仅是敏感元件。这里简述应用较多的光电式编码器，其工作原理见图 11-4。图中 L. S. B 表示低数码道，1. S. B 表示 1 数码道，2. S. B 表示 2 数码道……黑色部分表示高电平 1，使用时将这部分挖掉，让光源投射出去，以便通过接收元件转换为电脉冲；白色部分表示低电平 0，使用时这部分遮断光源，以便接收元件转换为低电平脉冲。在 MO 直线上，每个数码道设置一个光源，如发光二极管。编码盘的转轴 O 可直接利用待测物的转轴。待测的角位移可由各个码道上的二进制数表示，如 ON 直线上的三个数码道所代表的二进制数码为 010，但在直线 OM 位置上时，二进制数码可能产生较大误差。在低数码道 L. S. B 时，这种误差仅为 1 和 0 之间的误差，但在数码道 2. S. B 时，有可能出现 000、111 和 110 等误差。这种现象称为错码，码盘设计时可通过编码技术和扫描方法解决。

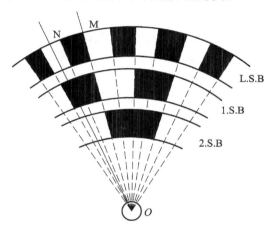

图 11-4　码盘式编码器的工作原理

上述码盘的结构如图 11-5 所示，A 是光敏元件，B 是可有窄缝的光阑，C 是码盘，D 是光源（发光二极管），E 是旋转轴。

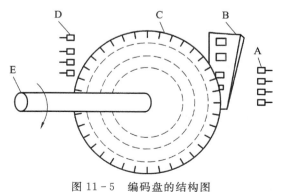

图 11-5　编码盘的结构图

　　码盘式角度-数字编码器的主要性能参数是分辨率，即可检测的最小角度值或360°的等分数。若码盘的码道数为 n，则其左码盘上的等分数为 $2n$。其能分辨的角度为

$$\alpha = \frac{360°}{2^n} \tag{11-1}$$

　　位数 n 越大，能分辨的角度越小，测量也越精确。当 $n=20$ 时，则对应的最小角度单位为 $1.24''$。

2. 码盘式编码器的几点说明

1) 接触式四位二进制码盘

(1) 涂黑部分代表导电区，所以导电部分连在一起接高电位，空白部分代表绝缘区。

(2) 每圈码边上都有一个电刷，电刷经电阻接地。当码盘与轴一起转动时，电刷上将出现相应的电位，对应一定的数码。

2) 分辨角度

若采用 n 位码盘，则能分辨的角度 $\alpha = \frac{360°}{2^n}$，$n$ 越大，能分辨的角度越小，测量也越精确。

3) 特点

该编码盘的结构虽然较简单，但对码盘的制作和电刷(或光电元件)的安装要求十分严格，否则就会出错。

例如：当电刷由 $h(0111) \rightarrow i(1000)$ 过渡时，如电刷位置安装不准确，可能出现 8～15 之间的任一十进制数，这种误差属于非单值性误差。

$h \rightarrow i$ 过渡时，有可能①由 $h \rightarrow i(1)$，②③④由 $h \rightarrow i(111)$，即 $(1111)_2 = (15)_{10}$；

也可能①②③④都由 $h \rightarrow i$，即 $(1000)_2 = (8)_{10}$。

4) 清除非单值误差的方法

方法1：采用双电刷。工艺电路上都比较复杂，故很少采用。

方法2：采用循环码代替二进制码。由于循环码相邻的两个数码间只有一位是变化的，因此即使制作和安装不准，产生的误差最多也只是一位数。

5) 循环码与二进制码的转换

由于循环码的各位没有固定的权，因此需要把它转换成二进制码。用 R 表示循环码，用 C 表示二进制码，二进制码转换为循环码的法则是：将二进制码与其本身右移一位并舍去末位的数码做不进位加法，所得结果就是循环码。

例题：二进制码 1000(8) 所对应的循环码为 1100，因为

$$
\begin{array}{ll}
\qquad 1000 & \text{二进制码} \\
\underline{\oplus \quad 100} & \text{左移一位并舍去末数} \\
\qquad 1100 & \text{循环码}
\end{array}
$$

其中 $\oplus$ 表示不进位相加。二进制码变循环码的一般形式为

$$
\begin{array}{ll}
\qquad C_1 C_2 C_3 \cdots C_n & \text{二进制码} \\
\underline{\oplus \quad C_1 C_2 \cdots C_{n-1}} & \text{右移一位，即二进制舍去 } C_n \\
\qquad R_1 R_2 R_3 \cdots R_4 & \text{循环码}
\end{array}
$$

由此得

$$\begin{cases} R_1 = C_1 \\ R_2 = C_2 \oplus C_1 \\ \cdots\cdots \\ R_i = C_i \oplus C_{i-1} \end{cases}$$

从上式也可以导出循环码变二进制码的关系式：

$$\begin{cases} C_1 = R_1 \\ C_i = R_i \oplus C_{i-1} \end{cases}$$

上式表示，由循环码 R 变二进制码 C 时，第一位（最高位）不变，以后从高位开始依次求出其余各位，即本位循环码 R_i 与已经求得的相邻高位二进制码 C_{i-1} 作不进位相加，结果就是本位二进制码。因此两相同数码作不进位相加，其结果为 0，故 C_i 还可写成

$$\begin{cases} C_1 = R_1 \\ C_i = R_i \bar{C}_{i-1} + \bar{R}_i C_{i-1} \end{cases}$$

表 11-1 给出了十进制数、二进制数及四位循环码对照表。用与非门构成并行循环码-二进制码编码器。这种并行转换器的转换速度较快，缺点是所用元件较多，n 位码需用 $n-1$ 单元。

表 11-1　十进制数、二进制数及四位循环码对照表

十进制数	二进制数	循环码
0	0000	0000
1	0001	0001
2	0010	0011
3	0011	0010
4	0100	0110
5	0101	0111
6	0110	0101
7	0111	0100
8	1000	1100
9	1001	1101
10	1010	1111
11	1011	1110
12	1100	1010
13	1101	1011
14	1110	1001
15	1111	1000

11.1.3　激光式角度传感器

激光式角度传感器的结构原理如图 11 - 6 所示，这一装置是迈克尔孙干涉仪的变形。M 是反射镜，它置于参考光束 I 中，使光束 I 和 II 平行。F_1 和 F_2 是两个可逆反射器，二者距离为 d，设置在同一转台上。S 是分光镜，它将激光束投到 M、F_2 和聚光镜 D 上。P 是光电接收器，它将光的干涉条纹变为电信号。

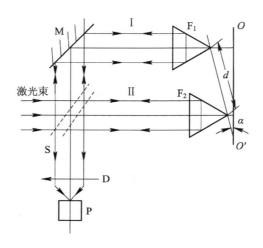

图 11 - 6　激光式角度传感器的结构原理

光束 I、II 之间的光程差 l 和转角 α 的关系如下：

$$l = d\sin\alpha \tag{11-2}$$

l 还跟干涉条纹数目 k、激光波长 λ 和反射系数 n 有如下关系：

$$l = \frac{k\lambda}{2n} \tag{11-3}$$

由式(11 - 2)、式(11 - 3)得

$$\alpha = \arcsin\left(\frac{k\lambda}{2nd}\right) \tag{11-4}$$

分辨率由下式决定：

$$d_1 = \frac{\lambda}{2nd}$$

激光式角度传感器的检测范围为 ±45°，其特点是分辨率高，主要应用于角度仪的计量装置。

11.2　光栅式传感器

光栅式传感器是利用计量光栅的莫尔条纹现象来进行测量的，它广泛地用于长度和角度的精密测量，也可用来测量转换成长度或角度的其他物理量。例如：位移、尺寸、转速、力、重量、扭矩、振动、速度和加速度等。按光栅的形状和用途分为长光栅和圆光栅，分别用于线位移和角位移的测量。按光线走向分为透射光栅和反射光栅。

11.2.1　光栅式传感器的结构与测量原理

狭义上讲：平行等宽而有等间隔的多狭缝即为衍射光栅。广义上讲：任何装置只要能起等宽而又等间隔的分割波阵面的作用，则均为衍射光栅。简单地说，就是光栅好似一把尺子，尺面上刻有排列规则和形状规则的刻线。

1. 光栅

图 11-7 所示为直线光栅尺。图中，a 为透光的缝宽；b 为不透光的缝宽；$W = a + b$ 为光栅栅矩（或光栅常数），对于光栅尺来说它是一个重要条纹。对于圆光栅盘（R）来说，栅距角是重要参数，它指圆光栅盘上相邻两刻线所夹的角。

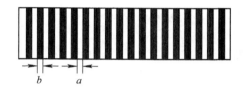

图 11-7　直线光栅尺

2. 莫尔条纹及光栅测量装置

1）光栅测量的基本原理及测量装置

光栅测量系统一般由光源、主光栅、指示光栅、光学系统及光电探测器组成，如图 11-8 所示。主光栅为一长方形光学玻璃，上刻有明暗相间的线对，明线（即透光线）宽度 a 与暗线（即遮光线）宽度 b 之比通常为 1：1。栅距通常可以为 1/100～1/10 mm。

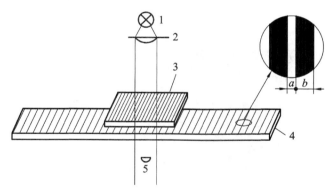

1—光源；2—透镜；3—指示光栅；4—主光栅；5—探测器

图 11-8　光栅测量系统基本结构

指示光栅比主光栅要短得多，其结构与主光栅一样，为刻有相同栅距的明暗线对。

若将指示光栅和主光栅重叠起来，平行光通过光栅后形成的条纹即为莫尔条纹。当光栅栅距大于光波长时，可以用几何光学来分析。若主光栅与指示光栅以线对相同方向重叠起来，平行光通过光栅后形成的条纹即为莫尔条纹。若主光栅与指示光栅以线对相同方向重叠，且明线与暗线对齐，则透射光形成的条纹为与光栅栅距相同的明暗条纹，若在明纹的中间放置一光电探测器，则探测器的输出最大。

当指示光栅相对于主光栅在垂直于刻线方向移动时，重叠后的透光区逐渐减小。当移过半个栅距时，两块光栅的明纹和暗纹对齐，光完全被遮住，探测器的输出也从最大值逐渐变小直到为零。当指示光栅继续移动时，重叠透光区又逐渐增大。因此，当指示光栅相对于主光栅连续移动时，从探测器输出可得到一周期变化的波形。

从理论上讲，探测器的输出波形应为三角波，但由于光栅的衍射作用及两块光栅间间隙的影响，其输出实际上近似为正弦波。输出信号近似地可表示为

$$U_。= \frac{U_m}{2}\left[1 + \sin\left(\frac{\pi}{2} + \frac{2\pi x}{W}\right)\right] \tag{11-5}$$

式中，$U_。$为光电探测器的输出电压；U_m为输出信号的最大值；W为光栅栅距；x为位移量。

若将探测器的输出信号经整形后计数，即可测出指示光栅相对主光栅的位移量。显然，其位移分辨率取决于光栅的栅距。

若将指示光栅与主光栅的刻线以角度 θ 重叠，则形成的莫尔条纹与前面的情况有所不同，将在水平方向出现明暗相间的条纹，如图 11-8 所示。莫尔条纹的间距 B 与栅距 W 及夹角 θ 之间有如下关系：

$$B = \frac{W}{2\sin\frac{\theta}{2}} \approx \frac{W}{\theta}$$

可见，当 θ 很小时，间距 B 将变得很大。因此，在这种结构中，莫尔条纹对光栅栅距有放大的作用，这样便于布置光路系统及放置光电探测器。在图 11-9 中，当指示光栅向左移动时，莫尔条纹向上移动，当指示光栅向右移动时，莫尔条纹向下移动，这样便于在检测时识别出移动方向。因此，实际的光栅测量系统中一般均采用这种倾斜放置的结构。

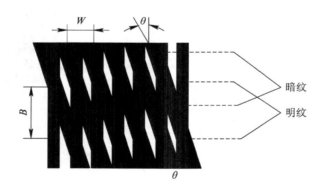

图 11-9　等距光栅以夹角 θ 重叠时的莫尔条纹

当指示光栅相对于主光栅移过一个栅距时，莫尔条纹将在水平方向移过一个条纹。同样，在固定位置放置一光电探测器，当莫尔条纹连续移动时，探测器输出信号亦近似为正弦波。对该信号进行整形、计数，即可测出指示光栅相对于主光栅的移动距离。

光栅测量系统的基本原理：一块光栅尺固定不动，另一块光栅尺随测量工作台一起移动，测量工作台每移动一个栅距，光电元件发出一个信号，计数器记取一个数。这样，根据光电元件发出的或计数器记取的信号数，便可知光栅尺移动过的栅距数，即测得了工作台

移动过的位移量。

2) 莫尔条纹的形成

将两块黑白型长光栅尺面对面相叠合，一块为主光栅，另一块为指示光栅。

如果使主光栅相对于指示光栅运动，其运动方向垂直于指示光栅，则当两光栅的栅线重合时，光被挡住，形成暗带，所以每相对移动一个光栅栅距，就产生暗—亮—暗—亮的变化，这种暗—亮相间的变化就是莫尔条纹。

（1）$\theta=0$：假设两块透射光栅的栅线相互平行；

（2）$\theta\neq0$：使两块光栅尺的栅线形成很小的夹角；

（3）莫尔条纹宽度 B：$B\approx W/\theta$；

（4）光能分布：莫尔条纹中心光能密度大，边缘小。

3) 莫尔条纹的主要特点

（1）对应关系：莫尔条纹的移动量、移动方向与光栅尺的位移量、位移方向具有对应关系。在光栅测量中，不仅可以根据莫尔条纹的移动量来判断光栅尺的位移量，而且可以根据莫尔条纹的移动方向来判断标尺光栅的位移方向。

（2）放大作用：在两光栅尺栅线夹角 θ 较小的情况下，莫尔条纹宽度 B 和光栅栅距 W，栅角 θ 之间有如下近似关系：

$$\beta=\frac{W}{2\sin\frac{\theta}{2}}\approx\frac{W}{\theta}$$

若 $W=0.02$ mm，$\theta=0.00174532$ rad，则 $B=11.4592$ mm，这说明莫尔条纹间距对光栅栅距有放大作用。

（3）平均效应：因莫尔条纹是由光栅的大量刻线共同产生，所以对光栅刻线误差有一定的平均作用，这有利于消除短周期误差的影响。

3. 光栅测量系统的应用

1) 光栅测量系统的辨向电路

在实际应用中，为了辨别物体移动的正、反方向，往往采用辨向电路进行加、减计数，即可以在相隔 1/4 条纹间距（即 $B/4$）的位置放置两个光电探测器。当指示光栅（倾斜条纹）左移时，莫尔条纹向下移动；当指示光栅右移时，莫尔条纹向上移动。因此，两个探测器的输出信号将出现 $\pi/2$ 的相位差，且当指示光栅移动方向改变时，两者的相位差产生 π 的变化。光栅测量系统的辨向电路如图 11-10 所示。

辨向电路的原理分析：将两个光电探测器的输出信号 U_1 和 U_2 经比较器 IC_{1a} 和 IC_{1b} 整形后得到两个相位差为 $\pi/2$ 的方波信号 U_1' 和 U_2'。将 U_1' 信号分别送入上升沿触发的单稳态触发器 IC_{2a} 及下降沿触发的单稳态触发器 IC_{2b}，分别得到与 U_1' 上升沿及下降沿同步的脉冲信号 Y_1 和 Y_2。当指示光栅向左移动时，U_2' 超前 U_1' 相位 $\pi/2$。将 U_2' 分别与 Y_1 和 Y_2 相"与"后，Y_1 仍有脉冲输出，而 Y_2 被屏蔽掉。当指示光栅右移时，U_2' 相位落后于 U_1' 相位 $\pi/2$，此时 Y_1 被屏蔽掉，而 Y_2 仍有脉冲输出。将两个与门的输出分别连到可逆计数器的加、减计数端，则计数器的输出反映待测位移量。

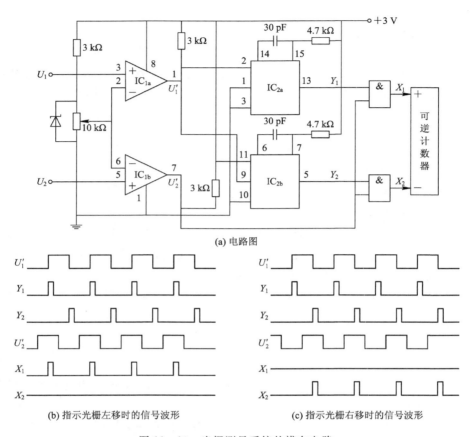

(a) 电路图

(b) 指示光栅左移时的信号波形　　　　　　(c) 指示光栅右移时的信号波形

图 11 - 10　光栅测量系统的辨向电路

2）投影反光式光栅测量系统

图 11 - 11 示出了两种非接触式光栅测量系统的结构。在图 11 - 11(a)的结构中，光源发出的光经透镜系统及光栅 G_1 后成像在探测器 PD 所在平面上。当待测体在垂直方向产生

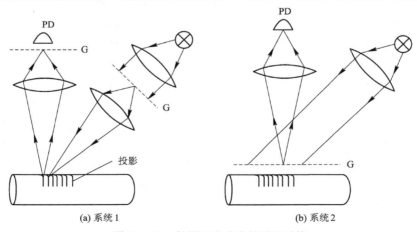

(a) 系统 1　　　　　　　　　　(b) 系统 2

图 11 - 11　投影反光式光栅测量系统

位移或振动时，根据三角成像原理，莫尔条纹将产生移动，使探测器上接收到的光强产生明暗变化。

图 11-11(b)所示的结构将投影光栅及鉴别光栅合二为一，这样使系统结构更为简单。

11.2.2　细分技术

细分技术就是为了提高光栅测量系统的检测分辨率，在光栅测量系统的后续电路加倍频电路，将莫尔条纹进一步细分的一种技术。对莫尔条纹细分的方法有很多，以下主要介绍直接细分、电阻链细分、锁相细分、鉴相法细分。

1. 直接细分(位置细分)

1) 细分思路

在莫尔条纹移动方向上安置两只光电元件，使它们之间的距离恰好等于 1/4 条纹间距，这时两只光电元件输出的电压交流分量 U_{o1} 与 U_{o2} 相位差为 $\pi/2$，设

$$U_{o1} = U_m \sin \frac{2\pi x}{W}$$

则

$$U_{o2} = U_m \sin\left(\frac{2\pi x}{W} + \frac{\pi}{2}\right) = U_m \cos \frac{2\pi x}{W}$$

2) 四倍频细分原理

如以 S 表示正弦信号 U_{o1}，以 C 表示余弦信号 U_{o2}，将 U_{o1} 与 U_{o2} 整形后可得初相角为 0° 的方波和初相角为 90° 的方波 C。再将这两信号经反相器反相后得初相角为 180° 的方波 $\bar{S}$ 和初相角为 270° 的方波 $\bar{C}$。这样就在一个栅距内获得 4 个依次相差 $\pi/2$ 的信号，实现了四倍频细分。

2. 电阻链细分

1) 电阻链细分原理

将输入的莫尔条纹(光电)信号移向，得到在一个周期内相位依次相差一定值的一组交流电压信号，然后使每一个信号过零时发出一个计数脉冲(用鉴定器鉴定取过零信号)，从而在莫尔条纹的每一个变化周期内获得若干个计数脉冲，达到细分的目的。

2) 电阻链细分电路

图 11-12 给出了电阻链细分的一个例子。

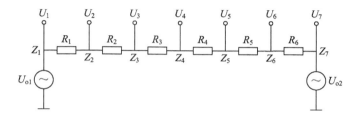

图 11-12　电阻链细分电路图

图 11-12 中，U_{o1} 和 U_{o2} 是由光电元件得到的两个莫尔条纹信号，Z_1、Z_2……表示各个输出点。若各输出端的负载电流很小，可以忽略，则对于任一个输出点 Z_i 可列出下列方程组：

Z_2 点：$i_1 = \dfrac{U_{o1} - U_2}{R_1}$；$i_2 = \dfrac{U_{o2} - U_2}{R_1 + R_2 + R_3 + R_4 + R_5}$

Z_3 点：$i_1 = \dfrac{U_{o1} - U_3}{R_1 + R_2}$；$i_2 = \dfrac{U_{o2} - U_3}{R_3 + R_4 + R_5 + R_6}$

Z_4 点：$i_1 = \dfrac{U_{o1} - U_4}{R_1 + R_2 + R_3}$；$i_2 = \dfrac{U_{o2} - U_4}{R_4 + R_5 + R_6}$

Z_5 点：$i_1 = \dfrac{U_{o1} - U_5}{R_1 + R_2 + R_3 + R_4}$；$i_2 = \dfrac{U_{o2} - U_5}{R_5 + R_6}$

Z_6 点：$i_1 = \dfrac{U_{o1} - U_6}{R_1 + R_2 + R_3 + R_4 + R_5}$；$i_2 = \dfrac{U_{o2} - U_6}{R_6}$

对于任意输出点 Z_i，可列出下列方程：

$$\begin{cases} i_1 = \dfrac{U_{o1} - U_i}{\displaystyle\sum_{j=1}^{i-1} R_i} \\[3mm] i_2 = \dfrac{U_{o2} - U_i}{\displaystyle\sum_{j=i}^{6} R_j} \\[3mm] i_1 + i_2 = 0 \end{cases}$$

式中，i_1 为从 U_{o1} 流向 Z_i 点的电流。解以上方程得 Z_i 点的输出电压：

$$U_i = \frac{\dfrac{U_{o1}}{\displaystyle\sum_{j=1}^{i-1} R_j} + \dfrac{U_{o2}}{\displaystyle\sum_{j=i}^{6} R_j}}{\dfrac{1}{\displaystyle\sum_{j=1}^{i-1} R_j} + \dfrac{1}{\displaystyle\sum_{j=i}^{6} R_j}}$$

$$U_2 = \frac{\dfrac{U_{o1}}{R_1} + \dfrac{U_{o2}}{R_2 + R_3 + R_4 + R_5 + R_6}}{\dfrac{1}{R_1} + \dfrac{1}{R_2 + R_3 + R_4 + R_5 + R_6}}$$

$$U_3 = \frac{\dfrac{U_{o1}}{R_1 + R_2} + \dfrac{U_{o2}}{R_3 + R_4 + R_5 + R_6}}{\dfrac{1}{R_1 + R_2} + \dfrac{1}{R_3 + R_4 + R_5 + R_6}}$$

当 $U_3 = 0$ 时，有

$$\frac{U_{o1}}{R_2 + R_3} + \frac{U_{o2}}{R_3 + R_4 + R_5 + R_6} = 0$$

若 U_{o1} 与 U_{o2} 相位差 $\lambda/2$，则有

$$U_{o1} = U_m \sin \frac{2\lambda x}{W}$$

$$U_{o2} = U_m \cos \frac{2\lambda x}{W}$$

令 $\theta = \dfrac{2\lambda x}{W}$，则当 $U_3 = 0$ 时，对应的电相位 θ_3 可由下式求出：

$$|\tan\theta_3| = \left|\frac{\sin\theta_3}{\cos\theta_3}\right| = \left|\frac{U_{o1}}{U_{o2}}\right| = \frac{R_1 + R_2}{R_3 + R_4 + R_5 + R_6}$$

同理 $U_i = 0$，所对应的相角 θ_i 的值完全由 $R_1 \sim R_2$ 决定，只要适当选取各电阻值就可以使输出的电压 U_i 依次具有相等的相位差。如果每个信号过零时发一个计数脉冲，就可以达到细分的目的。

电阻链细分的缺点：电阻链两端有

$$U_1 = U_{o1} = U_m\sin(\theta + 0), \quad U_7 = U_{o2} = U_m\cos\theta = U_m\sin\left(\theta + \frac{\pi}{2}\right)$$

显然，中间各 U_i 的相角 θ_i 只能在 $0 \sim \pi/2$ 的范围内变化，亦即只能获得第Ⅰ象限的移相信号。

解决上述 $0 \sim \pi/2$ 相角变化范围小的问题，可以用并联电阻链式细分电桥。如图 11-13 所示。该桥路中，以在四个象限内进行细分，细分数由桥臂并联的支路数目决定，细分数 n 是 4 的整数倍。

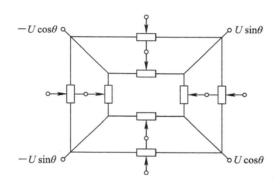

图 11-13　并联电阻链式细分电桥

3. 锁相细分

1) 锁相细分的原理

图 11-14 所示为用锁相环路技术进行电子细分的原理。在一个鉴相器中，把输入信号与压控振荡器的输出信号的相位进行比较，产生对应两信号相位差的输出电压 U_k 的控制，使其振荡频率 f 向输入信号频率 F_i 靠近，直至输入信号频率相等而锁定。

过程：将压控振荡器的输入频率设置在 $f = nF_i$ 上，而且 f 跟随输入信号频率 F_i 变化，将压控振荡器输出频率送入 n 分频率器将 f 分频后，再将整形 f/n 的反馈脉冲 F_f 送入相差检测放大器中与输入信号 F_i 进行相位比较。相位检测放大器的输出电压 U_k 与 F_i 和 F_f 之间的相位差成比例。它们之间的关系如图 11-14(b)所示。图中，T 为 F_i 周期；$T_f = n\tau$ 为 F_f 周期(其中，$\tau = 1/f$)。当 $n\tau = T$(即 $F_f = F_i$)时，U_k 保持为某一定值 U_{k1} 不变。但当 $n\tau > T$ 时，U_k 将减小。由于压控振动器受电压 U_k 的控制，至 $U_k \downarrow \rightarrow f \uparrow \rightarrow \tau \downarrow \rightarrow n\tau = T$ 时为止，亦即自动锁定 F_f 的相位，只要 $n\tau \neq T$ 即 $F_f = F_i$，就要使加在压控振荡器上的控制电压 U_k 发生变化，从而发生与上面类似的自动调节过程。当 $f = nF_i$ 并被锁定后，若压控振荡器输出的每一个周期发出一个计数脉冲，则在莫尔条纹信号的一个变化周期内可以发出 n 个计数脉冲，从而得到 n 倍频的细分输出。

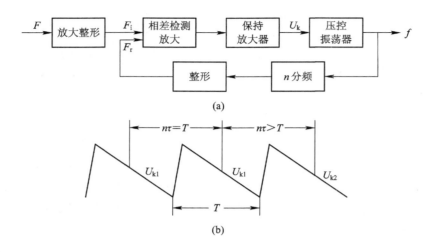

图 11-14　锁相细分原理图

2) 锁相细分的特点

锁相细分的优点：细分数大（细分数为 100～1000），莫尔条纹的信号波形无严格要求；缺点：仅适合主光栅已基本恒定的速度进行连续运动的场合，若速度的相对不稳定度为 η，则造成的细分误差为 ηW（W 为光栅栅距）。

4. 鉴相法细分

鉴相法是一种调制信号细分法，它利用时钟脉冲来计量与光栅位移有关的电相角 $\theta = 2\pi x/\omega$ 的大小。图 11-15 示出了鉴相法细分电路的原理图。如图 11-15 所示，将来自光电元件的两路相位差 90° 的莫尔条纹信号 $\cos\theta$ 与 $\sin\theta$ 分别送入乘法器 A 和 B，并分别与引入乘法器的辅助高频信号 $\sin\omega t$ 和 $\cos\omega t$ 相乘（这两个辅助的高频信号是由时钟振荡器输出，经分频并分相得到的）。于是，乘法器的输出为

$$e_1 = U_m \cos\theta \sin\omega t$$
$$e_2 = U_m \sin\theta \cos\omega t$$

e_1 与 e_2 再输入线性集成电路减法器，其输出为

$$e_o = U_m \sin\omega t \cos\theta - U_m \cos\omega t \sin\theta = U_m \sin(\omega t - \theta)$$

信号 e_o 的角频率为调制频率 ω，初相角 $\theta = 2\pi x/\omega$，它反映了光栅位移 x 的大小。

将 e_o 输入零比较器与微分、检波电路，可得到位于方波上沿处的正尖脉冲作用在 RS 双稳态触发器的 R 输入端；与此同时，从正弦波形成电路来的 $U\sin\omega t$ 信号，也有一个位于方波上升沿处的正尖脉冲作用在 RS 双稳态触发器的 S 输入端。由于这两个尖脉冲出现的时差正好是 θ 角，所以 RS 触发器的 Q 端输出的正脉冲宽度等于 θ，它控制与门的开启延续时间。因此与门每一次开启时所输出的时钟脉冲个数（N），便是与 θ 值相对应的细分输出值。由此可见，时钟脉冲频率越高，细分数越高。一般细分数为 200～1000。

图 11-15 中调制信号角频率 ω 是由时钟频率分频而来，它要远高于莫尔条纹信号频率。对莫尔条纹信号 $U\sin\theta$ 与 $U\cos\theta$，则要求两者有严格的正交性。

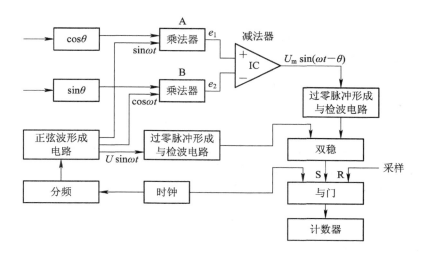

图 11 - 15　鉴相法细分电路的原理图

11.2.3　光栅式传感器的设计要点

光栅式传感器由照明系统、光栅副、光电接收元件等组成。设计光栅式传感器时主要考虑结构的性能、选用何种元件，以及这些元件的材料和尺寸参数等。具体包括如下要点：

（1）能输出稳定的信号，对来自机械、光学及电路等方面的干扰不敏感；

（2）能方便地输出多信号（一般要求两相或四相）；

（3）工作寿命长，更换元件方便，调整方便、容易；

（4）在满足精度要求的前提下，尽量使结构简单；

（5）若有光学倍频作用，可以减小电子细分倍频，从而简化电路。

在一个传感器中很难同时满足上述各项要求，应根据具体的设计要求来决定。

1. 照明系统

照明系统主要由光源和透镜组成，有时需要适当地设计光阑，也有的采用光导纤维传输照明光束。要求照明系统能提供足够而稳定的光能，光效率高；光源寿命长，更换光源时离散行小；光源发热量小；光源的安装位置合乎要求并能调整；光源电路简单并对其他电路干扰小，等等。

1）光源的选择

对于栅距较小的光栅副，使用单色好的光源。波长与探测器峰值波长匹配；对于栅距较大的黑白光栅，常使用普通白炽灯照明。

说明：单色光源可用普通光源加滤光片获得；普通光源：6 V、5 W 白炽灯泡。但白炽灯必须使用直流稳压电源。

砷化镓近红外固体发光二极管逸出热量小，动态响应快，使用寿命长，发光峰值波长 $0.94\ \mu m$，与硅光电池波长接近，对光电转换十分有利。

2）准透镜参数的确定

为了提高莫尔条纹的反差，减小光源发散的影响，一般用平行光束垂直照射光栅面，为此必须有准直透镜。

（1）透镜的通光口径。

以硅光电池直接接收式光路为例。设透镜的通光尺寸在平行于栅线的方向上为 b_1，透镜的通光尺寸在垂直于栅线的方向上为 l_1，则

$$b_1 = b + L\frac{l_2}{f} + (1.5 \sim 4)\,\text{mm},$$

$$l_1 = l + L\frac{b_2}{f} + (1 \sim 3)\,\text{mm}$$

式中，l_2/f、b_2/f 为灯丝发散角；f 为准直透镜焦距；l_2、b_2 分别为灯丝的长度和宽度；L 为与传感器结构尺寸有关的值；l、b 分别为硅光电池的长度和宽度。

设标尺光栅栅距为 W_1，与指示光栅栅距 W_2 之间有

$$\beta = \frac{W_1}{W_2}$$

由以上三式得通光孔径为

$$d = \sqrt{b_1 + l_1^2} + (1 \sim 3)\,\text{mm}$$

（2）透镜的形式和焦距。

栅距较大，两栅间间隙较小时，常采用单片平凸透镜，并使平面朝向灯丝以减小相差。

在大间隙时，为减小相差，特别是色差，提高莫尔条纹的反差，应采用双片平凸透镜，并使两者的平面都朝向灯丝。

准直透镜的焦距与允许选用的最大相对孔径有关。单片平凸透镜，相对孔径不宜大于 0.8 mm；双片平凸透镜，相对孔径不宜大于 1 mm。

两栅间间隙较大时，可适当减小上述数值，适当缩短焦距，可使传感器结构紧凑，并能提高硅光电池上的照度。

3）其他问题

利用光导体纤维传递照明光束可减小光源的热影响。

为提高莫尔条纹的反差和得到均匀的照明，应使灯丝为细长形，且灯丝应与光栅栅线平行以便调整。当灯泡绕 x 轴和 y 轴转动时，可调整灯丝使其平行于栅线和光栅面；当灯泡沿 x 轴、y 轴和 z 轴方向移动时，使灯丝处在准直透镜的焦面且位于光轴上，以使照明均匀。

2. 光栅副

1）主光栅

（1）材料。机窗上用的金属光栅是用不锈钢制作的，高精度的光栅是用光学玻璃制作的。玻璃光栅的长与厚之比取 10∶1～30∶1。圆光栅的直径常取 50～200 mm，直径与厚度之比取 10∶1～25∶1。

（2）栅距。栅距大，莫尔条纹反差大，信号强，光栅副间隙变化的影响小，而且刻划容易，成本低，光路简单；但分辨率低，要求电子细分较大，电路复杂。栅距小，其结果则相反，由于莫尔条纹反差弱，光栅副间隙变化的影响大，对光学和机械部件的装备要求严格。

目前，黑白光栅常取 $W = 0.008 \sim 0.005$ mm；圆光栅的光栅距角 $1' \sim 2'$。

（3）栅线线宽和长度。栅线的宽度可略大于缝宽，但不应大于 $0.55W$。

在采用 10 mm×10 mm 的四极硅光电池接收横向莫尔条纹信号时，栅线长度通常取

10～12 mm，在小型光栅传感器中，栅线长度只取几毫米。

2）指示光栅

指示光栅用光学玻璃制作，其栅距除少数特殊情况外，都和主光栅的栅距相等。指示光栅的直径同准直透镜的直径相等，栅线的刻划区域由光电接收元件的尺寸确定。

3）其他问题

（1）光栅间隙的选择。为使莫尔条纹反差强，指示光栅应位于主光栅的费涅尔焦面上。对于一般的黑白光栅，光栅间隙 Z 可按照下式计算：

$$Z = \frac{W^2}{8\lambda}$$

式中，W 为光栅栅距；λ 为光源的波长，用白光照明时按光电接收元件的峰值波长计算。

（2）莫尔条纹间距选择。莫尔条纹间距越大，形成的亮带越宽，对比度越强，光带信号的幅度值大。但是莫尔条纹间距 B 不能大于栅线的长度，以便形成完整的莫尔条纹，能输出四相信号。此外，两光栅栅线的夹角 θ 越小（相当于 B 越大），对栅线方向误差和导轨运动直线度的影响越大。

经常用两种莫尔条纹间距，一种取 $B = 0.6 \sim 0.8$ mm，栅线长 6～10 mm；另一种取 $B \to \infty$，即光闸莫尔条纹，其亮暗对比度最强。为输出四相信号，需要用裂相的指示光栅。

（3）主光栅刻划误差的减小与消除。为了消除长光栅的累积误差，安装光栅尺时，可将它调斜 α 角。调斜角 α 不能太大，否则光栅尺从始端移到终端时莫尔条纹有可能消失。

3．光电接收元件

选择光电接收元件时，需要考虑电流灵敏度、响应时间、光谱范围、稳定性以及体积等因素。光栅传感器常用的光电接收元件有硅光电池、光电二极管和光电三极管等。

（1）硅光电池。四极硅光电池的光敏面积为 10 mm×10 mm。特点：性能稳定，但响应时间长，约为 $10^{-4} \sim 10^{-3}$ s。

（2）光电二极管。响应时间为 10^{-7} s，灵敏度较高。输出幅度 100～200 mV，但在弱光下灵敏度低，需使用聚光镜，光电二极管的峰值波长为 0.86～0.9 μm。

（3）光电三极管。输出幅度 300～500 mV，响应时间 $10^{-5} \sim 10^{-4}$ s，峰值波长 0.86～0.9 μm。

4．机械部件

在照明系统中，要能对光源在几个坐标方向上进行调整，使灯丝处于最佳位置。

11.3　感应同步器

感应同步器是以电磁感应为基础，利用平面线圈结构来检测转角位移与直线位移的数字式传感器。感应同步器分为直线式感应同步器和旋转式感应同步器两种，前者用于直线位移的测量，后者用于转角位移的测量。

11.3.1　感应同步器的结构与工作原理

无论是直线式还是旋转式感应同步器，其结构都包括固定和运动两部分。这两部分，对于直线式分别称为定尺和滑尺；对于旋转式分别称为定子和转子。但两种感应器工作原理是相同的。

1. 感应同步器的结构

1）直线式感应同步器

如图 11-16 所示，直线式感应同步器主要由定尺和滑尺组成。而定尺和滑尺是由基板、绝缘层、绕组构成。屏蔽层覆盖在滑尺绕组上。基板采用铸铁或其他钢材制成。这些钢材的线膨胀系数应与安装感应同步器的床身的线膨胀系数相近，以减小温度误差。考虑安装的方便，可将定尺绕组制成连续式，见图 11-17(a)；而将滑尺绕组制成分段式，见图 11-17(b)。分段绕组由 $2K$ 组导体组成，K 为一相组数。每组又由 M 根有效导体及相应端部串联而成。定尺远比滑尺长，其中被全部滑尺绕组所覆盖的 N 根有效导体称为直线式感应同步器的极数。

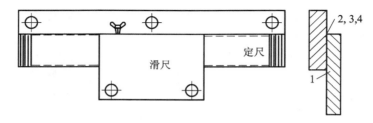

图 11-16　直线式感应同步器的结构示意图

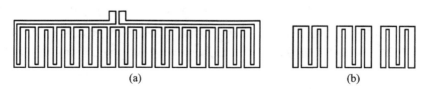

(a)　　　　　　　　　　　　　　　(b)

图 11-17　定尺、滑尺的绕组

组装好的直线式感应同步器，其定尺应与导轨母线平行，且与滑尺保持均匀的狭小气隙。

2）旋转式感应同步器

旋转式感应同步器的结构如图 11-18 所示。定子、转子都是由基板 1、绝缘层 2 和绕组 3 组成。在转子（或定子）绕组的外面包有一层与绕组绝缘的接地屏蔽层 4。基板呈环形，材料为硬铝、不锈钢或玻璃。绕组用铜制成。屏蔽层用锡箔或铝膜制成。

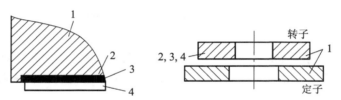

1—基板；2—绝缘层；3—绕组；4—接地屏蔽层

图 11-18　旋转式感应同步器结构示意图

转子绕组制成连续式，如图 11 - 19(a)所示，称连续绕组。它由有效导体 1、内端部 2 和外端部 3 构成。有效导体共有 N 根。N 是旋转式感应同步器的极数。

定子绕组制成分段式，如图 11 - 19(b)所示，称为分段绕组。绕组由 $2K$ 组导体组成，它们分别属于 A 相和 B 相。每组由 M 根有效导体及相应的端部串联构成。属于同一相的各组，用连接线连成一相。

定子、转子有效导体都呈辐射状。导体之间的间隔是等宽的。根据要求不同，旋转式感应同步器可以制成各种尺寸和极数。

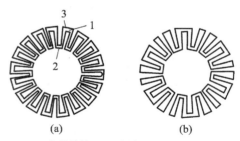

1—有效导体；2—内端部；3—外端部

图 11 - 19　转子、定子的绕组

旋转式感应同步器安装以后，定子、转子应与轴线保持同心和垂直，定子、转子绕组相对，并保持一个狭小的气隙。

2. 感应同步器的工作原理和工作方式

1) 工作原理

直线式感应同步器与旋转式感应同步器的工作原理是相同的。为了分析方便，将旋转式感应同步器的绕组也展开成直线排列，如图 11 - 20 所示。

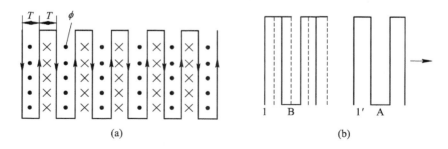

图 11 - 20　绕组展开示意图

图 11 - 20(a)是连续绕组的一部分；图 11 - 20(b)是分段绕组相邻的两相导体中心线之间的距离，称为极距。在旋转式感应同步器中，随半径的不同极距是变化的，分析时取其平均值。分段绕组相邻导体之间的距离称为节距，以符号 τ_1 表示。τ_1 可以等于 τ 或其他值。在此设 $\tau_1 = \tau$。如果在连续绕组中通以频率为 f、幅值恒定的交流电流 i，则将产生同频率的一定幅值的交变磁场。现在先分析 B 相导体组成交链磁通和感应电动势的情况。由图可见，在所属位置下(实线所示)，B 相导体所交链的交变磁通为零。可将 B 相导体向一个方向移动，则交变磁链将增加，依次类推。每移动两个极距，便作一周期变化，所以 B 相导体组将感应一交变电动势，其大小随着绕组间的相对移动，以两倍极距(2τ)为周期进行变化。在理想的情况下，这个变化具有正弦或余弦的函数关系。如果移动的速度(角频率)远小于电流的频率，且给定适当的初始位置和移动方向，则 B 相导体组感应的交变电动势有效值可以表示为

$$E_B = E_m \sin\alpha_D \qquad (11 - 6)$$

式中，E_m 为输出电动势幅值(即正向耦合时的最大值)；α_D 为连续绕组与分段绕组之间的

偏离角度(电弧度),用机械角度(rad)表示,式(11-6)也可写成

$$E_B = E_m \sin \frac{N}{2}\alpha \qquad (11-7)$$

式中,$N/2$ 为极对数;α 为电角度(rad)。

机械角度与电角度之间存在以下关系:

$$\alpha_D = \frac{N}{2}\alpha \qquad (11-8)$$

对直线式感应同步器,式(11-6)可表示为

$$E_B = E_m \sin \frac{\pi}{\tau}x \qquad (11-9)$$

式中,τ 为极距(mm);x 为机械位移(mm)。

这时,有

$$\alpha_D = \frac{\pi}{\tau} \qquad (11-10)$$

式(11-9)和式(11-10)表明 B 相导体组输出的感应电动势以正弦函数关系反映了感应同步器的机械转角或位移的变化,如图 11-21 曲线 1 所示。每经过一个极距,便出现一个零电位点,简称零位。但这样的输出特性并不能用来检测任意角度或位移,因为它只在零位附近有明确的意义,当达到正弦曲线顶部时,就难以分辨角度或位移了。为此,在 B 相各导体组之间,又插入了 A 相导体组,两者为相同导体,例如图 11-20(b)中第一根导体 1 与 1′ 相隔为

$$\frac{N\tau}{2k} = \left(\alpha \pm \frac{1}{2}\right)\tau \qquad (11-11)$$

式中,k 为相绕组中所含的导体组组数;α 为正整数。

如果使两相绕组的导体组在空间相位上相差 $\pi/2$ 电弧度,则称两绕组为正交,如图 11-20(b)所示的 A、B 两绕组便是。这时,当一相绕组处于零位时,则另一相绕组输出的电动势将为最大值。用公式来表示,A 相导体组的输出电动势为

$$E_A = E_m \sin\left(\frac{N\pi}{2k} + \alpha_D\right) = E_m \sin\left[\left(\alpha \pm \frac{1}{2}\right)\pi + \alpha_D\right] = \pm E_m \cos\alpha_D \qquad (11-12)$$

式中的正负号视设计方案而定。为了讨论方便,不妨取正号。与 B 相绕组的电动势式(11-7)式(11-9)对应,A 相绕组的电动势表达式为

$$E_A = E_m \cos \frac{N}{2}\alpha \qquad (11-13)$$

$$E_A = E_m \cos \frac{\pi}{\tau}x \qquad (11-14)$$

其图形如图 11-21 中的曲线 2 所示。在实际工作时,一相的所有导体组是串联在一起的,所以 E_A、E_B 应是两相绕组的总输出电动势。

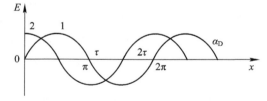

图 11-21　感应同步器输出曲线

2) 工作方式

有了两相输出，便能确切反映一个空间周期内的任何角度或位移的变化。为了输出与角度或位移呈一定函数关系的电量，需要对输出信号进行处理，其方式有鉴相和鉴幅两种。图 11-22 便是一种鉴相方式的例子，连续绕组接电源，分段绕组输出，并接在移相电路 YX 上。YX 的作用是将 E_B 在时间上移相 $\pi/2$，然后与 E_A 相加，于是得输出电压

$$U_o = jE_B + E_A = E_m(\cos\alpha_D + j\sin\alpha_D) = E_m e^{j\alpha_D} \tag{11-15}$$

这样，转角或位移便转变为输出电压的相位了。如果测出了相位，也就测出了转角或位移。图 11-23 是一种鉴幅方式的例子。连续绕组接电源，分段绕组接在函数变压器输出端。函数变压器的作用是使输入电压按可知变量 φ_D 作正余弦函数变化。其输出电压为

$$U_o = E_B\cos\varphi_D - E_A\sin\alpha_D$$

将式(11-11)、式(11-12)代入，得

$$U_o = E_m\sin\alpha_D\cos\varphi_D - E_m\cos\alpha_D\sin\varphi_D$$
$$= E_m\sin(\alpha_D - \varphi_D) \tag{11-16}$$

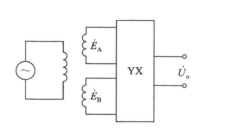
图 11-22　鉴相方式

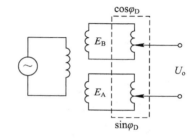
图 11-23　鉴幅方式

这样，只需要适当地改变变量 φ_D 的大小，使输出电压为零，此时的变量 φ_D 就等于转角或位移的值。

11.3.2　鉴相型测量系统

如图 11-17、图 11-18 所示，感应同步器的滑尺(或定子)上都有两组激磁绕组，两绕组装配呈正交性，即两绕组流过相同的电流时，它们在定尺绕组上感应出来的电动势 e_{o1} 与 e_{o2} 在振幅与 x 的关系上将有 $\pi/2$ 的相位差。为此，两个绕组中心线的距离为定尺绕组周期(T)的整数倍再加(或减)1/4 周期。此两绕组一个称为正弦绕组 A，另一个称为余弦绕组 B。

当 B 绕组的激磁电源电压为 $u_B = U_m\cos\omega t$ 时，它的激磁电流为

$$i_B \approx \frac{u_B}{R} = \frac{U_m}{R}\cos\omega t$$

式中，R 为 B 绕组的电阻，它可近似为整个 B 绕组的阻抗。i_B 在定尺绕组上感应的电动势为

$$e_{o1} = -M\frac{di_B}{dt} = \omega M'\frac{U_m}{R}\sin\omega t \cdot \cos\theta = k_1 U_m\sin\omega t \cdot \cos\theta$$

式中，$M = M'\cos\theta = M'\cos\frac{\pi}{\tau}x$，为与滑尺位置 x 有关的互感系数；$k_1 = \omega M'/R$，为比例常数。

当 A 绕组的激磁电源为 $u_A = U_m \sin\omega t$ 时，它的激磁电流为

$$i_A \approx \frac{u_A}{R} = \frac{U_m}{R}\sin\omega t$$

它在定尺绕组上感应的电动势为

$$e_{o2} = -M\frac{\mathrm{d}i_A}{\mathrm{d}t} = -k_2 U_m \cos\omega t \cdot \sin\theta$$

若同时在滑尺的正、余弦绕组上供给频率相同、振幅相等但相位相差 $\pi/2$ 的激磁电压 u_A 和 u_B，则在定尺绕组上感应出来的总电势为

$$e_o = e_{o1} + e_{o2} = k_1 U_m \sin\omega t \cdot \cos\theta - k_2 U_m \cos\omega t \cdot \sin\theta$$

当电路整定成 $k_1 = k_2 = k$ 时，上式可简化为

$$e_o = kU_m \sin(\omega t - \theta) = E_m \sin(\omega t - \theta)$$

该式说明定尺绕组上感应的总输出电势的初始相角 $\theta = \pi x/\tau$ 是滑尺位置 x 的函数。如果激磁电源电压的初始相位角 φ 也可调整，且使两绕组的激磁电压分别为

$$u_B = U_m \cos(\omega t + \varphi)$$

$$u_A = U_m \sin(\omega t + \varphi)$$

定尺输入电压就变为

$$e_o = ku_m \sin(\omega t + \varphi - \theta) = E_m \sin(\omega t + \varphi - \theta)$$

采用一鉴相电路自动鉴别 e_o 的初始相角 $(\varphi - \theta)$ 是否等于零。若不等于零，再按 $(\varphi - \theta) > 0$ 或 $(\varphi - \theta) < 0$ 的比较符号来自动地减小或增大 φ 值，直至 $(\varphi - \theta) = 0$ 为止。测出稳定后 φ 值（即 θ 值），就能够确定滑尺的位移 x 的大小。

因为

$$\varphi = \theta = \frac{\pi}{\tau}x$$

所以

$$x = \frac{\tau}{\pi}\varphi$$

当 φ 变化 π 时，x 移动一个定尺绕组的极距 τ；当 φ 变化 2π 时，x 移动定尺绕组的一个节距（也称周期）$T = 2\tau$。若 $\varphi < \pi$，则能获得滑尺在一个 τ 内的细分输出。这就是鉴相型的检测原理。在此要注意：一个细分脉冲信号代表的角度 δ_θ，称为分辨值。稳态时 $(\varphi - \theta) < \delta_\theta$，而非绝对 $(\varphi - \theta) = 0$。

图 11-24 所示的鉴相型测量系统电路（绝对相位基准），获得相位相差的 S 信号与 C 信号，将它们分别送到励磁功率放大器后，获得 $U_m \sin\omega t$ 与 $U_m \cos\omega t$，分别输入滑尺的两个激磁绕组。这时，定尺绕组输出的感应电势 e_o 经放大、滤波与整形电路后，变成方波（其相位为 θ）输入鉴相器。与此同时，由脉冲移相电路（相对相位基准）输出的方波信号（其相位为 φ）也输入鉴相器。鉴相器比较两个输入信号的初相角 θ 和 φ，当两者之间有相位差存在时，输出一个指令脉冲 M。M 的脉冲正好等于两个输入信号的相位差。鉴相器还要输出一个表示两个信号相位差正负符号的信号（J）。

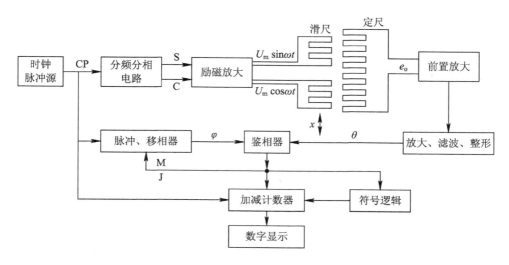

图 11-24　鉴相型测量系统电路框图

M 与 J 信号一方面控制加减计数器，将相位差（模拟）信号转换成数字信号，最后以数字显示输出；另一方面又控制移相器，令其输出信号移相，移相的方向是力图使相对相位基准信号的初相角 φ 在稳定后正好等于测量信号的初相角 θ。从而实现相位跟踪。

图 11-25 是分相电路及其波形图。分相电路由一只双稳态计数触发器及两只 JK 触发器组成，它可将 CP 输入脉冲转化成相位相差 $\pi/2$ 的信号 S 与 C 及其反相信号 $\bar{S}$ 与 $\bar{C}$ 输出。JK 触发器在 J=K=0 时保持。触发器 FF-2 的 Q 端为 C 信号输出，$\bar{Q}$ 端为 $\bar{C}$ 信号输出，它的 J 与 K 输入端由 FF-1 的 $\bar{Q}$ 控制，计数触发输入端 CP 的下降沿触发 FF-2 翻转。在波形图下很容易分析其工作情况。S 与 $\bar{S}$ 输出的工作原理与 C、$\bar{C}$ 输出的工作原理相同。

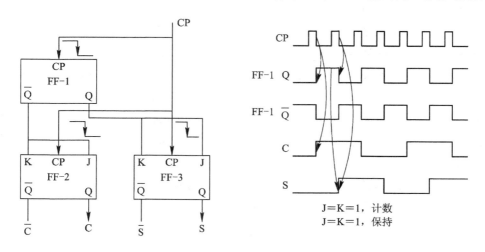

图 11-25　分相电路及其波形图

11.3.3　鉴幅型测量系统

假如对滑尺余弦绕组供电的电源电压为

$$u_B = -U_m \sin\varphi \cos\omega t$$

正弦绕组的供电电源电压为

$$u_A = U_m \cos\varphi \cos\omega t$$

两绕组的激磁电流近似与其电压同相位，即

$$i_B \approx -\frac{U_m}{R}\sin\varphi \cos\omega t$$

$$i_A \approx -\frac{U_m}{R}\cos\varphi \cos\omega t$$

它们在定尺绕组上感应出来的电势分别为

$$e_{o1} = -M'\cos\theta \frac{di_B}{dt} \approx -kU_m \cos\theta \sin\varphi \sin\omega t$$

$$e_{o2} \approx kU_m \sin\theta \cos\varphi \sin\omega t$$

定尺绕组输出的总电压 e_o 为

$$e_o = e_{o1} + e_{o2} = kU_m(\sin\theta\sin\varphi - \cos\theta\sin\varphi)\sin\omega t$$

$$= kU_m \sin(\theta - \varphi)\sin\omega t = E_m \sin(\theta - \varphi)\sin\omega t \qquad (11-17)$$

此式说明：e_o 的幅值与 $\Delta\theta = \theta - \varphi$ 有关，若能够根据 $\Delta\theta$ 的大小和极性自动地调整 φ 角（亦即自动地修改励磁电压 u_A、u_B 的幅值），使 φ 角自动跟踪 θ 角变化。那么，当跟踪稳定后，得

$$\theta - \varphi = 0 \quad 或 \quad \theta - \varphi < \delta_\theta$$

式中，δ_θ 为待测 θ 角微增量的最小分辨值。这时，定尺绕组的输出 e_o 便自动地稳定在零值或大于不能分辨的某一微小值处。由于 φ 角是已知量，根据 $\theta \approx \varphi$，便可求得 θ，进而求得滑尺的相对位置 x。这种通过检测感应电势值来测量位移的方法为鉴幅法。

图 11-26 所示为鉴幅型角度 φ 自动跟踪系统示意图，图 11-27 所示为鉴幅型测量系统电路框图。在电路框图中，定尺输出信号经滤波与放大后，输出正弦波电压的幅值大小由 $\Delta\theta = \theta - \varphi$ 决定。当滑尺与定尺的相对位移增大到某一规定值时，亦即当 $\Delta\theta$ 的数值达到一定值时，定尺输出的电压 e_o 的幅值也就达到门槛电压值，门槛电路便输出一个指令脉冲 M，门槛打开，并允许计数器脉冲通过。与此同时，方向辨别电路输出的 J 信号决定对通过的计数脉冲进行加法计数或是减法计数，从而获得相应的数字输出。显示计数器中积累的指令脉冲数目，即表示滑尺（被测物体）的位移。同时，M 和 J 还要反馈回去控制函数电压变压器的电子开关动作，使函数电压发生器输出的 φ 角发生相应的变化，自动地跟踪 θ，直至 φ 与 θ 相对应为止（亦即使 $\varphi = \theta$，或 $\Delta\theta$ 小于一定值）。

图 11-26　鉴幅型角度 φ 自动跟踪系统

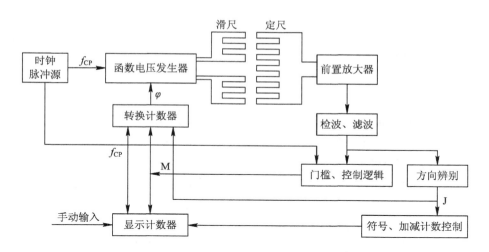

图 11-27　鉴幅型测量系统电路框图

11.3.4　函数电压发生器

函数电压发生器是一个副边具有很多中间抽头的变压器,见图 11-28。它是一个数模转换器,可把数字输入量变为按比例的交流电压输出。这是因为它类似自耦变压器,在不同的中间抽头上,有不同的交流电压幅值,由此可以提取幅值按 $\sin\varphi$ 和 $\cos\varphi$ 变化的两个激励信号:

$$u_B = U_m\sin\varphi\cos\omega t$$

$$u_A = U_m\cos\varphi\cos\omega t$$

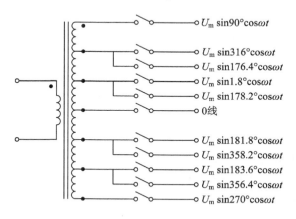

图 11-28　函数变压器输出 $U_m\sin\varphi\cos\omega t$ 抽头法

如前面所述,鉴幅型测量系统是用 φ 来跟踪 $\theta = \dfrac{\pi}{z}x$,不断自动地修改激励电压 u_A 和 u_B 的幅值,直至 $\varphi \approx \theta$,脉冲通道关闭,停止计数。此时显示计数器显示的数值即为滑尺的移动距离。标准型长形感应同步器的周期(节距)为 2 mm。为使最小显示单位为 0.01 mm,需将一个周期细分为 $2/0.01 = 200$ 等份,亦即 φ 在 0°～360°范围内变化时要有 200 等份,函数变压器的副边要有 200 个抽头。使 $\sin\varphi$ 分别为 $\sin 1.8°$、$\sin 3.6°$……$\sin 358.2°$、$\sin 360°$

和使 $\cos\varphi$ 分别为 $\cos 1.8°$、$\cos 3.6°$……$\cos 358.2°$、$\cos 360°$等。这种函数变压器及其相应的电路相当复杂，难以实现。因此，必须寻求简化途径。

根据三角函数性质，有

$$\sin\varphi = -\sin(\pi + \varphi)$$
$$\cos\varphi = -\cos(\pi + \varphi)$$

显然，φ 在 $0\sim\pi$ 和 $\pi\sim 2\pi$ 区域内变化时，激磁电压的幅值具有相同的绝对值，只是极性相反。于是，可以将一个周期 T 分成两个极距 τ（即 $T=2\tau$），$0\sim\pi$ 称为前极距，$\pi\sim 2\pi$ 称为后极距。在前后两个极距中，激磁电压幅值变化规律是一致的，仅仅是极性相反。因此，为了简化电路，只将半节距（一个极距）细分为 100 等份就可以了。

由于变压器不易取 100 个抽头，为了进一步简化电路，实用的函数变压器还要想办法减少抽头数目。假设 φ 只在 $0\sim\pi$ 的前极距 τ 内，则利用前极距的等份值加上一个负号来代替。这就有可能将 100 等份变为十进制的数，并视作十位数的 10 等份与个位数的 10 等份组合而成，则

$$\varphi = A\alpha + B\beta$$

式中，A，B 为 $0\sim 9$ 之间的任意一个整数；$\alpha=18°$ 是十位数的权；$\beta=1.8°$ 是个位数的权。

例如 A 为 5，B 为 1，则

$$\varphi = 5 \times 18° + 1.8° = 91.8°$$

按三角函数的和差公式有

$$\sin\varphi = \sin(A\alpha + B\beta) = \sin A\alpha \cos B\beta + \cos A\alpha \sin B\beta$$
$$= \sin A\alpha \cos B\beta + \cos A\alpha \cos B\beta \tan B\beta = \cos B\beta(\sin A\alpha + \cos A\alpha \tan B\beta)$$

同理

$$\cos\varphi = \cos B\beta(\cos A\alpha - \sin A\alpha \tan B\beta)$$

由于 $B\beta$ 很小，可视为 $B\beta \approx 1$，化简得

$$\sin\varphi \approx \sin A\alpha + \cos A\alpha \cdot \tan B\beta$$
$$\cos\varphi \approx \cos A\alpha - \sin A\alpha \cdot \tan B\beta$$

由此可见，要控制 u_A 和 u_B 的幅值（亦即控制 $\sin\varphi$ 和 $\cos\varphi$ 的值），只需要控制三只副边具有 10 个抽头的变压器即可。图 11-29 所示即为由电子开关和变压器组成的实用函数变压器电路，图中 AO 输出为 $\sin\varphi$，BO 输出为 $\cos\varphi$。

$$AO = AS + SO = \cos A\alpha \cdot \tan B\beta + \sin A\alpha = \sin\varphi$$
$$BO = BC + CO = -\sin A\alpha \cdot \tan B\beta + \cos A\alpha = \cos\varphi$$

运动方向判别电路如图 11-30 所示。如前所述，在函数电压发生器中，用前极距内的 100 等份值加上负号来代替后极距内的等份值。这样，只要在 $0\sim\pi$ 范围内变化均可满足前后极距中测量的要求。因此感应同步器移动方向的判别除了考虑输出 e_o 的极性外，还要考虑极距的极性，规定前极距为正，用 $\overline{JF}=1$ 表示；后极距为负，用 $\overline{JF}=0$ 表示。若再用 $FX=1$ 表示向前运动，$FX=0$ 表示向后运动，则可用运动方向判别的真值表列出 FX、$\overline{JF}$ 和反映 e_o 极性的 $\overline{E_o}$ 之逻辑关系，见表 11-2。由此可知，三者之间为异或非关系：

$$FX = \overline{\overline{JF} + \overline{E_o}}$$

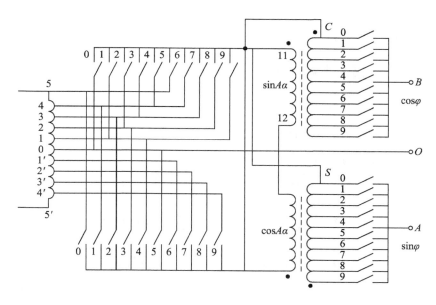

图 11-29　实用的函数变压器电路

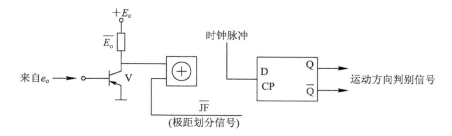

图 11-30　运动方向判别电路

图 11-30 中 D 触发器由极距划分信号$\overline{JF}$和反映 e_o 极性的信号$\overline{E_o}$来控制，用时钟脉冲进行触发，D 触发器的输出即为运动方向判别信号。

表 11-2　方向判别真值表

信号	JF	E_o	FX
$\theta > \varphi$	1	1	1
$\theta > \varphi$	0	0	1
$\theta < \varphi$	1	0	0
$\theta < \varphi$	0	1	0

第 12 章　磁电式传感器

　　基于电磁感应原理的传感器称为磁电式传感器，也称电磁感应传感器。它是通过磁电作用将被测量转换成电信号的一种传感器，它不需要供电电源，电路简单，性能稳定，输出阻抗小，又具有一定的频率响应范围，适用于振动、转速、位移等测量。

12.1　磁电式传感器的原理与类型

　　磁电式传感器是以电磁感应原理为基础，图 12-1 给出磁电式传感器的工作原理。根据法拉第电磁感应定律，N 匝线圈在磁场中运动切割磁力线或线圈所在磁场的磁通变化时，线圈中所产生的感应电动势 e 的大小取决于穿过的线圈的磁通 ϕ 的变化率，即 $e = -N \dfrac{\mathrm{d}\phi}{\mathrm{d}t}$。当垂直于磁场方向运动时，若以线圈相对磁场方向运动的速度 v 或角速度 w 表示，则上式可写成

$$e = -NBlv = NBSw \tag{12-1}$$

式中，l 为每匝线圈的平均长度；B 为线圈所在磁场的磁感应强度；S 为每匝线圈的平均面积。

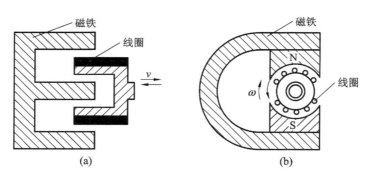

图 12-1　磁电式传感器的工作原理图

　　在传感器中，当结构参数确定后，B、l、N、S 均为定值，因此感应电动势 e 与线圈相对磁场的运动速度（v 或 w）成正比。

　　由上述工作原理可知，磁电式传感器只适用于动态测量，可直接测量振动物体的速度或旋转体的角速度。如果在其测量电路中接入积分电路或微分电路，那么还可用来测量位移或加速度。

　　根据工作原理，可将磁电式传感器分为恒定磁通式和变磁通式两类。

1. 恒定磁通式

如图 12-2 所示，恒定磁通式传感器由永久磁铁（磁钢）4、线圈 3、弹簧 2、金属骨架 1 和壳体 5 等组成。磁路系统产生恒定的直流磁场，磁路中工作气隙是固定不变的，它们的运动部分可以是线圈也可以是磁铁，因此又分为动圈式和动铁式两种结构类型。在动圈式［图 12-2(a)］中，永久磁铁 4 与传感器壳体 5 固定，线圈 3 和金属骨架 1（合称线圈组件）用柔软弹簧 2 支撑。在动铁式［图 12-2(b)］中，线圈组件（包括线圈 3 和金属骨架 1）与壳体 5 固定，永久磁铁 4 用柔软弹簧 2 支撑。两者的阻尼都是由金属骨架 1 和磁场发生相对运动而产生的电磁阻尼。动圈式和动铁式的工作原理是完全相同的，当壳体 5 随被测振动物体一起振动时，由于弹簧 2 较软，运动部件质量相对较大，因此振动频率足够高（远高于传感器的固有频率）时，运动部件的惯性很大，来不及跟随振动物体一起振动，近于静止不动，振动能量几乎全部被弹簧 2 吸收，永久磁铁 4 与线圈 3 之间的相对运动速度接近于振动速度。永久磁铁 4 与线圈 3 相对运动，使线圈 3 切割磁力线，产生与运动速度 v 成正比的感应电动势 $e=-NBlv$。

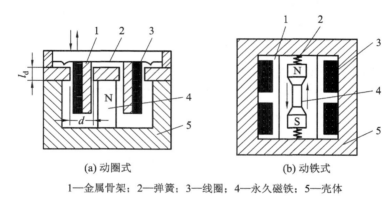

(a) 动圈式　　　　　　　　(b) 动铁式

1—金属骨架；2—弹簧；3—线圈；4—永久磁铁；5—壳体

图 12-2　恒定磁通式传感器结构原理图

2. 变磁通式

变磁通式又称为变磁阻式，常用来测量旋转物体的角速度，其结构原理如图 12-3 所示。

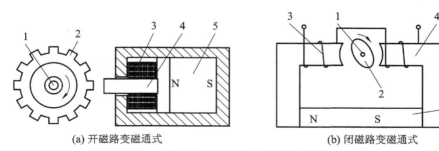

(a) 开磁路变磁通式　　　　　　　　(b) 闭磁路变磁通式

1—被测旋转体；2—被测齿轮；3—线圈；4—软铁；5—永久磁铁

图 12-3　变磁通式传感器结构原理图

图 12-3(a)为开磁路变磁通式，线圈 3 和永久磁铁 5 静止不动，被测齿轮 2(导磁材料制成)安装在被测旋转体 1 上，随之一起转动，每转过一个齿，传感器磁阻变化一次，磁通也就变化一次。线圈 3 中产生的感应电动势的变化频率等于被测齿轮 2 上齿轮的齿数和转速的乘积，即

$$f = \frac{Zn}{60}$$

式中，Z 为齿轮的齿数；n 为被测轴的转速(r/min)；f 为电动势频率(Hz)。

这种传感器结构简单，但输出信号较小，且因高速轴上装齿轮较危险而不宜测高转速。另外，当被测轴振动较大时，传感器输出波形失真较大，在振动强的场合往往采用闭磁路速度传感器。

图 12-3(b)为闭磁路变磁通式结构示意图，被测旋转体 1 带动椭圆形测量齿轮在磁场气隙中等速度转动，使气隙平均长度周期性变化，因而磁路磁阻也周期性地变化，磁通同样周期性地变化，则在线圈 3 中产生感应电动势，其频率 f 与测量齿轮转速 n(r/min)成正比，即 $f = n/30$。在此结构中，也可用齿轮代替椭圆形测量齿轮 2，软铁(极掌)4 制成内齿轮形式。

变磁通式传感器对环境条件要求不高，能在 $-150 \sim 90$ ℃温度下工作，不影响测量精度，也能在油、水雾、灰尘等条件下工作。但它的工作频率下限较高，约为 50 Hz，上限可达 100 kHz。

12.2 磁电式传感器的设计要点

从磁电式传感器的基本原理看，它的基本条件有两个：一个是磁路系统，由它产生磁场，为了减小传感器的体积，一般都采用永久磁铁；另一个是线圈，感应电动势 e 与磁通变化率 $d\phi/dt$ 或者线圈与磁场相对运动速度 v 成正比，因此必须有运动部分，是线圈运动的称为动圈式，是磁铁运动的称为动铁式。这两个元件是主要的，除此之外还有壳体、支撑、阻尼器等次要元件，这也是设计中要注意的。下面以应用较为普遍的动圈式测振为例来说明设计中要考虑的几个主要问题。

1. 灵敏度 S_N

由磁电式传感器的基本公式 $e = NBlv$ 可得传感器的灵敏度 S_N 为

$$S_N = \frac{e}{v} = NBl \tag{12-2}$$

可见灵敏度 S_N 与磁感应强度(或称磁通密度)B、线圈的平均周长 l 和匝数 N 有密切关系。设计时一般根据结构的大小初步确定磁路系统，根据磁路就可计算磁感应强度 B，这样由技术指标给定的灵敏度 S_N 值和已定 B 值，从式(12-2)就可求得线圈导线总长度 Nl，如果气隙尺寸已定，线圈平均周长 l 也就确定了，因此线圈匝数 N 可定，导线的直径要根

据气隙选择。

从提高灵敏度的观点看，B 值大，S_N 也大，但因此磁路尺寸也大了，所以在结构尺寸允许的情况下，磁铁尽可能大一些好，并选 B 值大的永磁材料，导线的匝数 N 也可多一些，但 N 的增加也是有条件的，必须同时考虑下列三种情况：线圈电阻与负载电阻的匹配问题，线圈发热问题，线圈的磁场效应问题。

2. 线圈的电阻与负载电阻匹配问题

磁电式传感器相当于一个电势源。它的内阻为线圈的直流电阻 R_i（忽略线圈电抗）。当其输出直接用指示器指示时，指示器相当于传感器的负载，若其电阻为 R_L，这时等效电路如图 12-4 所示。为从传感器获得最大功率，由电工原理知必须使 $R_i = R_L$，线圈的电阻的大小可用下式表示：

$$R_i = Nr = \frac{N\rho l}{S} \tag{12-3}$$

式中，ρ 为导线材料的电阻率；l 为线圈的平均周长；S 为导线截面积；N 为线圈的匝数；r 为每匝线圈的电阻。

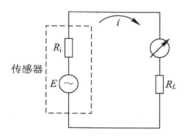

图 12-4　磁电式传感器等效电路

因为 $R_L = R_i$，所以 $R_L = \dfrac{N\rho l}{S}$，由此得到

$$N = \frac{R_L S}{\rho l} \tag{12-4}$$

如果传感器已经设计制造好了，则 N 为已知数，由此去选择指示器，如指示器已经选定，则 R_L 为定值，则由式（12-4）可以设计传感器的线圈参数。如果线圈的匝数确定了，根据线圈电阻可进行线圈的发热检查。

3. 线圈发热检查

根据传感器的灵敏度及传感器线圈与指示器电阻匹配要求计算得到线圈的匝数 N 后，还需根据散热条件对线圈加以验算，使线圈的温升在允许的温升范围内。可按下式验算：

$$S_0 \geqslant I^2 R S_t \tag{12-5}$$

式中，S_0 为设计的线圈表面积；S_t 为每瓦功率所需的散热表面积（漆包线绕制的带框线圈 $S_t = 9 \sim 10 \ \text{cm}^2/\text{W}$）；$R$ 为线圈电阻（Ω）；I 为流过线圈的电流（A）。

4. 线圈的磁场效应

设计线圈时，必须考虑线圈的磁场效应，所谓线圈的磁场效应就是线圈中的感生电流产生的交变磁场，它将加强或减弱永久磁铁的恒定磁场，这种现象将带来测量误差。所以在设计时，应使线圈的电流足够小，使线圈磁场产生的磁感应强度比磁铁在气隙中产生的磁感应强度小得多。通常对磁电式传感器的影响可以忽略。

5. 温度影响

在磁电式传感器中，温度引起的误差是一个重要问题，必须加以计算。在图（12-4）中指示器流过的电流为

$$i = \frac{E}{R_i + R_L} \tag{12-6}$$

上式中，分子和分母都随温度而变，且变化方向相反，因为永久磁铁的磁感应强度随温度增加而减小，所以感应电动势 e 也随温度增加而减小，传感器的线圈电阻 R 的温度系数是正的，指示器的电阻 R_L 也是正温度系数，它的数值与本身线圈电阻和附加电阻的比值有关。

当温度增加 t 时，指示器流过的电流可由下式计算：

$$i' = \frac{e(1-\beta)t}{R_i(1+\alpha t) + R_L(1+\alpha_1)} \tag{12-7}$$

式中，β 为磁铁磁感应强度的负温度系数；α 为线圈电阻的正温度系数；α_1 为指示器电阻的正温度系数。

温度误差的相对值 δ 用下式表示：

$$\delta = \frac{i'-i}{i} \times 100\% \tag{12-8}$$

温度误差的补偿方法是采用热磁分路，这是利用某些磁性材料有急剧下降的 $B=f(t)$ 曲线（这些材料称为热磁合金，是一种未经充磁的永磁材料）这一特性，如图 12-5 所示。将热磁合金制的磁分路片搭在磁系统的两个极靴上，把气隙中的磁通分出一部分，也就是把磁通分出一部分（称为热磁分路）。这时随着温度升高，分支到热磁分路的磁通减少，因而磁通分支到气隙的部分增加，这使 e 的数值增加，结果使电流 I 增大，起到温度补偿作用。

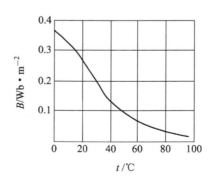

图 12-5　热磁合金的 $B=f(t)$ 曲线

12.3　磁电式传感器的应用

1. 磁电感应式振动速度传感器

CD-I 型振动速度传感器是一种绝对振动传感器，主要技术规格为：工作频率 10～500 Hz；固有频率 12 Hz；灵敏度 604 mV·s/cm；最大可测加速度 5 g；可测振幅范围 0.1～1000 μm；工作范围内阻 1.9 kΩ；精度≤10%；外形尺寸 φ45 mm×160 mm；质量 0.7 kg。

CD-I 型振动速度传感器属于动圈式恒定磁通型，其结构原理如图 12-6 所示，永久磁铁 3 通过铝架 4 和导磁材料制成的壳体 7 固定在一起，形成磁路系统，壳体还起屏蔽作用，磁路中有两个环形气隙，右气隙中放有工作线圈 6，左气隙中放有铜或铝制成的圆环形阻尼器 2。工作线圈和圆环形阻尼器用心轴 5 连在一起组成质量块，用圆形弹簧片 1 和 8 支撑在壳体上。使用时将传感器固定在被测振动物体上，永久磁铁、铝架和壳体一起随被测物体振动，由于质量块有一定质量，产生惯性力，而弹簧片又非常柔软，因此当振动频率远大于传感器固有频率时，线圈在磁路系统的环形气隙中相对永久磁铁运动，以振动物体的振动速度切割磁力线，产生感应电动势，通过引线 9 接到测量电路。同时良导体阻尼器也在磁路系统气隙中运动，感应产生涡流，形成系统的阻尼力，起衰减固有振动和扩展频率响应范围的作用。

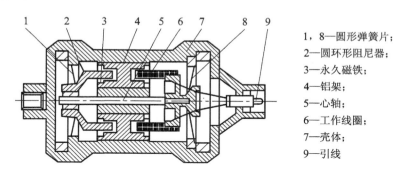

1，8—圆形弹簧片；
2—圆环形阻尼器；
3—永久磁铁；
4—铝架；
5—心轴；
6—工作线圈；
7—壳体；
9—引线

图 12-6　CD-I 型振动速度传感器

2. 磁电感应式转速传感器

图 12-7 是一种磁电感应式转速传感器的结构原理图。转子 2 与转轴 1 固紧。转子 2 和定子 5 都用工业纯铁制成，它们和永久磁铁 3 组成磁路系统。转子 2 和定子 5 的环形端面上均匀地铣了一些齿和槽，两者的齿和槽数对应相等。测量转速时，传感器的转轴 1 与被测物转轴相连接，因而带动转子 2 转动。转子 2 的齿与定子 5 的齿相对时，气隙最小，磁路系统的磁通最大。而齿与槽相对时，气隙最大，磁通最小。因此当定子 5 不动而转子 2 转动时，磁通就周期性地变化，从而在线圈中感应出近似正弦波的电压信号，其频率与转速成正比关系。

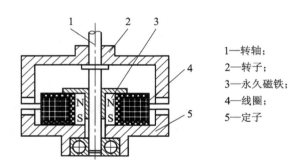

图 12 - 7　磁电感应式转速传感器

　　磁电感应式传感器除了上述一些应用外，还可制成电磁流量计，用来测量具有一定电导率的液体流量。其优点是反应快、易于自动化和智能化，但结构较复杂。

第 13 章　传感器新技术及其应用

随着传感器技术、计算机技术及通信技术的不断融合和发展，传感器领域发生了巨大的变化，智能传感器、模糊传感器及网络传感器等新技术纷纷涌现，使传统测控系统的信息采集、数据处理等方式发生了质的飞跃，各种现场数据的网络传输、发布与共享已成为现实；在网络上任何节点对现场传感器进行编程和组态已成为可能，这些进步推动了物联网悄然崛起并逐步发展壮大。本章将简单介绍智能传感、模糊传感器及网络传感器以及 MEMS 技术与微型传感器等新技术。

13.1　智能传感器

智能传感器是现代传感器的发展方向，它涉及机械、控制工程、仿生学、微电子学、计算机科学、生物电子学等多学科领域，是一门现代综合技术，也是当今世界正在迅速发展的高新技术，且至今还没有形成规范化的定义。简单地说，智能传感器就是将一个或几个敏感元件和微处理器组合在一起，使它成为一个具有信息处理功能的传感器。它自身带有微处理器，具有信息采集、处理、鉴别和判断、推理的能力，是传感器与微处理器结合的产物。

13.1.1　智能传感器的典型结构

智能传感器主要由敏感元件、微处理器及其相关电路组成。其典型结构如图 13 – 1 所示。智能传感器的敏感元件将被测的物理量转换成相应的电信号，送到信号处理电路中进

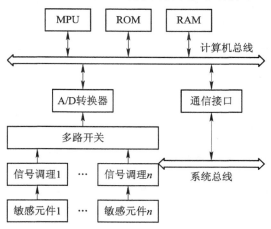

图 13 – 1　智能传感器结构图

行滤波、放大，经模数转换后，送到微处理器中。微处理器是智能传感器的核心，它不但可以对敏感元件测量的数据进行计算、存储、处理，还可以通过通信接口对敏感元件测量结果进行输出。由于微处理器可充分发挥各种软件的功能，可以完成硬件难以完成的任务，从而大大降低了传感器的制造难度，提高了传感器的性能，降低了成本。

从结构上划分，智能传感器可以分为集成式、混合式和模块式三种。集成式智能传感器是将一个或多个敏感元件与信号处理电路和微处理器集成在同一块芯片上，它集成度高，体积小，使用方便，是智能传感器的一个重要发展方向；但由于技术水平有限，目前这类智能传感器的种类还比较少。混合式智能传感器是将传感器和信号处理电路及微处理器做在不同的芯片上，目前这类结构比较多。模块式智能传感器是将许多相互独立的模块（如微计算机模块、信号处理电路模块、数据转换电路模块及显示电路模块等）和普通传感器装配在同一壳体内完成某一传感器功能，它是智能传感器的雏形。

13.1.2　智能传感器的主要功能

智能传感器是一个以微处理器为内核，扩展了外围部件的计算机检测系统。它与一般传感器相比具有以下功能：

1. 自我完善功能

智能传感器具有自校零、自诊断、自校正和自适应功能；具有提高系统响应速度，改善动态特性的智能化频率自补偿功能；具有抑制交叉敏感，提高系统稳定性的多信息融合功能。

2. 自我管理与自适应功能

智能传感器能够自动进行检验，具有自选量程、自寻故障和自动补偿功能，以及判断、决策、自动量程切换与控制功能。

3. 自我辨别与运算处理功能

智能传感器具有从噪声中辨识微弱信号与消噪的功能；具有多维空间的图像识别与模式识别功能；具有自动采集数据，并对数据进行判断、推理、联想和决策处理功能。

4. 双向通信、标准化数字输出功能

智能传感器具有数据存储、记忆、双向通信、标准化数据输出功能。

13.1.3　智能传感器的特点

智能传感器与一般传感器相比具有如下显著特点：高精度，高可靠性与高稳定性，高信噪比与高分辨力，强自适应性，较低的价格性能比等。

（1）利用它的信息处理功能，通过软件编程可修正各种确定系统误差，减少随机误差，降低噪声，提高传感器的精度和稳定性。

（2）可以使系统小型化，消除传统结构的某些不可靠因素，改善系统的抗干扰能力。

（3）利用自诊断、自校正和自适应功能可使测量结果更准确、更可靠。

（4）在相同的精度要求下，性价比明显提高，尤其是在采用较便宜的单片机后更加明显。

（5）可以实现多传感器、多参数综合测量。

（6）具有数字通信接口，可直接与计算机相连，可适配各种应用系统。

13.1.4 智能传感器实现的途径

1. 非集成化实现

非集成化智能传感器是将传统的经典传感器（采用非集成化工艺制作的传感器，仅具有获取信号的功能）、信号调理电路、带数字总线接口的微处理器组合为一个整体而构成的智能传感器系统。由信号调理电路调理传感器输出的信号，再由微处理器通过数据总线接口挂接在现场数字总线上。这是一种实现智能传感器系统的最快途径与方式。

2. 集成化实现

集成化实现智能传感器系统，是建立在大规模集成电路工艺及现代传感器技术两大技术基础之上的。充分利用大规模的集成电路、工艺技术、现代传感器技术等，实现智能传感器系统的集成化。

3. 混合实现

根据需要与可能，将系统各个环节，如敏感单元、信号调理电路、微处理器单元、数字总线接口，以不同的组合方式集成在两块或三块芯片上，并装在一个外壳里，实现混合集成。

13.2 模 糊 传 感 器

13.2.1 模糊传感器的概念及特点

模糊传感器是模糊逻辑技术应用中发展较晚的一个分支，它起源于 20 世纪 80 年代末期，是一种新型智能传感器，也是模糊逻辑在传感器技术中的一个具体应用。传统的传感器是数值测量装置，它将被测量映射到实数集合中，以数值形式来描述被测量的状态。这种方法既精确又严谨，但随着技术的不断进步，由于被测对象的多维性、被分析问题的复杂性等原因，只进行单纯的数值测量是远远不够的。比如在测量血压时，测得 18 kPa 还是 17.6 kPa 并不重要，重要的是对这一结果来说，是否应对老年人给出"正常"，对年轻人给出"偏高"的结论。这样的定性描述，普通传感器是做不到的，只有具有丰富医学知识和经验的专家才能分析、判断、推理出来。与数值化表示相比，这种对客观事物的语言化表示，存在精度低、不严密、具有主观随意性等缺点。但它很实用，信息存储量少，无须建立精确的数学模型，允许数值测量有较大的非线性和较低精度，可进行推理、学习，并将人类经验、专家知识、判断方法事先集成在一起，不需要专家在场就能给出正确的结论。鉴于以上情况，就需要一种新型传感器——模糊传感器。它的显著优点：输出的不是数值，而是语言化符号。

模糊传感器概念提出得较晚，目前尚无严格、统一的定义，但一般认为模糊传感器是以数值测量为基础，并能产生和处理与其相关的语言化信息的装置。可以说，模糊传感器是在普通传感器数值测量的基础上经过模糊推理与知识集成，最后以语言符号的描述形式输出的传感器，可见新的符号表示与符号信息系统是研究模糊传感器的基石。

由模糊传感器的定义可以看出，模糊传感器主要由智能传感器和模糊推理器组成，它将被测量转化为适合人类感知和理解的信号。由于知识库中存储了丰富的专家知识和经验，它可以通过简单、便宜的普通传感器测量比较复杂的现象。

13.2.2　模糊传感器的基本功能

由于模糊传感器属于智能传感器，所以要求它有比较强大的智能功能，即具有学习、推理联想、感知和通信功能。

1．学习功能

模糊传感器一个重要的功能就是学习功能，其能够根据测量任务的要求学习有关知识是模糊传感器与普通传感器的重要差别。人类知识集成的实现、测量结果高级逻辑表达都是通过学习功能完成的。模糊传感器的学习功能是通过有导师学习法和无导师学习法实现的。

2．推理联想功能

模糊传感器有一维和多维之分。一维传感器受到外界刺激时，可以通过训练使记忆联想得到符号化的测量结果。多维传感器当接收多个外界刺激时，可以通过人类集成知识、时空信息的整合与多传感器信息融合等来进行推理，得到符号化的测量结果。

3．感知功能

模糊传感器与普通传感器一样，由传感元件确定的被测量，根本区别在于前者不仅可以输出数值，而且可以输出语言化符号，而后者只能输出数值。因此，模糊传感器必须具有数值/符号转换器。

4．通信功能

由于模糊传感器一般都作为大系统中的子系统进行工作，因此模糊传感器能够与上级系统进行信息交换是必需的，故通信功能也是模糊传感器的基本功能。

13.2.3　模糊传感器的结构

1．一维模糊传感器的结构

由模糊传感器的概念可知，模糊传感器主要由智能传感器和模糊推理部分组成。其硬件结构和逻辑图如图 13-2 所示。从图 13-2(a)可以看出，模糊传感器的硬件结构是以微处理器为核心，以传统传感器测量为基础，采用软件实现符号的生成和处理，在硬件技术支持下可实现有导师学习功能，通过信号接口实现与外部的通信。

图 13-2(b)是模糊传感器的逻辑框图。一般来讲，模糊传感器逻辑上可以分为转换部分和信号处理与通信部分。从功能上看，有信号调理与转换层、数值/符号转换层、符号处理层、指导学习层和通信层。这些功能有机地结合在一起，完成数值/符号转换功能。

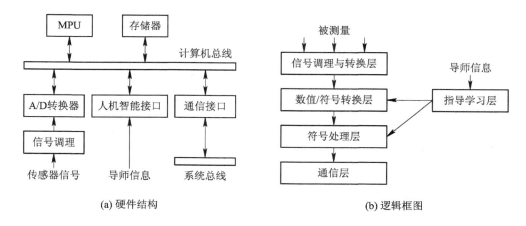

(a) 硬件结构　　　　　　　　　　　　　　　(b) 逻辑框图

图 13 - 2　一维模糊传感器的结构

2. 多维模糊传感器的结构

图 13 - 3 给出了多维模糊传感器硬件结构框图。由图可知，它由敏感元件、信号处理电路和 A/D 转换器组成的基础测量单元完成传感测量任务。由数值预处理、数值/符号转换器(q/s)、概念生成器、数据库、知识库构成的符号生成与处理单元完成核心工作——数值/符号转换。由通信接口实现模糊传感器与上级系统间的信息交换，把测量结果(数值与

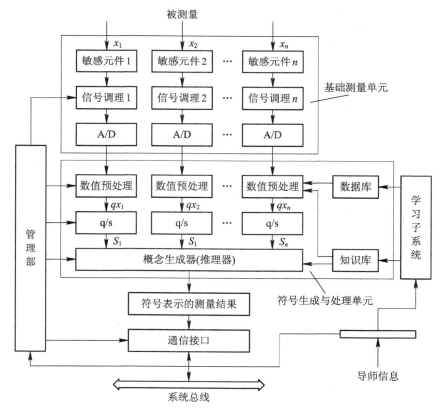

图 13 - 3　多维模糊传感器硬件结构框图

符号量）输出到系统总线上，并从系统总线上接收上级的命令。而人机接口是模糊传感器与操作者进行信息交流的通道。管理器的作用是测量系统实现自身的管理，接收上级的命令，开启、关闭测量系统，调节放大器的放大倍数并根据上级系统的要求决定输出量的类型（数值还是语言符号量）等。由此可见，一维模糊传感器只是多维模糊传感器的一个特殊情况。

3. 有导师学习结构的实现

具有导师学习功能可使模糊传感器的智能化水平进一步提高。图 13 - 4 是具有导师学习功能的模糊传感器原理框图。

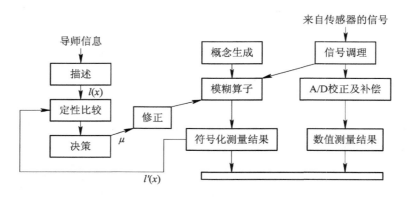

图 13 - 4　具有导师学习功能的模糊传感器原理框图

由图 13 - 4 可以看出，有导师学习功能的基本原理是基于比较导师和传感器对于同一被测值 x 的定性描述的差别进行学习的。对同一被测值 x，如果导师的语言符号描述为 $l(x)$，模糊传感器结构的描述为 $l'(x)$，则 $l(x)$ 与 $l'(x)$ 进行比较，结果如下：

(1) $l(x) \geqslant l'(x)$，则 e 为正，那么 μ 增加。

(2) $l(x) \leqslant l'(x)$，则 e 为负，那么 μ 减少。

(3) $l(x) = l'(x)$，则 e 为零，那么 μ 减少。

其中 e 是误差，μ 为控制量，被控量为概念的隶属函数，控制行为是"增加""减少"和"保持"。"增加"是指隶属曲线向数值小的方向平移或扩展，"减少"是指隶属函数向数值大的方向平移或扩展，"保持"是指隶属函数不变。

基于上述有导师学习功能的基本原理，可以看出，实现模糊传感器有导师学习功能的结构，关键在于导师信息的获取。

模糊传感器的概念生成能否产生适合测量数目的准确语言符号量，关系测量的准确程度。它相当于模糊控制中的模糊化，但很多方面又有所不同，因此对其转换基础和方法的研究有重要理论价值和实际意义。

13.3　网络传感器

13.3.1　网络传感器的概念

随着计算机技术、网络技术与通信技术的迅速发展，控制系统的网络也成为一种新的潮流。网络化的测控系统要求传感器也具有网络化的功能，因此出现了网络传感器。网络传感器是指自身内置网络协议的传感器，它可以使现场测控数据就近接入网络，在网络所能及的范围内实时发布和共享信息。

网络传感器使传感器由单一功能和单项检测向多功能和多检测发展，从就地测量向远距离实时在线测控发展。网络传感器可以就近接入网络，与网络设备实现互联，从而大大简化连接线路，易于系统维护，节省投资，同时使系统更易于扩展。

网络传感器一般由信号采集单元、数据处理单元和网络接口单元组成。这三个单元可以是采用不同芯片构成的合成式结构，也可以是单片机结构。其基本结构如图 13 - 5 所示。

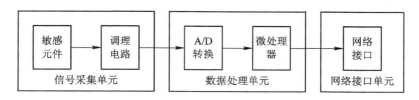

图 13 - 5　网络传感器的基本结构

网络传感器的核心是传感器本身具有网络通信协议，随着电子技术和信息技术的迅速发展，可以通过软件和硬件两种方式来实现其功能。软件方式是指将网络协议嵌入传感器系统的 ROM 中，硬件方式是指采用具有网络协议的芯片直接用做网络接口。这里需要指出的是：由于网络传感器通常用于现场，它的软、硬件资源及功能较少，要使网络传感器像 PC 那样成为一个全功能的网络节点，显然是不可能的，也是没有必要的。

13.3.2　网络传感器的类型

由网络传感器的结构可知，其关键技术是网络接口技术。网络传感器必须符合某种网络协议，才能将现场测控数据直接接入网络。由于工业现场存在多种网络标准，因此也就随之发展起来多种网络传感器，它们各自具有不同的网络接口单元。目前，有基于现场总线的网络传感器和基于以太网（Ethernet）协议的网络传感器两大类。

1. 基于现场总线的网络传感器

现场总线是在现场仪表智能化和全数字控制系统的需求下产生的。其关键标志是支持全数字通信，其主要特点是高可靠性。现场总线可以通过一根线缆把所有的现场设备（如仪表、传感器或执行器）与控制器连接起来，形成一个数字化通信网络，完成现场状态监测、控制、远传等功能。

由于现场总线技术的优越性，其在国际上成为一个研究开发的热点。各大公司都开发出了自己的现场总线产品，形成了自己的标准。目前，常见的标准有 LONWORKS、CAN、PROFIBUS 和 FF 等数十种，它们各具特色，在各自不同的领域都得到了很好的应用。但是，基于现场总线技术的网络传感器也面临着诸多问题，主要问题是多种现场总线标准并存又互不兼容。不同厂家的智能传感器都用各自的总线标准，从而导致不同厂家的智能传感器不能互换，这严重影响了现场总线式网络传感器的应用。为了解决这一问题，美国国家技术标准局(The National Institute of Standard Technology，NIST)和 IEEE 联合组织了一系列专题讨论会来商讨网络传感器通用通信接口问题，并制定了相关标准，向全世界公布发行。这就是 IEEE 1451 智能变送器接口标准。制定 IEEE 1451 的目标就是要为基于各种现场总线的网络传感器和现有的各种现场总线提供通用的接口标准，使变送器能够独立于网络与现有微处理器系统，使基于各种现场总线的网络传感器与各种现场总线网络实现互联，这有利于现场总线式网络传感器的发展与应用。

2. 基于以太网协议的网络传感器

随着计算机以太网络技术的快速发展和普及，将以太网直接引入测控现场成为一种新的趋势。以太网技术由于其开放性好、通信速度高和价格低廉等优势已得到了广泛应用。人们开始研究基于以太网络即基于 TCP/IP 的网络传感器。基于 TCP/IP 的网络传感器就是在传感器中嵌入 TCP/IP，使传感器具有 Internet/Intranet 功能。该传感器可以通过网络接口直接接入 Internet 或 Intranet，相当于 Internet 或 Intranet 上的一个节点，还可以做到"即插即用"。即任何一个以太网络传感器都可以就近接入网络，而信息可以在整个网络覆盖的范围内传输。由于采用统一的网络协议，不同厂家的产品可以互换与兼容。

13.3.3　基于 IEEE 1451 标准的网络传感器

1. IEEE 1451 标准简介

IEEE 1451 标准是一族通用通信接口标准，它包含许多成员以及各成员的代号、名称、描述与当前的发展状态等内容。

IEEE 1451 标准可以分为面向软件接口和硬件接口两大部分。软件接口部分借助面向对象模型来描述网络智能变送器的行为，定义了一套使智能变送器顺利接入不同测控网络的软件接口规范；同时通过定义通用的功能、通信协议及电子数据表格式，以加强 IEEE 1451 家族系列标准之间的互操作性。软件接口部分主要由 IEEE 1451.0 和 IEEE 1451.1 组成。硬件接口部分由 IEEE 1451.2～IEEE 1451.6 组成，主要是针对智能传感器的具体应用而提出来的。

IEEE 1451.0 标准通过定义一个包含基本命令设置和通信协议、独立于网络适配器(NCAP)到变送器模块接口的物理层，为不同的物理接口提供通用、简单的标准。

IEEE 1451.1 标准通过定义两个软件接口实现智能传感器或执行器与多种网络的连接，并可以实现具有互换性的应用。

IEEE 1451.2 标准定义了电子数据表格(TEDS)、一个 10 线变送器独立接口(Transducer Independence Interface，TII)和变送器与微处理器间的通信协议，使变送器具有即插即用功能。

IEEE 1451.3 标准利用展频技术，在局部总线上实现通信，对连接在局部总线上的变送器进行数据同步采集和供电。

IEEE 1451.4 标准定义了一种机制，用于将自识别技术运用到传统的模拟传感器和执行器中。它既有模拟信号传输模式，又有数字通信模式。

IEEE 1451.5 标准定义的无线传感器通信协议和相应的 TEDS，目的是在现有的 IEEE 1451 框架下构筑一个开放的标准无线传感器接口。无线通信方式将采用三种标准，即 IEEE 802.11 标准、蓝牙(Bluetooth)标准和 ZigBee(IEEE 802.15.4)标准。

IEEE 1451.6 标准致力于建立 CANopen 协议网络上的多通道变送器模型，使 IEEE 1451 标准的 TEDS 和 CANopen 对象字典(Object dictionary)、通信消息、数据处理、参数配置和诊断信息一一对应，在 CAN 总线上使用 IEEE 1451 标准变送器。

2. 基于 IEEE 1451 标准的网络传感器概述

目前，基于 IEEE 1451 标准的网络传感器分为有线和无线两类。

(1) 基于 IEEE 1451.2 标准的有线网络传感器。

IEEE 1451.2 标准中仅定义了接口逻辑和 TEDS 的格式，其他部分由传感器制造商自主定义和实现，以保持各自在性能、质量、特性与价格等方面的竞争力。同时，该标准提供了一个连接智能变送器接口模型(STIM)和 NCAP 的 10 线标准接口——TII，它主要定义二者之间点对点连线、同步时钟短距离接口，使传感器制造商可以把一个传感器应用到多种网络中。符合 IEEE 1451 标准的有线网络传感器典型结构如图 13-6 所示。

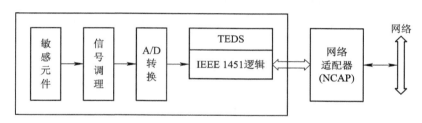

图 13-6　基于 IEEE 1451 标准的有线网络传感器结构

符合标准的变送器自身带有的内部信息包括制造商、数据代码、序列号、使用的极限、未定量以及校准系数等。当给 STIM 中 TEDS 数据时，NCAP 就可以知道这个 STIM 的通信速度、通道数及每个通道上变送器的数据格式(是 12 位还是 16 位)，并且知道所测量对象的物理单位，知道怎样将所得到的原始数据转换为国际标准单位。

变送器 TEDS 分为可以寻址的 8 个单元，其中两个是必须具备的，其他的是可供选择的，主要为将来扩展所用。这 8 个单元的功能如下：

① 综合 TEDS(必备)，主要描述 TEDS 的数据结构、STIM 极限时间参数和通道组信息。

② 通道 TEDS(必备)，包括对象范围的上下限、不确定性、数据模型、校准模型和触发参数。

③ 校准 TEDS(每个 STIM 通道有一个)，包括最后校准日期、校准周期和所有的校准参数，支持多节点的模型。

④ 总体辨识 TEDS，提供 STIM 的识别信息，内容包括制造商、类型号、序列号、日期和产品描述。

⑤ 特殊应用 TEDS(每个 STIM 有一个)，主要应用于特殊的对象。

⑥ 扩展 TEDS(每个 STIM 有一个)，主要用于 IEEE 1451.2 标准的未来工业应用中的功能扩展。

另外两个是通道辨识 TEDS 和标准辨识 TEDS。

STIM 中每个通道的校准数学模型一般是用多项式函数来定义的，为了避免多项式的阶次过高，可以将曲线分成若干段，每段分别包含变量数、漂移值和系数数量等内容。NCAP 可以通过规定的校准方法来识别相应的校准策略。

目前，设计基于 IEEE 1451.2 标准的网络传感器已经非常容易，特别是 STIM 和 NCAP 接口模块。硬件有专用的集成芯片(如 EDI1520、PLCC244)；软件有采用 IEEE 1451.2 标准的软件模块(如 STIM 模块、STIM 传感器接口模块、TII 模块和 TEDS 模块)。

(2) 基于 IEEE 1451.2 标准的无线网络传感器。

在大多数的测控环境下都使用有线网络传感器，但在一些特殊的测控环境下使用有线电缆传输传感器信息极不方便，为此提出将 IEEE 1451.2 标准的无线通信技术结合起来设计无线网络传感器，以解决有线网络传感器的局限性问题。无线网络传感器和有线网络结合起来，才能使人们真正地迈向信息时代。

如前所述，无线通信方式有三种标准，即 IEEE 802.11 标准、蓝牙标准和 ZigBee 标准。蓝牙标准是一种低功率、短距离的无线连接标准，它是实现语音和数据无线传输的开放性规范，其实质是建立通用的无线空中接口及控制软件的公开标准，使不同厂家生产的设备在没有电线或电缆相互连接的情况下，能在近距离(10～100 cm)范围内具有互用、互操作的性能。而且蓝牙技术还具有工作频段全球通用、使用方便、安全加密、抗干扰能力强、兼容性好、尺寸小、功耗低以及多路多方向链接等优点。

基于 IEEE 1451.2 和蓝牙标准的无线网络传感器由 STIM、蓝牙模块和 NCAP 三部分组成，其系统结构如图 13-7 所示。

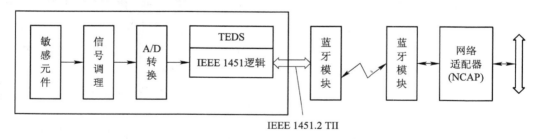

图 13-7　基于 IEEE 1451 和蓝牙标准的无线网络传感器结构

在 STIM 和蓝牙模块之间是 IEEE 1451.2 标准定义的 10 线 TII 接口。蓝牙模块通过 TII 接口与 STIM 连接，通过 NCAP 与 Internet 连接，它承担了传感器信息和远程控制命令的无线发送和接收任务。NCAP 通过分配的 IP 地址与网络相连。无线网络传感器与基于 IEEE 1451.2 标准的有线网络传感器相比，增加了两个蓝牙模块。标准的蓝牙电路使用 RS-232 或 USB 接口，而 TII 是一个控制连接到它的 STIM 的串行接口。因此，必须设计一个类似于 TII 接口的蓝牙电路，构造一个专门的处理器来完成控制 STIM 和转换数据到用户控制接口(HCI)的功能。

　　ZigBee(IEEE 802.15.4)标准是 2000 年 12 月由 IEEE 提供的一种廉价的固定、便携或移动设备使用的无线连接标准，具有通信效率高、复杂度低、功耗低、成本低、安全性高以及全数字化等诸多优点。目前，基于 ZigBee 技术的无线网络传感器的研究和开发已得到越来越多人的关注。

　　IEEE 802.15.4 满足 ISO 开放系统互连(OSI)参考模型。为了有效地实现无线智能传感器的功能，考虑结合 IEEE 1451 标准和 ZigBee 标准进行设计，需要对现有的 IEEE 1451 智能传感器模型做出改进。通常有图 13-8 所示的两种方式。

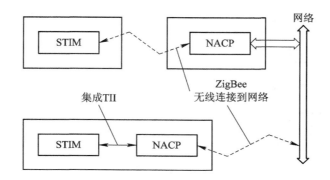

图 13-8　基于 IEEE 1451 和 ZigBee 标准的无线网络传感器结构

　　方式一是采用无线 STIM，即 STIM 与 NCAP 之间不再是 TII 接口，而是通过 ZigBee 无线(收发模块)传输信息。传感器或执行器的信息由 STIM 通过无线网络传递到 NCAP 终端，进而与有线网络连接。另外，还可以将 NCAP 与网络间的接口替换为无线接口。

　　方式二是采用无线的 NCAP 终端，即 STIM 与 NCAP 之间通过 TII 接口相连，无线网络的收发模块置于 NCAP 上。另一无线收发模块与无线网络相连，实现与有线网络通信。在此方式中，NCAP 作为一个传感器网络终端。因为功耗的原因，无线通信模块不直接包含在 STIM 中，而是将 NCAP 和 STIM 集成在一个芯片或模块中。在这种情况下，NCAP 和 STIM 之间的 TII 接口可以大大简化。

13.3.4　网络传感器所在网络的体系结构

　　利用网络传感器进行网络化测控的基本系统结构如图 13-9 所示。其中：

　　(1)测量服务器主要负责对各基本测量单元进行任务分配和对基本测量单元采集的数据进行计算、处理与综合及数据存储、打印等。

　　(2)测量浏览器为 Web 浏览器或别的软件接口，主要浏览现场各个测量点的测量、分析、处理的信息及测量服务器收集、产生的信息。

　　系统中，传感器不仅可以与测量服务器进行信息交换，而且符合 IEEE 1451 标准的传感器、执行器之间也能相互进行信息交换，以减少网络中传输的信息量，有利于系统实时性的提高。IEEE 1451 的颁布为有效简化开发符合各种标准的网络传感器带来了一定的契机，而且随着无线通信技术在网络传感器中的应用，无线网络传感器将使人们的生活变得更精彩、更富有活力。

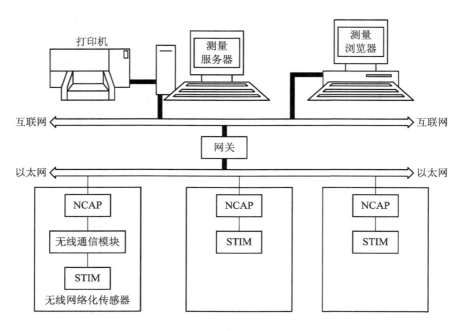

图 13 - 9　网络化测控基本系统结构

13.4　多传感器数据融合

13.4.1　多传感器数据融合的概念

所谓多传感器数据融合，是指把来自许多传感器的信息源的数据进行联合、相关、组合和估值处理，以实现精确地估计与身份估计。该定义有三要点：

(1) 数据融合是多信源、多层次的处理过程，每个层次代表信息的不同抽象程度。

(2) 数据融合过程包括数据的检测、关联、估计与合并。

(3) 数据融合的输出包括低层次上的状态身份估计和高层次上的总体战术姿态的评估。

由此定义可以看出：多传感器数据融合的基本目的是通过融合得到比单独的各个输入数据获得更多的信息。这一点是协同作用的结果，即由于多传感器的共同作用，使系统的有效性得以增强。它的实质是通过对来自不同传感器的数据进行分析和综合，可以获得被测对象及其性质的最佳一致估计，并形成对外部环境某一特征的一种确切的表达。

13.4.2　多传感器数据融合技术

1. 数据融合的基本原理

多传感器数据融合的基本原理是充分利用多个传感器资源，通过对这些传感器及其监测信息的合理支配和使用，把多个传感器在空间或时间上的冗余或互补信息依据某种准则来进行组合，以获得比它的各个子集所构成的系统更优越的性能。

2. 数据融合技术

多传感器数据融合技术可以对不同类型的数据和信息在不同层次上进行综合，它处理的不仅仅是数据，还可以是证据和属性等。它并不是简单的信号处理。信号处理只是多传感器数据融合的第一阶段，即信号预处理阶段。多传感器数据融合是分层次的，其数据融合层次的划分主要有两种：第一种是将数据融合划分为低层（数据级或像素级）、中层（特征级）和高层（决策级）；第二种是将传感器集成和数据融合划分为信号级、证据级和动态级。

3. 数据融合方法

（1）数据级（或像素级）融合。

数据级（或像素级）融合是指对传感器的原始数据及预处理各阶段上产生的信息分别进行融合处理，尽可能多地保持原始信息，并能够提供其他两个层次融合所不具有的细微信息。但它有局限性：其一，由于所要处理的传感器信息量大，故处理代价高；其二，融合是在信息最低层进行的，由于传感器原始数据的不确定性、不完整性和不稳定性，要求在融合时有较高的纠错能力；其三，由于要求各传感器信息之间具有精确到一个像素的精准度，故要求传感器信息来自同质传感器；其四，通信量大。

（2）特征级融合。

特征级融合是指利用从各个传感器原始数据中提取的特征信息，进行综合分析和处理的中间层次过程。通常所提取的特征信息应是数据信息的充分表示量或统计量，据此对多传感器信息进行分类、汇集和综合。特征级融合可分为两类：一类是目标状态信息融合；另一类是目标特性融合。目标状态信息融合是指融合系统首先对传感器数据进行预处理以完成数据配准，然后实现参数相关和状态矢量估计。目标特性融合是指在融合前必须先对特征进行相关处理，然后对特征矢量进行分类组合。

（3）决策级融合。

决策级融合是指在信息表示的最高层次上进行的融合处理。不同类型的传感器观测同一个目标，每个传感器在本地完成预处理、特征抽取、识别或判断，以建立对所观察目标的初步结论，然后通过相关处理、决策级融合判决，最终获得联合推断结果，从而直接为决策提供依据。因此，决策级融合是针对具体决策目标，充分利用特征级融合所得出的各类特征信息，给出简明而直观的结果。

决策级融合的优点：一是实时性最好；二是在一个或几个传感器失效时仍能给出最终决策，因此具有良好的容错性。

（4）数据融合过程。

首先，将被测对象转换为电信号，然后经过 A/D 变换将它们转换为数字量。把数字化后的电信号经过预处理，以滤除数据采集过程中的干扰和噪声。其次，对处理后的有用信号进行特征提取，再进行数据融合，或者直接对信号进行数据融合。最后，输出融合的结果。

13.4.3　多传感器数据融合技术的应用

多传感器数据融合技术最早是围绕军用系统开展研究的。后来将它用于非军事领域，如智能机器人、计算机视觉、水下物体探测、收割机械的自动化、工业装配线上自动插件安装、航天器中重力梯度的在线测量、信息高速公路系统、多媒体技术和虚拟现实技术、辅助医疗检测和诊断等许多领域。

多传感器数据融合技术主要作用可归纳为以下几点：

（1）提高信息的准确性和全面性。它与一个传感器相比，多传感器数据融合可以获得有关周围环境更准确、全面的信息。

（2）降低信息的不确定性。一组相似的传感器采集的信息存在明显的互补性，这种高互补性经过适当处理后，可以对单一传感器的不确定性和测量范围的局限性进行补偿。

（3）提高系统的可靠性。某个或某几个传感器失效时，系统仍能正常运行。

13.5　虚 拟 仪 器

13.5.1　虚拟仪器概述

虚拟仪器（Virtual Instrument，VI）的概念是由美国 NI（National Instruments）公司在 1986 年首先提出的。NI 公司提出虚拟仪器概念后，引发了传统仪器领域的一场重大变革，使得计算机和网路技术在仪器领域大显身手，从而开创了"软件即是仪器"的先河。它是电子测量技术与计算机技术深层次结合的产物，具有良好的发展前景。它通过应用程序将通用计算机与通用仪器合二为一。它虽然不具有通用仪器的外形，但具有通用仪器的功能，故称作虚拟仪器。在实际应用中，用户在装有虚拟仪器软件的计算机上，通过操作图形界面（通常叫作虚拟面板）就可以进行各种测量，就像在操作真实的电子仪器一样。

VI 的突出特点是以透明的方式把计算机资源（如微处理器、内存、显示器等）和仪器硬件资源（如 A/D、D/A、数字 I/O、定时器、信号调理等）有机地结合在一起，通过软件实现对数据采样、分析、处理及显示。此外，VI 是通过可选硬件（如 GPIB、VXI、RS-232、DAQ 板）和可选库函数等实现仪器模块间的通信、定时与触发。而库函数为用户构造自己的 VI 系统提供了基本的软件模块。由于 VI 具有模块化、开放性和灵活性的特点，当用户的测试要求变化时，可以方便地由用户自己来增减硬、软件模块，或重新配置现有系统以满足新的测试要求。这样，当用户从一个项目转向另一个项目时，就能简单地构造出新的 VI 系统而不丢弃已有的硬件和软件资源。

13.5.2　虚拟仪器的组成

虚拟仪器的组成可分为硬件和软件两部分。它的最大特点是基本硬件是通用的，而各种各样的仪器功能可由用户根据自己的专业知识通过编程来实现。由此可知虚拟仪器的核心是软件，这些软件通常是在虚拟仪器编程平台（如 LabVIEW）上完成的。在虚拟仪器编程软件平台的支持下，用户可根据自己的需要定义各种仪器界面，设置检测方案和步骤，完成相应的检测任务。

1. 虚拟仪器的硬件

虚拟仪器的硬件通常由通用计算机和模块化测试仪器、设备组成。其基本结构如图 13 - 10 所示。

其中，通用计算机可以是便携式计算机、台式机或工作站等。虚线框内为模块化测试仪器设备，可根据被测对象和被测参数合理地进行选择。在众多的模块化测试仪器设备中，最常用的是数据采集卡（DAQ 卡），一块 DAQ 卡可以完成 A/D 转换、D/A 转换、数字输入/输出、计数器/定时器等多种功能，再配上相应的信号调理电路组件，即可构成各种虚拟仪器的硬件平台。

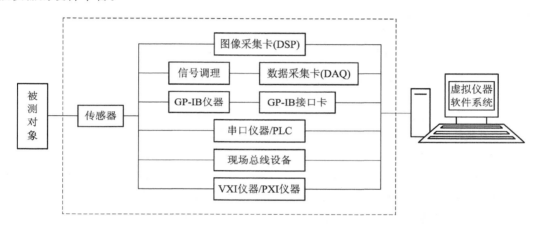

图 13 - 10　虚拟仪器的硬件平台结构

2. 虚拟仪器的软件

当基本硬件确定后，就可以通过编写不同软件来进行数据采集、处理和表达，进而实现过程监控和自动化等功能。由此可知，软件是虚拟仪器的关键。但软件编程却不是一件容易的事情。为了使一般人比较容易地开发使用虚拟仪器，实现虚拟仪器功能由用户定义的初衷，许多大公司都推出了自己的虚拟仪器软件开发工具。如美国 NI 公司推出的 LabVIEW 和 LabWindows/CVI，HP 公司推出的 VEE，Tektronix 公司推出的 TekTMS 等。目前比较流行的虚拟仪器软件开发工具是 LabVIEW。

13.5.3　虚拟仪器的特点

电子测量仪器发展至今，经历了由模拟仪器、智能仪器到虚拟仪器的发展历程。虚拟仪器与传统仪器相比较，其主要特点如下：

（1）虚拟仪器软件开发及维护费用比传统仪器的开发与维护费用要低。

（2）虚拟仪器技术更新周期短（一般为 1～2 年），而传统仪器更新周期长（需 5～10 年）。

（3）虚拟仪器的关键技术在于软件，而传统仪器的关键技术在于硬件。

（4）虚拟仪器价格低，可复用、可重配置性强；而传统仪器的价格高，可重配置性差。

（5）虚拟仪器由用户定义仪器功能，而传统仪器只能由厂商定义仪器功能。

（6）虚拟仪器开放、灵活，可与计算机技术保持同步发展；而传统仪器技术封闭、固定。

（7）虚拟仪器是与网络及其周边设备方便联系的仪器系统，而传统仪器是功能单一、互联有限的独立设备。

以上特点中最主要的优点就是虚拟仪器的功能由用户自己定义，而传统仪器的功能是由厂商事先定义好的。换句话说，就是一台计算机完全可以取代实验室里的所有仪器实现测量，从而节约大量资金。由于虚拟仪器中软件是关键，所以更新软件使之功能更新所需的时间也会大大减少。

虽然虚拟仪器具有传统仪器无法比拟的优势，但并不能否定传统仪器的作用，它们相互补充，相得益彰。在高速、宽带的专业测试领域，传统仪器具有不可替代的优势。在中低档测试领域，虚拟仪器可取代一部分传统仪器的工作，完成复杂环境下的自动化测试是虚拟仪器的拿手好戏，也是虚拟仪器目前发展的方向。

13.5.4　软件开发工具 LabVIEW 简介

LabVIEW 是美国仪器公司（NI）推出的一种基于 G 语言（Graphics Language）的图形化编程软件开发工具。使用它编程时，基本上不需要编写程序代码，而是绘制程序流程图。

LabVIEW 不仅提供了 GPIB、VXI、RS－232 和 RS－485 协议的全部功能，还内置了支持 TCP/IP 和 ActiveX 等软件标准的库函数。用 LabVIEW 设计的虚拟仪器可脱离 LabVIEW 开发环境，用户最终看到的是和实际测量仪器相似的操作面板。所不同的是操作面板需要用鼠标和键盘来操作。因为用 LabVIEW 开发的程序界面和功能与真实仪器十分相似，故称它为虚拟仪器程序，并用后缀".VI"来表示，其含义是虚拟仪器。

1. LabVIEW 开发工具的主要特点

LabVIEW 开发工具的主要特点如下：

（1）以"所见即所得"的可视化技术建立人机界面，提供了大量的仪器面板中的控制对象，如按钮、开关、指示器、图表等。

（2）使用图标表示功能模块和连线表示模块间的数据传递，并且用线性和颜色区别数据类型。使用流程图式的语言书写程序代码，这样使得编程过程与人的思维过程非常相近。

（3）提供了大量的标准函数库，供用户直接调用。从基本的数学函数、字符串函数、数组运算函数，到高级的数字信号处理函数和数值分析函数，应有尽有。它还提供了世界各大仪器厂商生产的仪器驱动程序，方便虚拟仪器和其他仪器的通信，以便用户迅速组建自己的应用系统。

（4）提供了大量与外部代码或软件连接的机制，如 DLL（动态链接库）、DDE（共享库）、ActiveX 等。

（5）强大的 Internet 功能。支持常用网络协议，方便网络、远程测试仪器的开发。

2. LabVIEW 的基本要素

（1）前面板。用 LabVIEW 制作的虚拟仪器前面板与真实仪器面板相似。它包括旋转钮、刻度盘、开关、图标和其他界面工具等，并允许用户通过键盘或鼠标获取并显示数据。

（2）框图程序。虚拟仪器框图程序是一种解决编程问题的图形化方法，实际上是 VI 的程序代码。VI 从数据框图接收指令。

（3）图标和连接端口。图标和连接端口体现了 VI 的模块化特性。一个 VI 既可作为上层独立程序，也可作为其他程序的子程序，被称为 SUB. VI。VI 图标和连接端口的功能就像一个图形化的参数列表，可在 VI 和 SUB. VI 之间传递数据。

正是基于 VI 图标和连接端口的功能，LabVIEW 较好地实现了模块化编程思想。用户可以将一个复杂的任务分解为一系列简单的子任务，为每个子任务创建一个 SUB. VI，然后把这些 SUB. VI 组合在一起就完成了最终的复杂任务。因为每个 SUB. VI 可以单独执行、调试，因此用户可以开发一些特定的 SUB. VI 子程序组成库，以备以后调用。虚拟仪器的概念是 LabVIEW 的精髓，也是 G 语言区别于其他高级语言的显著特征。

3. 虚拟仪器的编程

虚拟仪器的硬件确定以后，根据所需要仪器的功能可用 LabVIEW 进行编程。虚拟仪器软件一般由虚拟仪器面板控制软件、数据分析处理软件、仪器驱动软件和通用 I/O 接口软件四部分组成。这四部分软件的作用如下：

（1）虚拟仪器面板控制软件的作用。

虚拟仪器面板控制软件属于测试管理层，是用户与仪器之间交流信息的纽带。用户可以根据自己的需要和爱好从控制模块上选择所需要的对象，组成自己的虚拟仪器控制面板。

（2）数据分析处理软件的作用。

数据分析处理软件是虚拟仪器的核心，负责对数据误差的分析与处理，保证测量数据的正确性。

（3）仪器驱动软件的作用。

仪器驱动软件是解决与特性仪器进行通信的一种软件。仪器驱动软件与通信接口及使用开发环境相联系，提供一种高级的、抽象的仪器映像，还能提供特定的使用开发环境信息，是用户完成对仪器硬件控制的纽带和桥梁。

（4）通用 I/O 接口软件的作用。

在虚拟仪器系统中，I/O 接口软件是虚拟仪器系统结构中承上启下的一层，其模块化与标准化越来越重要。VXI 总线即插即用联盟为其制定了标准，提出了自底向上的通用 I/O 标准接口软件模型，即 VISA。

所谓虚拟仪器的编程，实际上就是利用 LabVIEW 编写这四部分软件，然后把它们有机地组合在一起来完成所需的仪器测量功能。由于 LabVIEW 功能强大，内容丰富，限于篇幅，有关 LabVIEW 的具体使用在此不作论述，有兴趣的读者请参看 LabVIEW 使用手册。

13.6　物　联　网

13.6.1　物联网的基本概念

物联网(The Internet of Things)是新一代信息技术的重要组成部分,是物物相连互联网的简称。它有两层含义:第一,物联网的核心和基础仍然是互联网,是互联网的延伸和扩展;第二,其用户端延伸和扩展到了任何物品,可以在物与物之间进行信息交换和通信。由此可知,凡是涉及信息技术应用的,都可以纳入物联网的范畴。由于物联网是一个以互联网、传统电信网为信息载体,让所有能够被独立寻址的普通物理对象实现互联互通的网络,所以它具有智能、先进、互联的三个重要特征,被称为继计算机、互联网之后世界信息产业发展的第三次浪潮。

根据国际电信联盟(ITU)的定义,物联网主要解决物品与物品(Thing to Thing,T2T),人与物品(Human to Thing,H2T),人与人(Human to Human,H2H)之间的互联。但是它与传统的互联网不同,在这里 H2T 是指人利用通用装置与物品之间的连接,而H2H 是指人与人之间不依赖于 PC 而进行的互联。由此可知,物联网是指通过各种信息传感设备和互联网组合形成的一个巨大网络。通过这个网络可以实时采集需要的连接到该网上的任何需要监控、互动的物体的各种信息,它的目的是实现物与物、物与人、人与人之间的网络连接,方便识别、管理和控制。

13.6.2　物联网的关键技术

在物联网应用中有三项关键技术,即传感器技术、RFID 技术和嵌入式系统技术。它们是物联网应用的三大技术支柱。

1. 传感器技术

传感器技术是把物理量转变成电信号的技术,要想通过物联网实现物物相连,传感器技术,特别是网络传感器技术是关键。它与计算机应用技术息息相关。因为只有通过网络传感器把物体的特征信号变成有用的电信号,才能用计算机进行识别和处理,才能在网络上进行传输和控制。

2. RFID 技术

RFID 技术实际上也是一种传感器技术,它是融合无线射频技术和嵌入式技术为一体的辨识技术。RFID 技术在自动辨识、物流管理等方面有着广阔的应用前景,是传感器技术的发展和延伸。

3. 嵌入式系统技术

嵌入式系统技术是综合了计算机软硬件技术、传感器技术、集成电路技术、电子应用技术为一体的综合应用技术。经过几十年的发展,以嵌入式系统为特征的智能终端产品随处可见,小到人们身边的智能手机,大到航空航天的卫星系统。嵌入式系统正在改变人们的生活，推动着工农业生产和国防科技的迅速发展。

如果把物联网比作一个人，传感器就相当于人的眼睛、鼻子、耳朵及皮肤等感觉器官；互联网就相当于人的神经系统，用来传递感知信息；嵌入式系统就相当于人的大脑，它在接收信息后要进行分类处理，并根据处理结果指挥各相关部件做出应对反应。这个例子非常形象地描述了传感器、嵌入式系统及互联网在物联网中的地位和作用。

13.6.3　物联网的应用模式

物联网可大可小，大到全球，小到家庭，应用非常广泛。根据实际用途可归纳为对象智能辨识、对象智能监测和对象智能控制三种基本应用模式。

1. 对象智能辨识

通过 NFC、二维码、RFID 等技术可辨识特定的对象，用于区分对象个体，例如在生活中我们使用的各种智能卡、条码标签等就是用来获得对象的识别信息；此外通过智能标签还可以用于获得对象所包括的扩展信息，例如智能卡上的金额，二维码中所包含的厂址、名称及网址等信息。

2. 对象智能监测

利用多种类型的传感器和分布广泛的传感器网络，可以实现对某个对象状态进行实时获取和对特定对象的行为进行监测，如使用分布在市区的各个噪声探头可监测噪声污染，通过二氧化碳传感器可监控大气中二氧化碳的浓度，通过 GPS 可跟踪车辆位置，通过交通路口的摄像头可监控交通情况等。

3. 对象智能控制

由于物联网是基于云计算和互联网平台的智能网络，可以依据网络传感器获取的数据进行决策，从而改变对象的行为。例如根据光线的强弱调整路灯的亮度，根据车辆的流量自动调整红绿灯的间隔等。

物联网是近几年发展起来的新兴网络，由于它具有规模性、广泛性、管理性、技术性和物品属性等特征，因此它的发展和完善需要各行各业的参与，需要国家政府的主导以及相关法规政策上的扶助。国家已对物联网的发展和完善进行了较大的投入，现在已初见成效。

13.6.4　物联网应用案例

随着物联网技术的不断成熟，物联网的应用案例也层出不穷。

比如上海浦东国际机场的防入侵系统就是物联网的一个典型案例。该系统铺设了 3 万多个传感器节点，覆盖了地面、栅栏和低空探测等多个领域，可以防止人员的翻越、偷渡、恐怖袭击等多种不法行为，保护机场安全。

再如手机物联网，它将移动终端与电子商务结合起来，可以让消费者与商家便捷地进行互动交流，随时随地体验产品品质，传播、分享产品信息，实现互联网向物联网的从容过渡，缔造出一种全新的零接触、高透明、无风险的市场经营模式。这种智能手机和电子商务的结合，是"手机物联网"的一项重要功能。手机物联网的应用正伴随着电子商务的大规模兴起。

物联网在交通指挥中心也得到很好的应用，指挥中心工作人员可以通过物联网的智能控制系统控制指挥中心的大屏幕、窗帘、灯光、摄像头、DVD、电视机、电视机顶盒、电视电话会议；可以调度马路上的摄像头图像到指挥中心，同时可以控制摄像头转动；可以多个指挥中心分级控制，也可以联网远程控制需要控制的各种设备等。

总之，物联网的发展和应用必将对我国的政治、经济、工农业生产、国防科技和人们的日常生活产生巨大的推动作用。

13.7　MEMS 技术与微型传感器

MEMS(Micro Electro-Mechanical System)通常称微机电系统，在欧洲和日本又常称微系统(micro system)和微机械(micro machine)，是当今高科技发展的热点之一。1994 年原联邦德国教研部(BMBF)给出了微系统的定义，即将传感器、信号处理器和执行器以微型化的结构形式集成为一个完整的系统，而该系统具有"敏感""决定"和"反应"的能力。

13.7.1　MEMS 典型特性

对于一个微机电系统来说，通常具有以下典型特性：

（1）微型化零件。

（2）由于受制造工艺和方法的限制，结构零件大部分为两维的、扁平零件。

（3）系统所用材料基本上为半导体材料，但也越来越多地使用塑料材料。

（4）机械和电子被集成为相互独立的子系统，如传感器、执行器和处理器等。

由此可知，微机电系统的主要特征之一是它的微型化结构和尺寸。对于微机电系统，其零件的加工一般采用特殊方法，通常采用微电子技术中普遍采用的对硅材料的加工工艺以及精密制造与微细加工技术中对非硅材料的加工工艺，如蚀刻法、沉积法、腐蚀法、微加工法等。

随着 MEMS 技术的迅速发展，作为微机电系统的一个构成部分的微型传感器也得到长足的发展。微型传感器是尺寸微型化了的传感器，但随着系统尺寸的变化，它的结构、材料、特性乃至所依据的作用原理均可能发生变化。

13.7.2　微型传感器的特点

与一般传感器比较，微型传感器具有以下特点：

（1）空间占有率小。对被测对象的影响小，能在不扰乱周围环境，接近自然的状态下获取信息。

（2）灵敏度高，响应速度快。由于惯性、热容量极小，仅用极少的能量即可产生动作或温度变化。分辨率高，响应快，灵敏度高，能实时地把握局部的运动状态。

（3）便于集成化和多功能化。能提高系统的集成密度，可以用多种传感器的集合体把握微小部位的综合状态量；可以把信号处理电路和驱动电路与传感元件集成于一体，提高系统的性能，并实现智能化和多功能化。

（4）可靠性提高。可通过集成构成伺服系统，用零位法检测；能实现自诊断、自校正功能；把半导体微加工技术应用于微传感器的制作，能避免因组装引起的特性偏差；与集成电路集成在一起可以解决寄生电容和导线过多的问题。

（5）消耗电力小，节省资源和能量。

（6）价格低廉。能将多个传感器制作在一起且无须组装，可以在一块晶片上同时制作几个传感器，大大减少了材料用量、降低了制造成本。

与各种类型的常规传感器一样，微型传感器根据不同的作用原理也可制成不同的种类，具有不同的用途。

第 14 章　现代检测系统综合设计

14.1　现代检测系统面临的挑战、设计思想与设计步骤

14.1.1　现代检测系统面临的挑战与设计思想

现代检测系统与传统的测量技术、仪器等相比，在功能上更复杂，系统规模更大，智能化程度更高，因此在设计方法上应有所创新，以适应现代检测系统日益发展的工业自动化要求。

1. 现代检测系统面临的挑战

在科学技术飞速发展的今天，现代检测系统将面临以下几个突出方面的挑战：

（1）产品更新换代快。随着 LSI 和 VLSI 技术、集成器件单片集成度以空前的速度发展，1～2 年时间产品就会更新换代。由于检测系统都是为某个特定任务而设计的，为达到设计要求，需要花费几年的研制时间，而从提出设计任务到真正用于工程实践的周期就更长。因此，设计系统时，既要避免很快过时，又要提供不断容纳新技术的可能性，既立足现在，又面向未来。

（2）市场竞争日益激烈。高新技术产品的市场竞争十分激烈，除产品性能和质量外，还有成本、设计周期这两个因素，同时影响着产品能否成功。

（3）满足不同层次、不断变化的用户要求。市场需求结构中客观上存在高、中、低三个层次。另外，还经常会遇到用户中途改变要求的情况。因此，如何满足用户不同层次的需求，覆盖各具体用户的配置要求，是设计中的一项难题。

2. 现代检测系统的设计思想

针对上述问题，对现代检测系统的设计应体现以下思想：一是在技术上兼顾当前和未来，既从当前实际可能出发，又留下容纳未来新技术机会的余地；二是向系统的不同配套档次开放，在经营上兼顾设计周期和产品设计，并着眼于社会的公共参与，为发挥各方面厂商的积极性创造条件；三是向用户不断变化的特殊要求开放，在服务上兼顾通用的基本设计和用户的专用要求；等等。

14.1.2　现代检测系统的设计步骤

现代检测系统的设计主要通过系统分析和系统设计两个阶段进行。

1. 系统分析

系统分析是确定系统总方向的重要阶段，主要是对要设计的系统运用系统论的观点和方法进行全面的分析和研究。在现有的技术和硬、软件条件下，选择最优的设计方案，以达到预期的目标。

（1）系统分析主要解决下列问题：一是确定设计新系统的目标和功能；二是提出新系统的初始方案，分析方案是否合理、是否可行；三是提出设计新系统的具体实施计划，包括资金、人力、物力和设备的分配、使用情况；四是指出新系统的关键技术问题，并进行分析研究。

（2）系统分析工作过程：一是确定任务，根据新系统的性能要求、功能范围、要求的时间进度、可能投入的人力和财力资源等，对其中的关键问题作出明确的描述，以书面形式提出作为设计单位的重要依据；二是提出初步方案，分析新系统的要求，确定系统设计目标；三是确定新系统的功能和范围；四是确定新系统的组织结构或物理结构；五是提出新系统设计的组织方案；六是制订新系统设计进度计划；七是提出经济预算，制订投资计划方案。将以上各方面的工作内容形成设计技术文件。

（3）可行性分析。对初步方案进行可行性分析是非常重要的，它关系新系统研制的成败。所谓可行性分析就是对新系统的初步方案在技术上、经济上、实现的条件等方面是否可行进行分析。

2. 系统设计

系统设计阶段是对要进行设计的新系统具体实施设计的阶段，主要工作如下：

（1）系统功能结构的设计。在系统结构设计中，通常采用自顶向下的"下推式"结构化设计方法，将系统的结构按功能进行分解，其目的是确定新系统的结构方案。实施中分两个步骤完成：第一步是系统的总体结构设计（包括硬、软件等），以系统的初始方案为指导，将新系统划分成各个子系统和功能块，并绘制系统总体结构图和总体信息流程图；第二步是对各个子系统功能之间的关系，及各子系统和结构内部的输入输出关系进行定义和描述。这部分工作通过子系统和功能块信息的转换关系反映出来。

（2）系统组织结构的设计。在功能结构设计后，组织结构是系统设计的重要环节。它把系统的功能结构模型转化为物理模型。具体考虑的因素有：物理尺寸大小、重量、功率、冷却、电源及供电等；系统的精度问题，涉及如何建立系统的误差分析模型和误差分配问题；系统的稳定性和可靠性问题。系统组织结构的设计需结合若干实际问题综合考虑，将系统的体系结构、元器件和工艺、操作性能、系统的抗干扰性能、系统的适应性和可扩充性能等诸多方面因素结合起来，选定系统各组成部分的物理结构和具体实施方案。

（3）系统信息结构和动作结构的设计。将新系统按功能划分为若干子系统。按照一定的规律（或逻辑组合）相互配合和协调动作，共同完成既定目标和任务。各子系统之间的信息联系和信息转换用图形方式描述出来，具体各部分的动作结构应能详细描述各子系统的操作运行过程，以便在时序上各部分能有效地配合、可靠地运转。

（4）各子系统的设计与制造。这一步工作是具体实施其设计方案，可以在已定的方案基础上，分别对各子系统、各环节进行具体设计，包括机械、电子线路等设计。必要时需要反复对样机试验和分析提出修改方案和意见，再设计和再试验，反复多次直到最后达到设计指标为止。

（5）总装调试和实验分析。在各子系统、各环节分别制造、调试完毕后，即可进行总装，组建所需要的系统并进行联调。一般实验要与模拟的被测对象相联系。如果前面各阶段工作很成功，这阶段就可能很顺利。但大多数情况是在总装调试中会暴露出一些问题，如需要对前阶段一些设计不合理、选择错误等问题进行修改。在完成所有的必要修改和调试工作以后，即可以对系统进行基本性能测试，包括精度分析、基本误差测定、附加误差测定、各种寿命实验和环境实验等。如果基本特性、指标的测试及性能经考核后，认定基本达到设计目标和各种技术指标，就认为基本完成了系统的设计和试制工作。

14.1.3　计算机及接口设计

由于检测系统实现检测的参数多种多样及检测的方法各不相同，因此检测系统的结构千差万别。现代检测系统的综合设计的关键是根据系统要求的硬件和软件功能选择计算机类型和进行接口设计。为了加快设计速度，缩短研制周期，应尽可能采用熟悉的机型或利用现有的系统进行改进和移植，以及利用现有可利用的硬件和软件，再根据系统的要求增加所需要的功能并相应对各子系统进行设计。

1. 计算机系统及其性能的确定

根据检测系统所需要的硬件和软件功能，选择所需的计算机系统时应考虑以下因素：一是主机选择；二是主机字长选择；三是寻址范围选择；四是指令功能；五是处理速度；六是中断能力；七是功耗。

2. 检测系统对计算机接口的要求

在对现代检测系统的综合设计中，对计算机接口的要求应考虑以下几个方面的问题：一是数据采集与处理能力；二是总线接口能力；三是人机对话能力；四是输出驱动能力等。

14.2　脉冲测距综合系统设计

14.2.1　脉冲测距综合系统设计理论依据

通过激光对距离 S 进行测量时，只要知道激光传输的时间，根据 $S = \frac{1}{2}C\Delta t$ 就可以求出距离。

14.2.2　脉冲测距综合系统设计方案

图 14-1 所示为脉冲激光测距基本原理图。设计方案主要包括激光发射单元的选取、光学准直系统设计、光电转换、放大整形、时间间隔测量等。

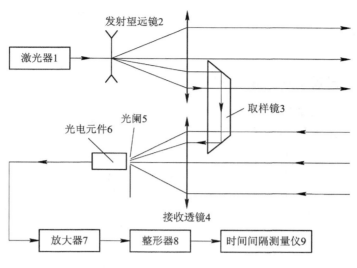

图 14 - 1　脉冲激光测距基本原理图

14.2.3　脉冲测距综合系统工作过程

脉冲激光测距的工作过程：激光器 1 输出脉冲激光，经过发射望远镜 2 后的光束发散角变小（一般小于 1 mard），而后射向被测目标，取样镜 3 将发射的一部分激光传送到接收透镜 4，处于接收透镜焦点附近的光电元件 6 便可输出第一个电脉冲信号，通过放大器放大，然后将由整形器 8 对电信号进行整形后的脉冲信号送到时间间隔测量系统中，再触发时间间隔测量系统的门控双稳态触发器，输出的脉冲将闸门打开，对晶体振荡器的等时距的脉冲通过计数显示电路开始进行计数；当从目标反射回来的一部分激光进入接收透镜 4 时，光电元件 6 便输出第二个电脉冲信号，通过放大器放大再由整形器 8 整形后控制门控双稳态触发器，使门控双稳态触发器再次发出控制信号将闸门关闭。把第一个电脉冲信号称为参考信号，第二个电脉冲信号称为回波信号。这两个脉冲信号经时间间隔测量系统测出回波信号与参考信号之间的时间间隔为 Δt，则根据上式可测出距离。

14.2.4　脉冲测距综合系统设计几点说明

（1）该系统的设计关键是时间间隔测量系统，即时间的测量，如果时间测量不精确，将会产生较大误差。

（2）在光学系统设计时，凹透镜应放置在凸透镜的一倍焦距上。

（3）光阑孔径的大小与厚度应合适，且将光阑放置在光电元件之前。

（4）激光器输出功率大小应根据测距长度适当选取。

14.3　激光准直综合系统设计

在大型设备、管道、建筑物等的测量、安装、校准中，往往需要给出一条直线，以此来检查各零部件位置的准确性。激光准直仪系统集机、光、电及计算机技术于一体，它利用激光方向性好的特点以 He - Ne 激光器发出的光线做基准直线，采用新型光电位置传感器

PSD(Position Sensitive Detector)将光束能量中心位置信号变换为电信号,由基于 PC 的数据采集处理系统进行数据处理,可对直线度、平面度、平行度等多项形位误差进行快速测量及误差评定。

14.3.1　激光准直系统总体设计方案

(1)系统组成。激光准直系统设计包括五个部分,即光源-激光发射系统设计、光学系统设计、传感器信号处理系统设计、数据采集处理系统设计、显示与控制设计等,如图 14-2 所示。

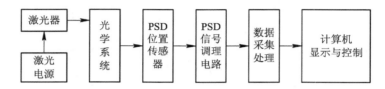

图 14-2　高精度多功能激光准直仪原理框图

(2)系统特点。激光准直系统利用 He-Ne 激光器的方向性好、稳定性高的特点,作为准直光线,用改进型的新型二维光电位置传感器(PSD)作为接收器,将准直激光束的入射光斑进行接收转换。其特点:对激光光斑能量中心敏感、响应速度快、分辨率高、适合长距离直线度误差检测等。

14.3.2　激光准直系统的工作过程

激光准直系统的工作过程:以 He-Ne 激光器发出的激光光线作为直线度的基准直线,随着 PSD 光靶在被测件上的移动,PSD 将入射光点的位置信号转变为电流信号,经调理电路后送入数据采集系统,利用直线度测评软件快速评判出直线度误差并提供图形文件、文本文件、Excel 文件等输出形式。

14.3.3　激光准直系统主要部分设计

1. 光源-激光发射系统设计

激光作为基准直线使用时由于安装误差使激光线存在轻微的左右、上下移动和两个方向的旋转,因此安放激光器的支架必须要有四个自由度的微调机构。如图 14-3 所示,螺钉组 1 用来调节激光上下、左右移动(3 mm),螺钉组 2 用来调节激光线的倾角与偏航(调整范围为 4°)。

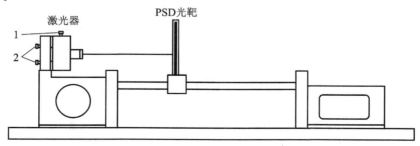

图 14-3　光学微调架

2. 光靶-光电接收器件选取

光电位置敏感器件(PSD)是适用位置、位移等精确实时测量的一种新型半导体器件，其优点：响应速度快；位置分辨率高；可同时检测位置和光强；位置输出信号与光强无关；只对光的能量中心敏感；频谱响应宽，响应范围为 300～1100 nm，外围电路简单；信号检测方便；等等。

由于二维 PSD 传感器有表面分流型、两面分流型和改进表面分流型三种类型，而改进表面分流型传感器既克服了表面分流型传感器非线性误差大的缺点，又保留了暗电流小、加反偏容易的优点，因此，在本综合设计中选择 21 mm×21 mm 的改进表面分流型二维 PSD(型号：W203)作为接收探测器。

3. 信号调理电路设计

处理电路由前置放大器 OP400、高精度电阻(10 kΩ)和高精度除法器 AD538 组成，前置放大器 OP400 是低漂移高输入阻抗型运算放大器，既降低了暗电流的影响，又提高了信噪比，其功能是将 PSD 传感器输出的小电流信号转变为电压信号并进行加减运算后送入除法器进行除法运算，以得到与光点位置呈线性关系的电压信号。信号调理电路如图 14 - 4 所示。

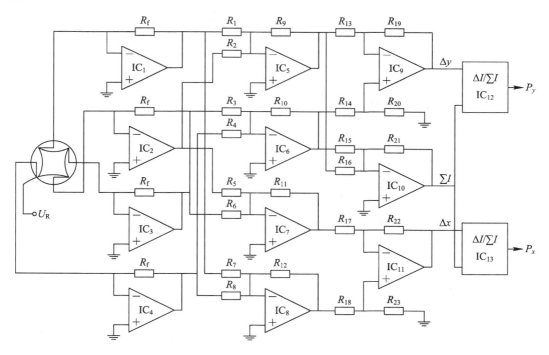

图 14 - 4　改进表面分流型二维 PSD 的信号处理电路

4. 数据采集系统设计

采用研华 PCL - 818 数据采集卡，提供最常用的五种测量和控制功能(12 位 A/D 转换、D/A 转换、数字量输入、数字量输出及计数器/定时器功能)，选用 PCL - 818LS 数据采集卡在其提供的数据采集控制的 Activex 控件基础上进行二次开发。

（1）数据采集软件的调试。

为系统提供标准电压输入信号，对研华公司提供的数据采集软件进行调试。

（2）数据采集软件的二次开发。

根据直线运动机构的直线度测量要求，二次开发了动态测量、静态测量、平均值、标定等多个控件，以实现直线度的静态和动态测量与控制等。数据采集控件如图 14-5 所示。

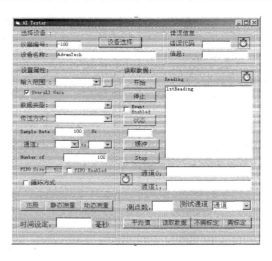

图 14-5　数据采集控件

5. 光学系统设计

光学系统主要由四大部分组成：一是透镜组；二是光阑；三是滤光器；四是双光束消漂移光路等，如图 14-6 所示。

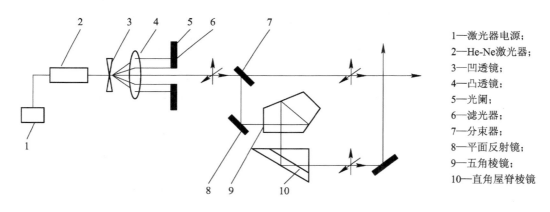

1—激光器电源；
2—He-Ne激光器；
3—凹透镜；
4—凸透镜；
5—光阑；
6—滤光器；
7—分束器；
8—平面反射镜；
9—五角棱镜；
10—直角屋脊棱镜

图 14-6　光学系统

14.4　智能温度控制系统设计

程序升、降温是科研和生产中经常遇到的一类控制。为了保证生产过程正常、安全地进行，提高产品的质量和数量，减轻工人的劳动强度，节约能源，常要求加热对象（例如电炉)的温度按某种指定的规律变化。

　　智能温度控制仪就是这样一种能对加热炉的升、降温速率和保温时间实现严格控制的面板式控制仪器，它将温度变送、显示和数字控制集于一体，用软件实现程序升、降温的 PID 调节。

14.4.1　智能温度控制系统设计要求

　　对智能温度控制仪的测量、控制要求如下：

　　(1) 实现 n 段($n \leqslant 30$)可编程调节，程序设定曲线如图 14-7 所示，有恒速升温段、保温段和恒速降温段三种控温线段。操作者只需设定转折点的温度 T_i 和时间 t_i，即可获得所需程控曲线。

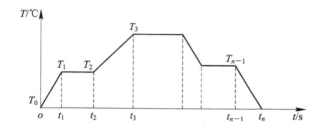

图 14-7　程序设定曲线

　　(2) 具有四路模拟量(热电偶)输入，其中第一路用于调节，设有冷端温度自动补偿、热电偶线性化处理和数字滤波功能，测量精度达±0.1%，测量范围为 0~1100 ℃。

　　(3) 具有一路模拟量(0~10 mA)输出和八路开关量输出，能按时间程序自动改变输出状态，以实现系统的自动加料、放料，或者用作系统工作状态的显示。

　　(4) 采用 PID 调节规律，且具有输出限幅和防积分饱和功能，以改善系统动态调节品质。

　　(5) 采用 6 位 LED 显示，2 位显示参数类别，4 位显示数值。任何参数显示 5 s 后，自动返回被调温度的显示。运行开始后，可显示瞬时温度和总时间值。

　　(6) 具有超偏报警功能。超偏时，发光管以闪光形式告警。

　　(7) 输入、输出通道和主机都用光电耦合器进行分离，使仪器具有较强的抗干扰能力。

　　(8) 可在线设置或修改参数和状态，例如程序设定曲线转折点温度 T_i 和转折点时间 t_i 值、PID 参数、开关量状态、报警参数和重复次数等，并可通过总时间 t 值的修改，实现跳过或重复某一段程序的操作。

　　(9) 具有 12 个功能键，其中 10 个是参数命令键，包括测量值键(PV)、T_i 设定键(SV)、t_i 设定键(TIME1)、开关量状态键(VAS)、开关量动作时间键(TIME2)、PID 参数设置键(PID)、偏差报警键(AL)、重复次数键(RT)、输出键(OUT)和启动键(START)；另外 2 个是参数修改键，即递增(△)和递减(▽)键，参数增减速度由慢到快。此外还设置了复位键(RESET)，以及手动、自动切换开关和正反作用切换开关。

　　(10) 仪器具有掉电保护功能。

14.4.2　智能温度控制系统组成和工作原理

加热炉控制系统框图如图14-8所示。控制对象为加热炉，检测元件为热电偶，执行器为电压调整器(ZK-1)和晶闸管器件。图中虚线框内是智能温度控制仪，它包括主机电路、过程输入和输出通道、键盘、显示器。

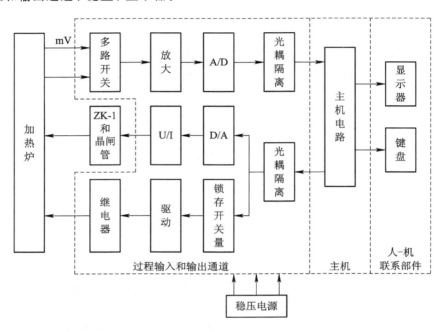

图14-8　加热炉控制系统框图

控制系统工作过程如下：炉内温度由热电偶测量，其信号经多路开关送入放大器，毫伏级信号放大后由A/D电路转换成相应的数字量，再通过光电耦合器隔离，进入主机电路。由主机进行数据处理、判断分析，并对偏差按PID规律运算后输出数字控制量。数字信号经光耦隔离，由D/A电路转换成模拟量，再通过U/I转换器得到0～10 mA的直流电流。该电流送入电压调整器(ZK-1)，触发晶闸管，对炉温进行调节，使其按预定的升、降曲线规律变化。另外，主机电路还输出开关量信号，发出相应的开关动作，以驱动继电器或发光二极管。

14.4.3　智能温度控制系统硬件结构和电路设计

硬件结构框图见图14-8，下面就各部分电路设计作具体说明。

1. 主机电路及键盘、显示器接口

按仪器设计要求，可选用指令功能丰富、中断能力强的MCS-51单片机(8031)作为主机电路的核心器件。由8031构成的主机电路如图14-9所示。

主机电路包括微处理器(机)、存储器和I/O接口电路。程序存储器和数据存储器容量的大小同仪器数据处理和控制功能有关，设计时应留有余量。本仪器程序存储器容量为8 k

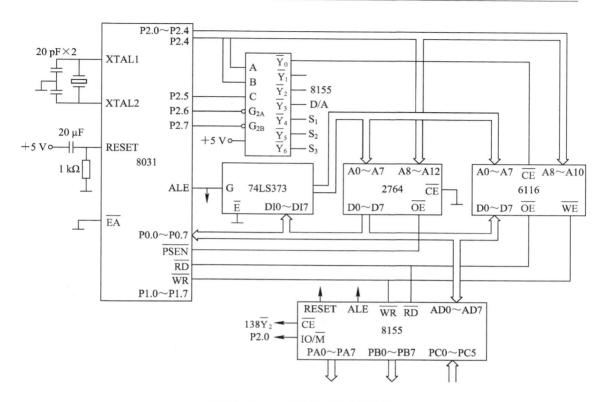

图 14 - 9　由 8031 构成的主机电路

（选用一片 2764），数据存储器容量为 2 k（选用一片 6116）。I/O 接口电路（Z80PID、8155
等）的选用与输入输出通道、键盘、显示器的结构和电路形式有关。

　　图 14 - 9 所示的主机电路采用全译码方式，由 3 - 8 译码器选通存储器 2764、6116、扩
展器 8155，以及 D/A 转换器和其他接口电路。由于在 MCS - 51 单片机中存储器和 I/O 口
统一编址，故无须使用两个译码器。低 8 位地址信号由 P0 口输出，锁存在 74LS373 中；高
位地址（P2.0～P2.4）由 P2 口输出，直接连至 2764 和 6116 的相应端。8155 作为键盘、显
示器的接口电路，其内部的 256 个字节的 RAM 和 14 位的定时/计数器也可供使用。A/D
电路的转换结果直接从 8031 的 P1 口输入。

　　掉电保护功能的实现有两种方案：选用 E^2ROM（2816 或 2817 等），将重要数据置于其
中；加接备用电池，如图 14 - 10 所示。稳压电源和备用电池分别通过二极管接于存储器（或
单片机）的 U_{CC} 端，当稳压电源电压大于备用电池电压时，电池不供电；当稳压电源掉电时，
备用电池工作。

　　仪器内还应设置掉电检测电路（图 14 - 10），以便在一旦检测到失电时，将断点（PC 及
各种寄存器）内容保护起来。图 14 - 10 中 CMOS555 接成单稳形式，掉电时 3 端输出低电平
脉冲，作为中断请求信号。光电耦合器的作用是防止干扰而产生误动作。在掉电瞬时，稳压
电源在大电容支持下，仍维持供电（约几十毫秒），这段时间内，主机执行中断服务程序，将
断点和重要数据置入 RAM。

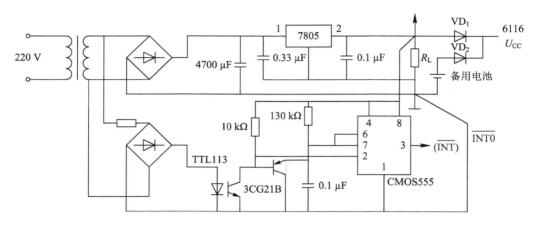

图 14 - 10　备用电池的连接和掉电检测电路

　　智能仪器仪表系统中的显示器常用 7 段 LED 显示器，用动态扫描显示方式，其接口电路和显示原理如图 14 - 11 所示，图中锁存器 U1 和 U2 分别为断码锁存器和扫描码锁存器，因驱动器相反，故由 U2 中为 1 的那一位确定点亮六个 LED 中的某一位，表 14 - 1 给出了各显示字符与 7 段代码的对应关系（显示器为共阴极）。通常，将这些代码依次存放于 ROM 中，当需要显示某字符时，只要找到该字符在 ROM 中相应的地址，即可得到该字符的 7 段显示码。

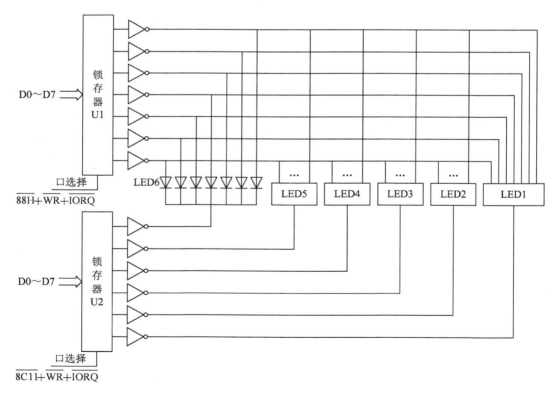

图 14 - 11　LED 显示器接口电路

表 14 - 1　LED 显示字符与 U1 中代码的对应关系表

显示字符	U1 中的代码（驱动器反相时）		U1 中的代码（驱动器同相时）	
	gfedcba	十六进制码	gfedcba	十六进制码
0	1000000	40	0111111	3F
1	1111001	79	0000110	06
2	0100100	24	1011011	5B
3	0110000	30	1001111	4F
4	0011001	19	1100110	66
5	0010010	12	1101101	6D
6	0000010	02	1111101	7D
7	1111000	78	0000111	07
8	0000000	00	1111111	7E
9	0011000	18	1100111	67
A	0001000	08	1110111	77
B	0000011	03	1111100	7C
C	1000110	46	0111001	39
D	0100001	21	1011110	5E
E	0000110	06	1111001	79
F	0001110	0E	1110001	71

在这里 LED 显示器通过并行接口芯片 8155 和单片机 8031 接口，8155 是 8031 系统中使用较多的一个外围器件，它具有 256 个字节的 RAM、二个并行 8 位口、一个 6 位并行口和一个 14 位的计数器，LED 显示器由 8155 和 8031 接口的电路原理图如图 14 - 12 所示。

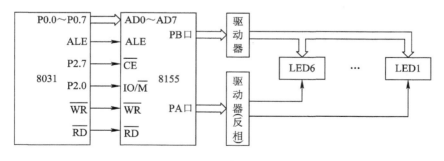

图 14 - 12　LED 显示器通过 8155 和 8031 接口的电路原理图

为了建立一个可调用的显示子程序，在 RAM 中开辟一个显示缓冲区，它被用来存放六个欲显示的 6 位数据，并分别放于 8031 的 RAM 单元 7AH～7FH 中，由 8155 的 PB 口输出，PA 口输出扫描信号，通过反相驱动器去逐个点亮各位 LED。8155 的 I/O 口地址为 7F00H～7F05H，显示子程序如下：

```
DISPB：   MOV DPTR，#7F00H
          MOV A，#03H
          MOVX @DPTR，A          ;置 8155 的 PA 口、PB 口为输出方式
          MOV R0，#7AH           ;置显示缓冲器指针初值
          MOV R3，#01H           ;置扫描模式初值
          MOV A，R3
DISPB1：  MOV DPTR，#QF01H
          MOVX @DPTR，A          ;扫描模式→8155PA 口
          INC DPTR
          MOV A，@R0             ;取显示数据
          ADD A，#0DH            ;加偏移量
          MOVC A，@A+PC          ;查表取段码
          MOVX @DPTR，A          ;段码→8155PB 口
          ACALL DELAY           ;延时
          INC R0
          MOV A，R3
          JB ACC.5，DISPB2       ;判完
          RL A                  ;扫描模式左移 1 位
          MOV R3，A
          AJMP DISPB1
DISPB2：  RET
SEGPT2：DB 3FH，06H，5BH，4FH，66H，6DH，…
DELAY：MOV R5，#02H             ;延时子程序(1ms)
DELAY1：MOV R4，#0FFH
DELAY2：DJNZ R4，DELAY2
        DJN2 R5，DELAY1
        RET
```

本设计实例中所采用的键盘、显示器接口电路原理图如图 14 - 13 所示，8155 的 PA

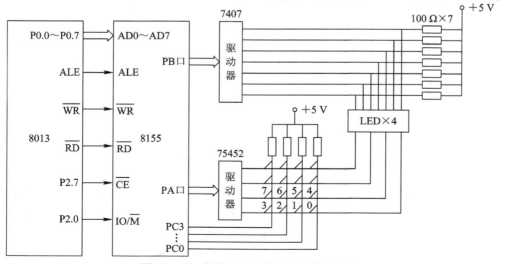

图 14 - 13　键盘、显示器接口电路原理图

口、PB 口为输出口，PA 口除输出显示器的扫描控制信号外，又是键盘的行扫描口，8155
的 PC 口为键输入口。7407 和 75452 分别为同相和反相驱动器。此处用行扫描法来识别，
一直按扫描信号，则位于该列和扫描行交点的键被按下。先确定列线号，再与键号寄存器
内容相加得到按键号，判键号的 MCS - 51 汇编语言程序如下：

```
KEY:     MOV DPTR, #7F00H      ；置 8155PA 口、PB 口为输出方式，PC 口为输入方式
         MOV A, #03H
         MOVX @DPTR, A         ；0→键号寄存器 R4
         MOV R4, #00H
         MOV R2, #01H          ；扫描模式 01H→R2
KEY1:    MOV DPTR , #7F01H
         MOV A, R2
         MOVX @DPTR, A         ；扫描模式→8155PA 口
         INC DPTR
         INC DPTR
         MOVX A, @DPTR         ；读 8155PC 口
         JB ACC.0, KEY2        ；0 列无键闭合, 转判 1 列
         MOV A, #00H           ；0 列有键闭合, 0→A
         AJBP KEY5
KEY2:    JB ACC.1, KEY3        ；1 列无键闭合, 转判 2 列
         MOV A, #02H           ；1 列有键闭合, 列线号 01H→A
         AJMP KEY5
KEY3:    JB ACC.2, KEY4        ；2 列无键闭合, 转判下一列
         MOV A, #02H           ；2 列有键闭合, 02H→A
         AJMP KEY5
KEY4:    JB ACC.3, NEXT        ；3 列无键闭合, 转判下一列
         MOV A, #03H           ；3 列有键闭合, 03H→A
KEY5:    ADD A, R4             ；列线号＋(R4)→R4
         MOV R4, A
         RET
NEXT:    MOV A, R4
         ADD A, #04            ；键号寄存器加 4
         MOV R4, A
         MOV A, R2
         JB ACC.3, NEXT1       ；判是否已扫到最后 1 行
         RL A                  ；扫描模式左移 1 位
         MOV R2, A
         AJMP KEY1
NEXT1:   MOV R4, #0FFH         ；置无键闭合标志
         RET
```

2. 模拟量输入通道

　　模拟量输入通道包括多路开关、热电偶冷端温度补偿电路、线性放大器、A/D 转换器
和隔离电路，如图 14 - 14 所示。

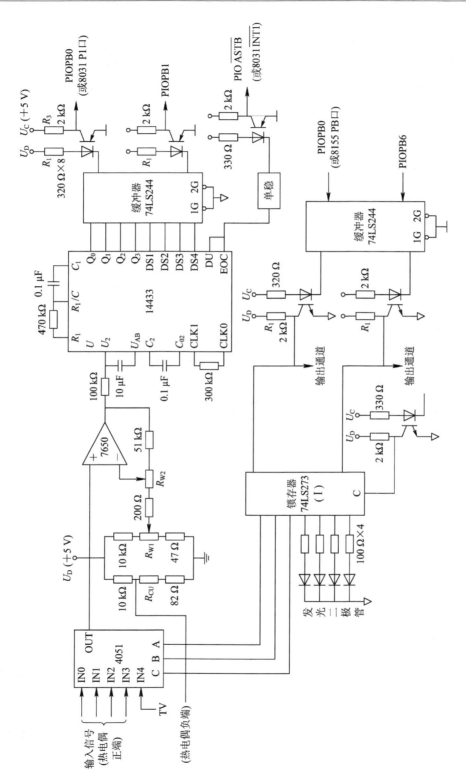

图14-14　模拟量输入通道逻辑电路

　　测量元件为镍铬-镍铝(K)热电偶，在 0～1100℃测温范围内，其热电动势为 0～45.10 mV。多路开关选用 CD4051(或 AD7501)，它将 5 路信号一次送入放大器，其中第 1～4 路为测量信号，第 5 路信号(TV)来自 D/A 电路的输出端，供自诊断用。多路开关的接通由主机电路控制，选择通道的地址信号锁存在 74LS273(I)中。

　　冷端温度补偿电路是一个桥路，桥路中铜电阻 R_{CU} 起补偿作用，其阻值由桥臂电流(0.5 mA)、电阻温度系数(α)和热电偶热电动势的单位温度变化值(K)算得。算式为

$$R_{CU} = \frac{K}{0.5\alpha}$$

　　例如，镍铬-镍铝热电偶在 20℃附近的平均值 K 值为 4×10^{-2} mV/℃，铜电阻 20℃的 α 为 3.96×10^{-3}/℃，可求得 20℃时的 $R_{CU}=20.2\ \Omega$。

　　运算放大器选用低漂移高增益的 7650，采用同相输入方式，以提高输入阻抗。输出端加阻容滤波电路，可滤去高频信号。放大器的输出电压为 0～2 V(即 A/D 转换器的输入电压)，故放大倍数约为 50 倍，可用 R_{W2}(1 kΩ)调整。放大器的零点由 R_{W1}(100 Ω)调整。

　　根据温度对象对采样速度要求不高，测量精度为 ±0.1% 的要求，选用双积分型 A/D 转换器 MC14433，该转换器输出 $3\frac{1}{2}$BCD 码，相当于二进制 11 位，其分辨率为 1/2000。A/D 转换的结果(包括约束信号 EOC)通过光耦隔离输入 8031 的 P1 口。图 14-14 中的缓冲器(74LS244)是为驱动管沟设置的。单稳用以加宽 EOC 脉冲宽度，使光耦能正常工作。

　　主机电路的输出信号经光耦隔离(在译码信号 S_1 的控制下)锁存在 74LS273(I)中，以选通多路开关和点亮四个发光二极管。发光二极管用来显示仪器的手动、自动工作状态和上下限报警。

　　隔离电路采用逻辑性光电耦合器，该器件体积小、耐冲击、耐振动、绝缘电压高、抗干扰能力强，其原理及线路已在前面做了介绍，本节仅针对参数选择作一说明。光电器件选用 G0103(或 TIL117)，发光管在导通电流 $I_F=10$ mA 时，正向压降 $U_F=1.4$ V，光敏管导通时的压降 $U_{CE}=0.4$ V，取其导通电流 $I_C=3$ mA，则 R_i 和 R_L 的计算如下

$$R_i = \frac{5-1.4}{10} = 0.36(k\Omega)$$

$$R_L = \frac{5-0.4}{3} = 1.8(k\Omega)$$

3. 模拟量和开关量输出通道

　　输出电路由 D/A 转换器、U/I 转换器、输出锁存器、驱动器和隔离电路组成，如图 14-15 所示。

　　D/A 转换器选用 8 位、双缓冲的 DAC0832，该芯片将调节通道的输出转换为 0～10 mA 电流信号。

　　8 位开关量信号锁存在 74LS273(Ⅱ)中，通过 5G1413 驱动器 J1～J8 和发光二极管 VD$_1$～VD$_8$。继电器和发光二极管分别用来接通阀门和指示阀的启、闭状态。

　　图 14-15 中虚线框中的隔离电路部分与输入通道共用，即主机电路的输出经光电耦合器分别连至锁存器 74LS273(Ⅰ)、74LS273(Ⅱ)和 DAC0832 的输入端，信号送入哪一个器件则由主机的输出信号 S1、S3 和 S2(经光耦隔离)来控制。

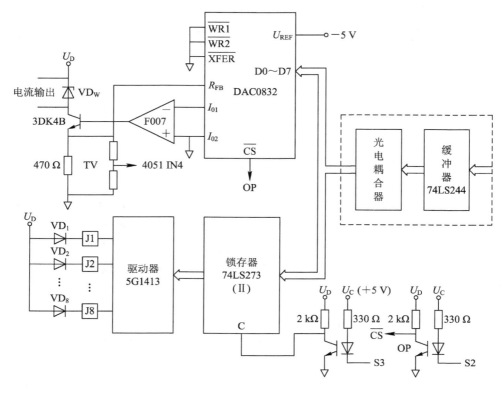

图 14 - 15　输出通道逻辑电路

14.4.4　智能温度控制系统软件结构的程序框图

智能温度控制仪的软件设计采用结构化和模块化设计方法。整个程序分为监控程序和中断服务程序两大部分，每一部分又由许多功能模块构成。

1. 监控程序

监控程序包括初始化模块、显示模块、键扫描与处理模块、自诊断模块和手操处理模块。监控主程序以及自诊断程序、键扫描与处理程序的框图分别如图 14 - 16、图 14 - 17 和图 14 - 18 所示。

仪器上电复位后，程序从 0000H 开始执行，首先进入系统初始化模块，即设置堆栈指针，初始化 RAM 单元和通道地址等。接着程序执行自诊断模块，检查仪器硬件电路(输入通道、主机、输出通道、显示器等)和软件部分运行是否正常。在该程序中，先设置一测试数据，由 D/A 电路转换成模拟量(TV)输出，再从多路开关 IN4 通道输入(图 14 - 14)，经放大和 A/D 转换后送入主机电路，通过换算判断该数据与原设置值之差是否在允许范围内，若超出这一范围，表示仪器异常，即予告警，以便及时作出处理。同时，自诊断程序还监测仪器软件模块的功能是否符合预定的要求。若诊断结果正常，程序便进入显示模块、键扫描与处理模块、判断是否手动并进行手操处理模块的循环圈中。

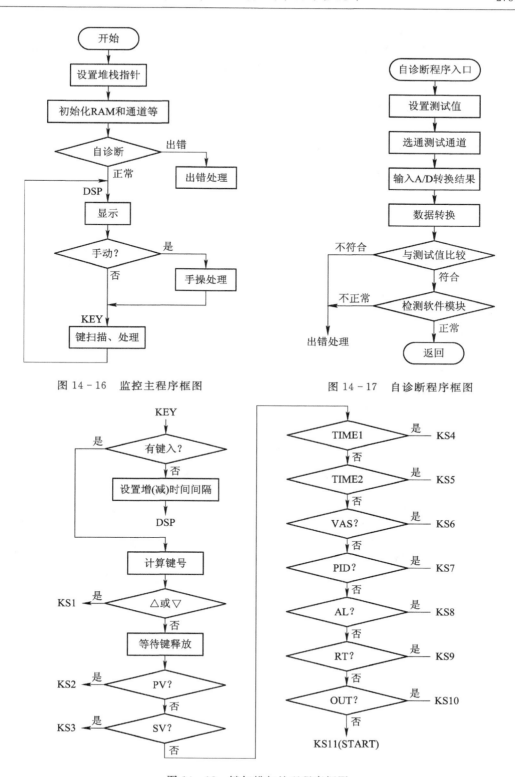

图 14-16 监控主程序框图

图 14-17 自诊断程序框图

图 14-18 键扫描与处理程序框图

在键扫描与处理模块中，程序首先判断是否有命令键入，若有，随即计算键号，并按键编号转入执行相应的键处理程序（KS1～KS11）。键处理程序完成参数设置、显示和启动温控仪控温功能。按键中除"△"或"▽"键在按下时执行命令（参数增、减）外，其余各键均在按下又释放后才起作用。

图14-19～图14-22分别为参数增、减键处理程序（KS1）、测量值键处理程序（KS2）、参数设定键处理程序（KS3）和启动键处理程序（KS11）的框图。其余的键处理程序与KS3程序类似，故不再逐一列出它们的框图。

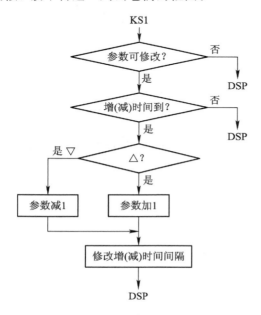

图14-19　参数增、减键处理程序框图

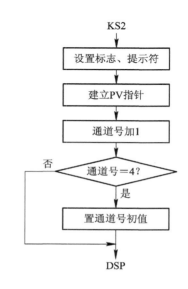

图14-20　测量值键处理程序框图

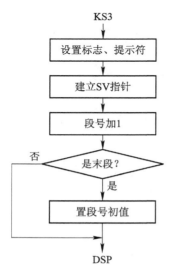

图14-21　参数设定键处理程序框图

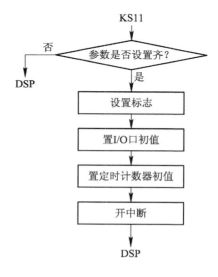

图14-22　启动键处理程序框图

　　KS1 程序的功能是在"△"或"▽"键按下时，参数自动递增或递减（速度由慢到快），直至键释放为止。该程序先判断由上一次按键所指的参数是否可修改（PV 值不可修改，SV、PID 等值可修改），以及参数增、减时间到否，然后根据按下的"△"或"▽"键确定参数加 1 或减 1，并且修改增、减时间间隔，以便逐渐加快参数的变化速度。

　　KS2 和 KS3 程序的作用是显示各通道测量值和设置各段转折点的温度值。程序中的设置标志、提示符和建立参数指针用以区分键命令，确定数据缓冲器，以便显示和设置与键命令相应的参数。通道号（或段号）加 1 及判断是否结束等框图则用来实现按一下键自动切换至下一通道（或下一段）的功能，并可循环显示和设置参数。

　　KS11 程序首先判断参数是否设置齐，设置齐了才可转入下一框，否则不能启动，应重置参数。程序在设置 I/O（Z80PIO 或 8155）的初值、定时计数器（Z80CTC、8031 的 T1 和 T2）的初值和开中断之后，便实现了启动功能。

2. 中断服务程序

　　中断服务程序包括 A/D 转换中断程序、时钟中断程序和掉电中断程序。A/D 转换中断程序的任务是采入各路数据；时钟中断程序确定采样周期，并完成数据处理、运算和输出等一系列功能。14433A/D 转换器与 8031 的接口电路如图 14-14 所示。转换器的输出经缓冲器 74LS244 和 8031 的 P1 口连接。EOC 反向后作为 8031 的终端信号送到 $\overline{\text{INT1}}$ 端。设转换结果存缓冲器 20H、21H 的格式为

20H		
符号	千位	百位

21H	
十位	个位

初始化程序 INIT 和中断服务程序 AINT 如下（保护现场指令略去）：

```
INIT:   SETB IT1            ;置外部终端 1 为边沿触发方式
        SETB EA             ;开放 CPU 中断
AINT:   MOV A, PI
        JNB ACC.4, AINT     ;判 DS1
        JB ACC.0, AER       ;被测电压在量程范围之外，转入 AER
        JB ACC.2, AI1       ;极性为正转 AI1
        SETB 07H            ;为负，20H 单元的第七位置 1
        AJMP AI2
AI1:    CLR 07H             ;20H 单元的第七位置零
AI2:    JB ACC.3, AI3       ;千位为零转 AI3
        SETB 04H            ;千位为 1，20H 单元的第 4 位置 1
        AJMP AI4
AI3:    CLR 04H             ;20H 单元的第 4 位置零
AI4:    MOV A, PI
        JNB ACC.5, AI4      ;判 DS2
        MOV R0, #20H
        XCHD A, @R0         ;百位数→20H 的第 0～3 位
```

```
AI5：      MOV A, PI
          JNB ACC.6, AI5          ；判 DS3
          SWAP A
          INC R0
          MOV @R0, A              ；十位数→21H 的第 4～7 位
AI6：      MOV A, PI
          JNB ACC.7, AI6          ；判 DS4
          XCHD A, @R0             ；个位数→21H 的第 0～3 位
          RETI
AET：      SETB 10H               ；置量程错误标志
          RET1
```

掉电中断服务程序的功能也在本节硬件部分做了说明，此处主要介绍时钟中断程序。

时钟中断信号由 CTC 发出，每 0.5 s 一次（若硬件定时不足 0.5 s，可采用软、硬件结合的定时方法），主机响应后，即执行中断服务程序。中断服务程序框图如图 14-23 所示。

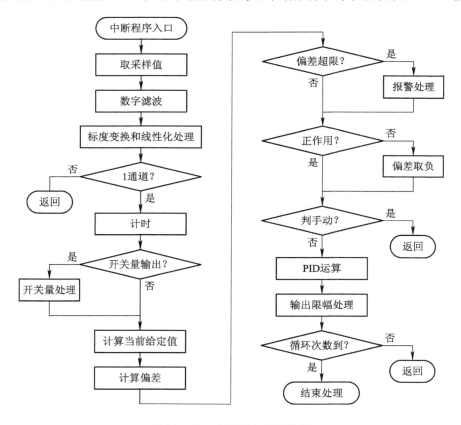

图 14-23　中断服务程序框图

数字滤波模块的功能是滤除输入数据中的随机干扰成分，可采用递推平均滤波方法。

由于热电偶 mV 信号和温度之间呈非线性关系，因此在标度变换（工程量变换）时，必须考虑采样数据的线性化处理。有多种处理方法可供使用，现采用折线近似的方法，把镍

铬-镍铝热电偶 0~1100℃ 范围内的热电特性分成 7 段折线进行处理，这 7 段分别为 0~200℃、200~350℃、350~500℃、500~650℃、650~800℃、800~950℃ 和 950~1100℃。处理后的最大误差在仪器设计精度范围之内。

标度变化公式为

$$T_{pv} = T_{min} + (T_{max} - T_{min}) \frac{N_{pv} - N_{min}}{N_{max} - N_{min}}$$

式中，N_{pv}、T_{pv} 分别为某折线段 A/D 转换结果和相应的被测温度值；N_{min}、N_{max} 分别为该段 A/D 转换结果的初值和终值；T_{min}、T_{max} 分别为该段温度的初值和终值。

图 14-24 给出了线性化处理的程序框图，程序首先判别属于哪一段，然后将相应段的参数代入公式，便可求得该段被测温度值。为区分线性化处理的折线段和程控曲线段，框图中的折线段转折点的温度用 $T'_0 \sim T'_7$ 表示。

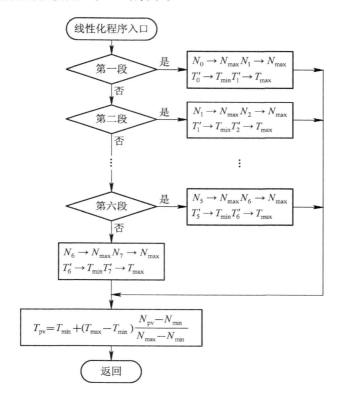

图 14-24　线性化处理程序框图

仪器的第 1 通道是调节通道，其他通道不进行控制，故在求得第 2~4 通道的测量值后，即返回主程序。

计时模块的作用是求取运行总时间，以便确定程序运行至哪一程控曲线段，何时输出开关量信号。

由于给定值随程控曲线而变，故需随时计算当前的给定温度值，计算公式如下：

$$T_{SV} = T_i + (T_{i+1} - T_i) \frac{t - t_i}{t_{i+1} - t_i}$$

式中，T_{sv}、t 分别为当前的给定温度值和时间；T_i、T_{i+1} 分别为当前程控曲线段的给定温度初值和终值；t_i、t_{i+1} 分别为该段的给定时间初值和终值。

T_{sv} 计算式与上述线性化处理计算式的参数含义和运算结果不一样，但两者在形式上完全相同，故在计算 T_{sv} 时可调用线性化处理程序。

仪器的控制算法采用不完全微分型 PID 控制算法。控制仪的输出值还应进行限幅处理，以防止积分饱和，故可获得较好的调节品质。

参 考 文 献

[1] 常建生. 检测与转换技术. 3 版. 北京：机械工业出版社，2003.

[2] 王淼，耿俊梅. 传感器与检测技术项目化教程. 北京：中国建材出版社，2012.

[3] 孙序文，李田泽，杨淑连，等. 传感器与检测技术. 济南：山东大学出版社，1996.

[4] 俞云强. 传感器与检测技术. 北京：高等教育出版社，2013.

[5] 徐科军. 传感器与检测技术. 3 版. 北京：电子工业出版社，2012.

[6] 李科杰. 现代传感技术. 北京：电子工业出版社，2005.

[7] 冯柏群，祁和义. 检测与传感技术. 北京：人民邮电出版社，2009.

[8] 周培森. 自动检测与仪表. 北京：清华大学出版社，1986.

[9] 周真，苑惠娟. 传感器原理与应用. 北京：清华大学出版社，2011.

[10] 周杏鹏. 传感器与检测技术. 北京：高等教育出版社，2008.

[11] 顾全生. 传感器应用技术. 北京：化学工业出版社，2013.

[12] 余成波，胡新宇，赵勇，等. 传感器与自动检测技术. 北京：高等教育出版社，2004.